# A EVOLUÇÃO E OS DESAFIOS DA VIDA MODERNA

# A EVOLUÇÃO E OS DESAFIOS DA VIDA MODERNA

## O GUIA PARA O CAÇADOR-COLETOR DO SÉCULO XXI

**Heather Heying**
**Bret Weinstein**

ALTA BOOKS
GRUPO EDITORIAL
Rio de Janeiro, 2023

# A Evolução e os Desafios da Vida Moderna

Copyright © 2023 STARLIN ALTA EDITORA E CONSULTORIA LTDA.
Copyright © 2021 Heather Heying and Bret Weinstein.
ISBN: 978-85-508-1940-2

Translated from original A Hunter-Gatherer's Guide to the 21st Century. Copyright © 2021 by Heather Heying and Bret Weinstein. ISBN 978-1-8007-5094-4. This translation is published and sold by Penguin Random House, the owner of all rights to publish and sell the same. PORTUGUESE language edition published by Starlin Alta Editora e Consultoria LTDA, Copyright © 2023 by STARLIN ALTA EDITORA E CONSULTORIA LTDA.

Impresso no Brasil — 1ª Edição, 2023 — Edição revisada conforme o Acordo Ortográfico da Língua Portuguesa de 2009.

---

**Dados Internacionais de Catalogação na Publicação (CIP) de acordo com ISBD**

W424e  Weinstein, Bret
　　　　A Evolução e os Desafios da Vida Moderna: O guia para o caçador-coletor do século XXI / Heather Heying, Bret Weinstein; traduzido por Bernardo Kallina. - Rio de Janeiro : Alta Cult, 2023.
　　　　320 p. ; 16cm x 23cm.

　　　　Tradução de: A Hunter-Gatherer's Guide to the 21st Century
　　　　Inclui índice.
　　　　ISBN: 978-85-508-1940-2

　　　　1. Biologia. 2. Evolução. I. Heying, Heather. II. Kallina, Bernardo. III. Título.

2023-281　　　　　　　　　　　　　　　　　　　　　CDD 575
　　　　　　　　　　　　　　　　　　　　　　　　　CDU 575.8

Elaborado por Vagner Rodolfo da Silva - CRB-8/9410

**Índice para catálogo sistemático:**
1. Biologia : Evolução 158.1
2. Biologia ; Evolução 575.8

---

Todos os direitos estão reservados e protegidos por Lei. Nenhuma parte deste livro, sem autorização prévia por escrito da editora, poderá ser reproduzida ou transmitida. A violação dos Direitos Autorais é crime estabelecido na Lei nº 9.610/98 e com punição de acordo com o artigo 184 do Código Penal.

O conteúdo desta obra fora formulado exclusivamente pelo(s) autor(es).

**Marcas Registradas:** Todos os termos mencionados e reconhecidos como Marca Registrada e/ou Comercial são de responsabilidade de seus proprietários. A editora informa não estar associada a nenhum produto e/ou fornecedor apresentado no livro.

**Material de apoio e erratas:** Se parte integrante da obra e/ou por real necessidade, no site da editora o leitor encontrará os materiais de apoio (download), errata e/ou quaisquer outros conteúdos aplicáveis à obra. Acesse o site www.altabooks.com.br e procure pelo título do livro desejado para ter acesso ao conteúdo..

**Suporte Técnico:** A obra é comercializada na forma em que está, sem direito a suporte técnico ou orientação pessoal/exclusiva ao leitor.

A editora não se responsabiliza pela manutenção, atualização e idioma dos sites, programas, materiais complementares ou similares referidos pelos autores nesta obra.

---

## Alta Cult é um Selo do Grupo Editorial Alta Books

**Produção Editorial:** Grupo Editorial Alta Books
**Diretor Editorial:** Anderson Vieira
**Vendas Governamentais:** Cristiane Mutüs
**Gerência Comercial:** Claudio Lima
**Gerência Marketing:** Andréa Guatiello

**Produtor Editorial:** Matheus Mello
**Tradução:** Bernardo Kallina
**Copidesque:** Daniel Salgado
**Revisão:** Caroline Costa; Denise Himpel
**Diagramação:** Joyce Matos
**Revisão Técnica:** Leandro Ferraz
Professor de Anatomia e Fisiologia Humana

---

Rua Viúva Cláudio, 291 — Bairro Industrial do Jacaré
CEP: 20.970-031 — Rio de Janeiro (RJ)
Tels.: (21) 3278-8069 / 3278-8419
www.altabooks.com.br — altabooks@altabooks.com.br
**Ouvidoria:** ouvidoria@altabooks.com.br

Editora afiliada à:

*A Douglas W. Heying e Harry Rubin, que
tanto viram, tão cedo e com tanta clareza*

# AGRADECIMENTOS

ESTAMOS SOBRE OS OMBROS DE GIGANTES. DENTRE AQUELES QUE CONHECEMOS E COM OS QUAIS aprendemos pessoalmente, Richard Alexander, Arnold Kluge, Gerry Smith, Barbara Smuts e Bob Trivers são particularmente importantes. Bill Hamilton e George Williams nós conhecemos menos, mas sua influência sobre nós foi profunda, assim como a de muitos de nossos contemporâneos, incluindo Debbie Ciszek e David Lahti. As conversas iniciais entre Bret, Jordan Hall e Jim Rutt, nas quais imaginaram uma alternativa aos paradigmas insuficientes da atualidade, passaram a ser conhecidas como "Game B". A "Quarta Fronteira" é uma variante dessa ideia. Mais tarde, alguns de nós dariam continuidade a estas conversas com Mike Brown, em seu "Acampamento de Ciências" em Double Island.

Por um desenvolvimento aprofundado de nossas ideias, nós gostaríamos de agradecer aos nossos alunos da Universidade Estadual de Evergreen, aos quais transmitimos parte dos raciocínios presentes neste livro. Em particular, os alunos de Adaptação, Comportamento Animal e Zoologia, Desenvolvimento e Evolução, Evolução e Ecologia Através das Latitudes, Evolução e Condição Humana, Ecologia Evolutiva, Ciência Extraordinária da Experiência Cotidiana, Hackeando a Natureza Humana e Evolução dos Vertebrados trouxeram sagacidade, desafios e insights à medida que analisávamos e desenvolvíamos conceitos e conexões entre eles.

Entre esses excelentes alunos encontra-se Drew Schneidler, amigo de longa data que também foi nosso assistente de pesquisa para este livro. Encontramos Drew pela primeira vez em 2007, e mais tarde ele estaria com Heather no primeiro programa de intercâmbio que ela criaria na Evergreen. Seu conhecimento em diversas áreas ajudou-nos a moldar este livro, e podemos dizer que ele foi verdadeiramente um colaborador. Inúmeras vezes, Drew conseguiu nos salvar de impasses aparentemente não solucionáveis.

###### viii A EVOLUÇÃO E OS DESAFIOS DA VIDA MODERNA

Agradecemos também aos nossos primeiros leitores, que generosamente cederam seu tempo, esforço e habilidades: Zowie Aleshire, Holly M. e Steven Wojcikiewicz.

Como nossas vidas acadêmicas na Evergreen se estilhaçaram em mil pedaços em 2017, tivemos a sorte de ter famílias que nunca vacilaram em seu apoio. Inúmeras outras pessoas também vieram ao nosso auxílio; sem elas, este livro provavelmente não teria chegado à sua forma atual. Na faculdade, essas pessoas incluíam, mas não se limitavam a, Benjamin Boyce, Stacey Brown, Odette Finn, Andrea Gullickson, Kirstin Humason, Donald Morisato, Diane Nelsen, Mike Paros, Peter Robinson, Andrea Seabert e Michael Zimmerman. Fora da Evergreen, algumas delas seriam Nicholas Christakis, Jerry Coyne, Jonathan Haidt, Sam Harris, Glenn Loury, Michael Moynihan, Pamela Paresky, Joe Rogan, Dave Rubin, Robert Sapolsky, Christina Hoff Sommers, Bari Weiss e Bob Woodson. Também somos gratos a Jordan Peterson, por desbravar um caminho que nos ajudou a encontrar o nosso nos momentos mais sombrios da Evergreen, e por modelar uma integridade intelectual sendo alvo de críticas.

O mais inflexível e destemido entre essas muitas influências e aliados intelectuais e políticos foi, por muito tempo, o irmão de Bret, Eric Weinstein.

Também gostaríamos de agradecer particularmente a Robby George e ao James Madison Program in American Ideals and Institutions da Universidade de Princeton, por nos tirar temporariamente do exílio acadêmico e nos acolher como bolsistas visitantes enquanto escrevíamos este livro.

Nosso agente, Howard Yoon, da Ross Yoon Agency, foi mais uma pessoa que nos procurou enquanto as coisas estavam explodindo na Evergreen. Para o nosso alívio, ele não estava interessado na "tradição da Evergreen": nós discutimos vários projetos antes de percebermos, juntos, que este — que aborda de tudo um pouco, por um viés evolutivo — era a escolha certa, e de fato, aquele que vínhamos considerando escrever há muitos anos. Estávamos finalizando a proposta quando Helen Healey, nossa atual editora na Portfolio/Penguin, fez o primeiro contato. Tanto Howard quanto Helen têm sido grandes apoiadores e ouvintes valiosos ao longo de todo este processo.

A Estação de Biodiversidade Tiputini, na Amazônia equatoriana, proporcionou descanso e discernimento por algumas semanas enquanto finalizávamos o primeiro rascunho do livro. A diretora fundadora da Tiputini e nossa amiga Kelly Swing, junto à sua excelente equipe, estão trabalhando duro para

Agradecimentos | ix

preserver a natureza selvagem em um dos postos avançados mais remotos do mundo. Consideramos imperativo que eles sejam bem-sucedidos nesta empreitada.

Por fim, somos gratos aos nossos filhos, Zack e Toby, que têm, respectivamente, 17 e 15 anos, no momento desta publicação. Eles cresceram explorando ambientes do noroeste do Pacífico até a Amazônia conosco, tendo acesso a, e posteriormente contribuindo com, muitas das conversas que viriam a se transformar neste livro. Nós nunca quisemos expô-los aos danos e realidades da humanidade moderna que o fiasco na Evergreen acabou revelando, mas eles foram brilhantes. Temos sorte de ter rapazes tão notáveis em nossas vidas.

# SUMÁRIO

Introdução _____ I

1. **O Nicho Humano** _____ 9

2. **Uma Breve História da Linhagem Humana** _____ 27

3. **Corpos Antigos, Mundo Moderno** _____ 49

4. **Medicina** _____ 69

5. **Alimentos** _____ 85

6. **Sono** _____ 101

7. **Sexo e Gênero** _____ 113

8. **Parentalidade e Relacionamentos** _____ 135

9. **Infância** _____ 157

10. **Escolas** _____ 177

11. **Tornando-se Adultos** _____ 199

12. **Cultura e Consciência** _____ 221

13. **A Quarta Fronteira** _____ 235

# A EVOLUÇÃO E OS DESAFIOS DA VIDA MODERNA

Epílogo _____ 257

Posfácio _____ 259

Glossário _____ 263

Recomendações Para Leituras Complementares _____ 269

Notas _____ 273

Índice _____ 303

# INTRODUÇÃO

EM 1994, PASSAMOS O NOSSO PRIMEIRO VERÃO NA ESCOLA DE PÓS-GRADUAÇÃO EM UMA PEQUENA estação de pesquisa na região de Sarapiquí, na Costa Rica. Heather estava estudando os sapos ponta-de-flecha; Bret, por sua vez, concentrava-se em morcegos pertencentes à espécie *Uroderma bilobatum*. Todas as manhãs, ambos realizavam trabalhos de campo na floresta tropical, verde, exuberante e escura.

Em uma tarde de julho, um par de araras voou por sobre nossas cabeças, formando silhuetas escuras contra o céu luminoso. O rio estava calmo e fresco, e árvores repletas de orquídeas adornavam suas margens. Era um antídoto perfeito para o suor e o calor do dia. Em belas tardes como esta, nós costumávamos atravessar a estrada asfaltada que ia até a capital, seguir por uma pequena estrada de terra e cruzar uma ponte de aço que atravessava o Río Sarapiquí para dar um mergulho na praia abaixo.

Ao cruzar a ponte, paramos para admirar a vista: o rio serpenteando entre paredões de mata virgem, um tucano voando entre as árvores, os gritos distantes dos bugios. Um homem local que não conhecíamos aproximou-se e começou a puxar conversa.

"Você vai nadar?" perguntou, apontando para o banco de areia para onde estávamos indo.

"Sim", respondi.

"Hoje choveu nas montanhas", disse ele, apontando para o sul. A nascente do rio estava naquelas montanhas, na cordilheira. Nós assentimos. Mais cedo, havíamos observado as nuvens carregadas acima das montanhas desde a estação de campo. "Hoje choveu nas montanhas", disse ele novamente.

"Mas sem chuva por aqui", disse um de nós, rindo levemente, sem saber conversar em um idioma que não dominávamos, e ainda por cima sobre uma ponte, ansiosos para nadar.

"Hoje choveu nas montanhas", disse ele pela terceira vez, mais enfaticamente. Nos entreolhamos. Talvez fosse hora de nos despedirmos, descermos até o rio e mergulharmos. O sol estava em nossa direção, e o calor era escaldante.

"Ok, até a próxima", dissemos, acenando e seguindo em frente. Estávamos a apenas 15 metros da água.

"Mas o rio...", disse o homem, com alguma urgência.

"O que tem?" perguntamos, confusos.

"Olhem para o rio", disse ele, apontando. Olhamos para baixo. Parecia o mesmo rio de sempre. Correndo rápido, limpo, suave e...

"Espere", disse Bret. "Aquilo é um redemoinho? Ele não estava ali antes." Olhamos para o homem novamente, indagando com os olhos. Ele apontou para o sul outra vez.

"Hoje choveu *muito* nas montanhas." Ele apontou para o rio novamente. "Olhem para a água agora."

No momento em que estávamos olhando a paisagem, o nível da água havia subido visivelmente. Ela agora movia-se de forma turbulenta, e havia mudado de cor — de escura e plácida, havia se tornado mais clara e cheia de sedimentos. E em pouco tempo, o rio ficou repleto de outras coisas.

Nós três ficamos atônitos conforme o nível do rio subia de maneira espetacular — alguns metros em poucos minutos. A praia desapareceu sob um enorme volume de água corrente. Qualquer um que estivesse ali teria sido arrastado. Detritos, incluindo vários troncos, começaram a passar rapidamente. Qualquer coisa que atingisse aquele redemoinho desaparecia, para então aparecer novamente depois da ponte.

O homem virou e começou a se afastar pelo caminho por onde viera. Ele era um camponês, um agricultor, mas não sabíamos de onde, nem como ele sabia que estávamos ali, prestes a descer para o que poderia ter sido facilmente o nosso fim.

"Espere", gritou Bret, apenas para perceber que não tínhamos nada a oferecer ao homem além de gratidão — literalmente nada, a não ser as roupas do corpo. "Obrigado", dissemos. "Muito obrigado." Bret, então, tirou a camisa e deu para o homem.

"De verdade?" perguntou o homem, quando Bret estendeu sua camisa.

"Claro", confirmou Bret.

"Obrigado", disse ele, aceitando a camisa. "E boa sorte. Lembre-se de pensar na chuva que cai nas montanhas." E com isso, foi embora.

Estávamos morando perto daquele rio há um mês, nadando nele quase todos os dias, às vezes junto à população local. De repente, nós nos sentimos como estranhos ali. Estranhos que confundiram as poucas experiências nadando naquele rio com a sabedoria de realmente conhecer um lugar. Como pudemos estar tão errados?

Em nenhum outro momento da história foi possível pensar que você é um local, mas sem ter o conhecimento profundo de um lugar — conhecimento este que pode mantê-lo seguro durante eventos raros. Nós, modernos, lutamos para tentar entender essa lacuna em nosso conhecimento, e por muitas razões. Para começar, não nos baseamos mais em comunidades unidas ou em uma compreensão profunda do terreno local, como os humanos faziam até muito recentemente na história. Diante da relativa facilidade de mover-se de um lugar para outro, muitas pessoas tendem a não ficar em um mesmo local por muito tempo. As verdades de nosso estilo de vida individualista e de nossa fugacidade tendem a nunca nos parecer estranhas, e isso se deve simplesmente ao fato de não enxergarmos nem conseguirmos imaginar uma alternativa para o mundo em que vivemos atualmente: um no qual a abundância e a escolha são universais, no qual confiamos em sistemas globais complexos demais para entender, e todos se sentem seguros.

Até que não mais.

A verdade é que a segurança muitas vezes se revela uma fachada: os produtos nas prateleiras dos supermercados são danosos; um diagnóstico assustador revela vulnerabilidades em um sistema de saúde extremamente focado em sintomas e lucros; uma desaceleração econômica evidencia uma rede de segurança social em plena desintegração; preocupações legítimas sobre injustiças tornam-se desculpas para a violência e a anarquia, enquanto líderes cívicos oferecem pão e circo, em vez de soluções concretas.

Os problemas que enfrentamos hoje são, ao mesmo tempo, mais complexos e simples do que os especialistas dão a entender. Dependendo de para quem a pergunta for direcionada, você pode ouvir que estamos vivendo o melhor e mais próspero momento da história da humanidade; você também já deve ter ouvido que estamos atravessando o seu pior e mais perigoso momento.

# A EVOLUÇÃO E OS DESAFIOS DA VIDA MODERNA

Você pode não saber em que lado acreditar, mas sabe que não consegue acompanhar tudo isso.

Ao longo das últimas centenas de anos, os avanços em tecnologia, medicina, educação e muitas outras áreas aceleraram o ritmo em que somos expostos a mudanças em nossos ambientes — geográficos, sociais e interpessoais. Algumas dessas mudanças foram extremamente positivas — não todas — enquanto outras parecem positivas mas trazem consequências tão devastadoras que, uma vez descobertas, é difícil até mesmo conceituá-las. Tudo isso estimulou a cultura pós-industrial, de alta tecnologia e progressista em que vivemos agora. Essa cultura, segundo propomos, explica parcialmente nossos problemas coletivos, desde a inquietação política até a falha generalizada dos sistemas de saúde e sociais, por exemplo.

A melhor e mais abrangente maneira de descrever nosso mundo é a partir do conceito de **hipernovidade**. Como mostraremos ao longo do livro, os seres humanos são extraordinariamente bem-adaptados e equipados para mudanças. Mas o ritmo dessas mudanças tem sido tão rápido que os nossos cérebros, corpos e sistemas sociais estão perpetuamente dessincronizados. Por milhões de anos, nós vivemos entre amigos e familiares; hoje em dia, no entanto, muitas pessoas nem sequer sabem os nomes de seus vizinhos. Algumas das verdades mais fundamentais — como os dois sexos biológicos — são cada vez mais descartadas como mentiras. A dissonância cognitiva gerada pela tentativa de se viver em uma sociedade que está mudando a um ritmo maior do que podemos suportar está nos transformando em pessoas que não podem mais cuidar de si próprias.

Em poucas palavras, isso está nos matando.

Este livro trata, em parte, de generalizar essa mensagem para todos os aspectos de nossas vidas: quando chover nas montanhas, fique longe do rio.

Muitas pessoas tentaram explicar a dissolução cultural que nós enfrentamos, mas a maioria falhou em fornecer uma explicação holística que não apenas examine o nosso presente, mas também olhe para o nosso passado — todo o nosso passado — e para o futuro.

Nós dois somos biólogos evolucionistas que realizaram trabalhos empíricos sobre seleção sexual e evolução da sociabilidade, e trabalhos teóricos sobre evolução dos trade-offs, senescência e moralidade. Somos casados, temos uma família e muitas vezes estivemos lado a lado enquanto explorávamos partes do globo. Há mais de uma década, quando ainda éramos professores universitários, começamos a formular a ideia para este livro. Nós estivemos sobre os ombros de gigantes — nossos mentores e colegas seniores, bem como muitos ancestrais intelectuais que nunca pudemos conhecer — mas também estávamos construindo um currículo diferente de qualquer outro que veio antes. Forjamos novos caminhos e postulamos novas explicações para padrões tanto antigos quanto novos. Passamos a conhecer melhor nossos alunos de graduação; estes, por sua vez, à medida que se engajavam com nossos currículos, passavam a fazer perguntas que permeavam diversas áreas: O que devo comer? Por que namorar é tão difícil? Como criar uma sociedade mais justa e livre? Dessas conversas — em salas de aula e laboratórios, em selvas e ao redor de fogueiras — os elementos comuns eram a lógica, a evolução e a ciência.

A ciência é um método que oscila entre indução e dedução — observamos padrões, propomos explicações e realizamos testes para ver quão bem eles preveem coisas que ainda não sabemos. Desta forma, produzimos modelos do mundo que, desde que realizemos o trabalho científico corretamente, alcançam três coisas: eles *preveem além* daquilo que veio antes, *supõem menos* e *adequam-se uns aos outros*, fundindo-se em um todo integrado.

Em última análise, neste livro e a partir desses modelos, nós buscamos por uma explicação única e consistente do universo observável — uma que não tenha lacunas, não confie em nada sem provas e descreva rigorosamente todos os padrões em todas as escalas. Esse objetivo quase certamente não poderá ser alcançado, mas há indícios de que ele possa ser abordado. Embora possamos vislumbrar esse ponto de chegada desde o nosso poleiro moderno, estamos muitíssimo longe de atingir os limites do que pode ser conhecido.

Dito isto, estamos muito mais perto deste objetivo em algumas áreas do que em outras. Na física, parecemos estar tentadoramente próximos a uma "teoria de tudo"[1], o que significa um modelo completo da camada de explicação menos complexa e mais fundamental possível. À medida que avançamos em termos de complexidade, no entanto, as coisas se tornam cada vez menos previsíveis. Perto do topo dessa pilha, chegamos à biologia, onde os processos dentro das células vivas mais simples não estão nem perto de serem compreendidos. E a partir daí, as coisas só ficam mais complexas. Conforme as células começam a funcionar de forma coordenada, transformando-se em organismos compostos de tecidos distintos, o grau de mistério se aprofunda.

# A EVOLUÇÃO E OS DESAFIOS DA VIDA MODERNA

A imprevisibilidade dá um novo salto no caso dos animais, que são governados por sofisticadas reações neurológicas que investigam e predizem o mundo por si só, e salta novamente à medida que os animais se tornam sociais e começam a reunir suas compreensões e dividir seus trabalhos. Em quesito algum ficamos mais perplexos do que na compreensão de nós mesmos. Nós, *Homo sapiens*, somos repletos de mistérios profundos — cercados de paradoxos oriundos das mesmas coisas que nos diferenciam do resto do bioma.

Por que rimos, choramos ou sonhamos? Por que lamentamos pelos nossos mortos? Por que inventamos histórias sobre pessoas que nunca existiram? Por que cantamos? Nos apaixonamos? Vamos à guerra? Se tudo envolve a reprodução, por que levamos tantos anos para chegar a esse ponto? Por que somos tão exigentes a respeito de com quem escolhemos reproduzir? Por que somos fascinados pelo comportamento reprodutivo dos outros? Por que nós, às vezes, optamos por prejudicar e perturbar nossa própria cognição? A lista de mistérios humanos não tem fim.

Este livro irá abordar muitas dessas questões, mas também irá contornar outras. Nosso objetivo principal aqui não é responder a perguntas, simplesmente, mas apresentar uma estrutura científica robusta para entender a nós mesmos, uma que foi desenvolvida ao longo de décadas de pesquisas e ensino sobre o tema. Você não encontrará essa estrutura em outro lugar; nós a desenvolvemos, tanto quanto possível, a partir de princípios básicos.

*Princípios básicos* são aquelas suposições que não podem ser deduzidas de nenhuma outra suposição. Eles são fundamentais (como os axiomas, em matemática) e, portanto, pensar a partir deles é um mecanismo poderoso para deduzir verdades e um objetivo valioso se você estiver mais interessado em fatos do que em ficção.

Um dos muitos benefícios de se pensar a partir de princípios básicos é que isso ajuda a evitar cair na falácia naturalista[2], — a ideia de que "o que é" na natureza é "o que deveria ser". A estrutura que apresentamos aqui foi construída para nos libertar desse tipo de armadilha, e tem por objetivo permitir a nós, humanos, darmos sentido suficiente a nós mesmos para que possamos, no mínimo, nos proteger de danos autoinfligidos. Neste livro, identificaremos os problemas de maior escala do nosso tempo, não pelas lentes limitantes e divisórias da política, mas pelas lentes indiscriminadas de nossa própria evolução. Uma de nossas aspirações é poder ajudá-los a ver através dos ruídos do nosso mundo moderno e se tornarem melhores solucionadores de problemas.

# Introdução

O *Homo sapiens* moderno surgiu há aproximadamente 200 mil anos, produto de 3,5 bilhões de anos de evolução adaptativa. Somos, em muitos aspectos, uma espécie genérica. Nossa morfologia e fisiologia, embora impressionantes e maravilhosas quando consideradas isoladamente, não são especiais quando comparadas às de nossos parentes mais próximos. Mas fomos nós que transformamos o mundo e nos tornamos uma ameaça ao planeta do qual ainda dependemos inteiramente.

Poderíamos ter intitulado este livro como *Manual do Pós-Industrialista para o século XXI*. Ou Manual do Agricultor. Ou Manual do Macaco, do Mamífero, do Peixe. Cada um destes representa um estágio da história evolutiva ao qual nos adaptamos e do qual carregamos uma bagagem evolutiva: nosso Ambiente de Adaptação Evolutiva, ou AAE, para utilizarmos o termo técnico. Neste livro, nós dialogamos com os nossos Ambientes de Adaptação Evolutiva – isto é, não apenas o AAE titular, como os campos, florestas e costas africanas nos quais nossos ancestrais foram caçadores-coletores por tanto tempo, mas os muitos outros AAEs aos quais estamos adaptados. Nós emergimos em terra como tetrápodes primitivos; nos tornamos mamíferos lactantes e peludos; desenvolvemos destreza com as mãos e acuidade visual como macacos; cultivamos e colhemos nossos próprios alimentos como agricultores; e atualmente, como pós-industriais, vivemos lado a lado com milhões de desconhecidos.

Escolhemos incluir o *caçador-coletor* no subtítulo porque nossos ancestrais recentes passaram milhões de anos se adaptando a esse nicho. Esta é a razão pela qual tantas pessoas romantizam esta fase da nossa evolução em particular. Mas não havia apenas um modo de vida caçador-coletor, assim como não existe um único modo de vida mamífero, ou uma única maneira de se cultivar a terra. E não estamos adaptados apenas a ser caçadores-coletores — também nos adaptamos, há muito tempo, a sermos peixes; ou, mais recentemente, primatas; e, mais recentemente ainda, a sermos pós-industriais. Tudo isso faz parte da nossa história evolutiva.

Essa visão abrangente é necessária se quisermos compreender o maior problema do nosso tempo: o ritmo de mudança da nossa espécie atualmente supera a nossa capacidade de adaptação. Estamos gerando novos problemas a um ritmo inédito e acelerado, e isso está nos deixando doentes — física, psicológica, social e ambientalmente. Se não descobrirmos como lidar com estas inovações em constante aceleração, a humanidade perecerá, vítima de seu próprio sucesso.

Este livro não é apenas sobre como a nossa espécie corre o risco de destruir o mundo tal qual o conhecemos. É também sobre a beleza que os humanos descobriram e criaram até aqui, e como salvá-la. Uma verdade evolucionária irrefutável na qual este livro se baseia é a de que os humanos são excelentes em responder a mudanças e em se adaptar ao desconhecido. Somos, por definição, exploradores e inovadores, e os mesmos impulsos que criaram a nossa condição moderna problemática são a única esperança que temos de salvá-la.

Capítulo 1

# O Nicho Humano

Aquele foi o melhor dos tempos, foi o pior dos tempos; aquela foi a idade da sabedoria, foi a idade da insensatez, foi a época da crença, foi a época da descrença, foi a estação da Luz, a estação das Trevas, a primavera da esperança, o inverno do desespero; tínhamos tudo diante de nós, tínhamos nada diante de nós.

Charles Dickens, nas primeiras linhas de seu livro *Um Conto de Duas Cidades*, publicado em 1859, mesmo ano em que Charles Darwin publicou *A Origem das Espécies*

A BERÍNGIA ERA UMA TERRA DE OPORTUNIDADES, UM CAMPO VASTO E ABERTO. COM UM TERRITÓ-rio quatro vezes maior que a Califórnia que ligava o Alasca à atual Rússia, a Beríngia não era apenas uma ponte terrestre temporária, uma passagem entre a Ásia e as Américas. As pessoas não a percorriam apressadamente, com a água subindo e roçando em seus pés, e tampouco era uma planície sem vida. A vida certamente era difícil, mas por milhares de anos a região sustentou populações que construíram nela os seus lares.[1]

As pessoas que foram para a Beríngia eram totalmente modernas em todos os sentidos genéticos e físicos. Elas vieram do oeste, desde a Ásia, e por muito tempo havia uma barreira de gelo na borda leste da Beríngia, o que fez com que se estabelecessem na região. Muitas gerações se passaram. À medida que o mundo foi aquecendo, porém, o gelo começou a derreter, o nível do mar subiu e a Beríngia começou a desaparecer, com seus litorais invadindo o que antes havia sido um lar para muitas pessoas. Para onde ir, então?

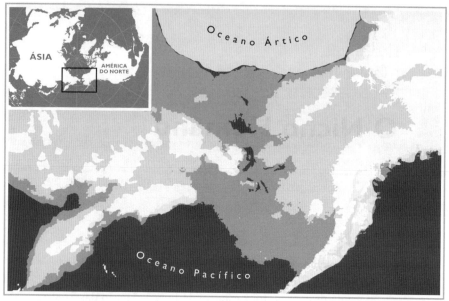

Renderização artística da Beríngia baseada em Bond, J. D., 2019. *Mapa de paleodrenagem da Beríngia*. Levantamento Geológico da região de Yukon, Arquivo Aberto 2019-2.

Alguns beringianos sem dúvida voltaram para o oeste, em direção à Ásia, a terra de seus ancestrais, que podem ter vivido em seus mitos e memória coletiva. Talvez ao longo dos anos, muitos recém-chegados também teriam vindo de lá, trazendo consigo histórias atualizadas da vida no oeste.

À medida que o nível do mar subia, alguns beringianos se dirigiram para o leste — uma terra que nenhum humano jamais havia visto. Estes foram os primeiros americanos. É provável que os beringianos tenham atravessado a parte alta da costa oeste de barco.[2] Ainda havia muito gelo, mas provavelmente haveria refúgios descongelados salpicando a costa, lugares com concentrações de animais locais que podem ter funcionado como degraus para aqueles primeiros americanos descerem pelo litoral.[3]

Isso ocorreu, segundo as melhores estimativas atuais, há pelo menos 15 mil anos,[4] possivelmente indo muito mais além na história. Dependendo da situação das camadas de gelo, talvez eles não pudessem desembarcar permanentemente até chegarem ao sul, onde atualmente se encontra a cidade de Olympia, no estado de Washington. Foi lá que as geleiras terminaram. Ao sul e a leste de

Olympia, havia territórios inimagináveis em sua extensão e variedade, repletos de belas paisagens verdejantes e organismos deliciosos e carismáticos, mas nenhuma pessoa. Tudo isso estava prestes a ser explorado pelos seres humanos pela primeira vez.

Foi uma manobra arriscada. Tudo aquilo era incrivelmente perigoso. Nenhuma das opções parecia boa. Voltar para o oeste, uma terra já ocupada por pessoas que, sem dúvida, têm opiniões próprias sobre os recém-chegados? Seguir para o leste, uma terra sobre a qual ninguém sabe nada? Ou não sair do lugar, enquanto a Beríngia desaparece no mar? Ninguém que tenha sobrevivido escolheu a terceira opção. Voltar, portanto, para o que seu povo uma vez conheceu, um lugar abandonado por seus ancestrais, conhecido por estar cheio de adversários... ou explorar um lugar completamente novo? Ambas são escolhas legítimas, e ambas possuem seus próprios riscos, vantagens e desvantagens. Estas são, do mesmo modo, as opções em nosso mundo moderno.

Os descendentes dos beringianos viriam a povoar as Américas em total isolamento de todas as populações humanas do Velho Mundo. Eles chegaram antes que qualquer humano na Terra inventasse a linguagem escrita ou a agricultura; independente de quaisquer contribuições de seus parentes do Velho Mundo, eles inovaram a partir do zero. Sua linhagem descobriria centenas de novas maneiras de ser humano e aumentaria uma população estimada em 50 milhões para 100 milhões antes que os conquistadores espanhóis reconectassem violentamente as populações do Velho e do Novo Mundo, muitos milhares de anos depois.

Não sabemos ao certo como foi a jornada rumo ao Novo Mundo. Talvez os primeiros americanos tenham surgido até mesmo antes, não se estabelecendo na Beríngia, mas sim circunavegando o Pacífico no sentido horário com seus barcos.[5] O que sabemos, de fato, é que o Novo Mundo trouxe desafios inéditos para essas populações. E essa história da Beríngia, ainda que verdadeira apenas a nível metafórico, é instrutiva no que se refere ao que é ser humano. Trata-se de uma metáfora adequada, embora incompleta, para a situação na qual a humanidade se encontra hoje. Afinal, nós também nos encontramos em uma terra instável e perigosa. Também precisamos buscar novas oportunidades para nos salvar. E também não sabemos, ainda, o que esta exploração poderá nos trazer.

Os primeiros americanos se viram em um território imenso e repleto de ameaças e oportunidades desconhecidas. Com conhecimentos ancestrais cada vez menos relevantes para guiá-los, os desafios de navegar por este novo mundo seriam imensos. E ainda assim, eles foram espetacularmente bem-sucedidos. A pergunta que fazemos, e que é mais pertinente para a nossa situação moderna, é: *Como?* A resposta será encontrada, em grande medida, na compreensão do que é ser humano.

Muitas gerações depois, sentado ao redor do fogo sob as estrelas, um pouco faminto porque a estação das cerejas havia passado e os cervos estavam escassos, um desses primeiros americanos — vamos chamá-lo de Ben — pode ter observado que os ursos pareciam se alimentar de peixes; por que não fazer o mesmo?[6] Ben, no entanto, não sabia muito sobre peixes, pelo menos não como Soo, que passara muitos dias na beira dos rios, observando os peixes e adquirindo uma percepção nova sobre seu comportamento. Essa percepção de Soo em relação aos peixes não havia sido compartilhada com ninguém até então, e não parecia ter valor para o seu povo. Soo, entretanto, não possuía habilidades de engenharia latentes como Gol, que por sua vez não tinha o talento de Lok para confeccionar cordas. Quando tantas pessoas com talentos e percepções diferentes se reúnem em torno de uma fogueira para discutir um problema em comum, a centelha da inovação pode se espalhar rapidamente.

Boa parte das melhores ideias que nossa espécie produziu até aqui, aquelas que são mais importantes e potentes, foram resultado de um grupo de pessoas que possuíam talentos e percepções diferentes, porém consilientes, pontos cegos não sobrepostos e uma estrutura política que permitia inovações. Reunidos ao redor do fogo no limiar de dois continentes novos para a humanidade, muitos observadores e engenheiros perspicazes, dentre os quais fabricantes de ferramentas e sintetizadores de informações, se uniram e aprenderam, ou reaprenderam, a pescar salmões nos rios, quais brotos eram seguros para comer e como identificá-los, e como transformar árvores em abrigo. Essas populações também tinham seus guardiões da chama: indivíduos detentores da tradição e que narrariam as histórias posteriormente, talvez quando uma mudança se fizesse necessária devido ao fracasso de uma busca por salmões, e todos os inovadores originais tivessem partido.

Mas o que Ben, Soo, Gol ou Lok estavam fazendo, exatamente? Eles estavam inovando, como parte e em nome do seu povo. Eles estavam testando hipóteses, elaborando narrativas, criando tradições materiais e culinárias. Eles estavam sendo humanos.

## O Paradoxo Humano

As pessoas do século XXI têm de encarar oportunidades e dilemas semelhantes aos das populações originais do Novo Mundo. Inovações em tecnologia e ciência, por exemplo, nos permitiram acessar novos domínios antes inimagináveis. Mas, ao contrário dos beringianos, nós não temos uma terra ancestral para onde sequer pensar em retornar, visto que nossas ações afetam todo o planeta. Nós caçamos e coletamos, cultivamos e pavimentamos nosso caminho ao redor do globo, deixando rastros de transformação por toda a Terra, moldando paisagens à vontade e levando muitos à beira do colapso.

Alguns olham para as conquistas de nossa espécie, como no caso dos beringianos, e imaginam que podemos dominar a natureza — que nós estamos, de alguma forma, no controle dela. Mas não estamos, e nunca estaremos.[7] As consequências dessa presunção respondem por muitos dos nossos problemas atuais, e a única maneira de corrigir o curso é compreendendo a verdadeira natureza do que somos, do que podemos ser e de como podemos aplicar essa sabedoria em nosso benefício.

Nossa espécie é caracteristicamente cerebral e bípede, além de social e falante. Fabricamos ferramentas, cultivamos a terra, produzimos mitos e magia. Nós nos reinventamos repetidas vezes ao longo do tempo e através do espaço, aprendendo a dominar um habitat após o outro. As espécies são definidas por muitas coisas — sua forma e função, seus genes e desenvolvimento, sua relação com outras espécies etc. Talvez o mais importante, porém, é que as espécies são definidas pelo seu nicho: a maneira particular com que interagem e encontram um modo de viver em seus ambientes.

Diante da nossa vasta experiência e amplitude geográfica, qual seria, exatamente, o nicho humano?

À medida que nossa espécie foi evoluindo, parece que escapamos de uma lei fundamental da natureza: o faz-tudo não domina nada. Para ser dominante em qualquer nicho, uma espécie deve tipicamente se especializar, abrindo mão da diversidade e da generalidade. É essa necessidade de se especializar que atrapalha o "faz-tudo" — um princípio tão universal que tem sido invocado há mais de quatro séculos na imprensa (sendo um dos primeiros casos um golpe em 1592 contra o ator e dramaturgo William Shakespeare).[8] Essa ideia de que "o faz-tudo não domina nada" se aplica extensamente, da engenharia aos esportes e até à ciência ecológica. As espécies são, pelo menos nesta linha de raciocínio, tal como ferramentas: quanto mais trabalhos realizam, mais grosseiramente o fazem.

No entanto, de alguma forma, aqui estamos, realizando quase todos os ofícios imagináveis e, simultaneamente, dominando praticamente todos os habitats da Terra. Nosso nicho é quase ilimitado e, quando nos deparamos com seus limites, quase imediatamente começamos a testá-los. É como se acreditássemos que nunca haverá uma fronteira final.

O *Homo sapiens* não é meramente excepcional: nós somos excepcionalmente excepcionais.[9] Incomparáveis em nossa adaptabilidade, engenhosidade e capacidade de exploração, nós nos especializamos em todo tipo de coisa ao longo de centenas de milhares de anos. Desta forma, nós aproveitamos a vantagem competitiva de sermos especialistas, mas sem pagar os custos habituais da falta de diversidade.

Este é o paradoxo do nicho humano.[10]

Um paradoxo na ciência é como um X em um mapa do tesouro: ele nos diz onde procurar. Nossa incomparável diversidade de especializações é um paradoxo que aponta para a localização de um tesouro espetacular, não tanto de riquezas, mas de ferramentas. Ao desvendar o paradoxo humano, podemos liberar uma estrutura conceitual que nos permite entender a nós mesmos e navegar por nossas vidas com propósito e habilidade. Este livro destrincha o paradoxo humano e descreve as ferramentas que conseguimos descobrir por meio dele, além de ser um exercício para a sua aplicação.

## A Fogueira

Em nossa reflexão a respeito dos primeiros americanos, já nos deparamos com uma ferramenta, embora possa não parecer uma: a fogueira. Nós, humanos, utilizamos o fogo há eras, para iluminar e gerar calor, aumentar o valor nutricional dos alimentos e manter os predadores afastados. Também o utilizamos para envergar troncos para fazer canoas, alterar paisagens para alcançar novos propósitos, e amolecer e fortalecer o metal. E ainda mais importante: a fogueira é uma forja de ideias. Um lugar para discutir sobre cerejas, rios e peixes; para compartilhar nossas experiências, conversar, rir, chorar, deliberar sobre nossos desafios e compartilhar nossos êxitos. Desta forja emergem os tipos de ideias que tornam os humanos uma verdadeira superespécie, que navega pelas regras do universo, deixando paradoxos em seu rastro.

A troca de ideias que ocorre em torno das fogueiras há milênios é mais do que uma simples comunicação. É o ponto de convergência de indivíduos com diferentes experiências, talentos e percepções. A ligação entre mentes diferentes está na base dos êxitos da humanidade. Não importa quão inteligente seja um indivíduo, nem o quanto ele saiba: quase sempre, quando diversas mentes somam forças, o todo é maior que a soma das partes. Para os problemas que a humanidade enfrenta — desde quais frutos são seguros para comer e como pegar coelhos, até como equalizar oportunidades enquanto se cria um mundo seguro contra ameaças existenciais — precisamos ir além de indivíduos processando questões isoladamente. Se quisermos sobreviver ao futuro, precisamos de multidões de pessoas conectadas e processando em paralelo. Unir mentes dessa maneira aumenta exponencialmente a capacidade humana para solucionar problemas.

Assim como a humanidade quebrou barreiras entre nichos de uma forma que nenhum outro organismo conseguiu, ela também quebrou barreiras entre indivíduos de modo ímpar. No que diz respeito aos nichos, somos uma espécie generalista que contém muitos indivíduos especialistas. Um ancestral americano pode ter tido um ótimo senso de direção, por exemplo, mas era terrível em manter a chama acesa. Um ser humano moderno pode ser ótimo em escaladas, mas péssimo em organizar seus arquivos; pode ser excelente com números, mas péssimo na hora de preparar um pão. Como espécie, porém, somos excelentes em todas essas coisas: as conexões entre nós nos permitem transcender limitações individuais, muitas vezes focando em nossos próprios ofícios ao mesmo tempo em que somos auxiliados pelo trabalho especializado dos outros.

Nas barreiras entre indivíduos, nós inovamos e compartilhamos ideias conscientemente, e então reificamos as melhores e mais relevantes entre elas para o momento presente, na forma de cultura. Por milênios, esse tipo de magia ocorreu ao redor de fogueiras.

Consciência e cultura — temas aos quais retornaremos em profundidade no penúltimo capítulo deste livro — estão em constante tensão, mas os seres humanos precisam de ambas.

Pensamentos conscientes são aqueles que podem ser comunicados aos outros. Definimos *consciência*, portanto, como "aquela fração da cognição que é embalada para troca". Isso não é nenhum embuste. Não escolhemos uma definição qualquer para simplificar uma questão complexa. Escolhemos a definição no epicentro daquilo que as pessoas querem dizer ao descrever um pensamento como "consciente".

Uma verdade que emerge de tal compreensão é que faz pouco sentido supor que a consciência individual tenha evoluído primeiro, ou que seja a forma mais fundamental de consciência. Em vez disso, nossa consciência individual provavelmente evoluiu em paralelo à consciência coletiva, e apenas se tornaria plenamente realizada em uma etapa posterior da nossa evolução. Compreender o que está na mente de outra pessoa – o que é conhecido como teoria da mente – é algo surpreendentemente útil. Vemos os primórdios dessa capacidade em diversas espécies, e a vemos amplamente desenvolvida em algumas poucas que são altamente cooperativas, como elefantes, odontocetos (golfinhos, por exemplo), corvos e muitos primatas não humanos. Entretanto, nós, seres humanos, somos de longe a espécie mais consciente dos pensamentos uns dos outros, e isso porque só nós podemos, se assim o desejarmos, transmitir bens cognitivos explicitamente – e com uma precisão espetacular. Podemos, por exemplo, transmitir precisamente uma abstração complexa de uma mente para a outra simplesmente vibrando o ar que há entre nós. É a magia cotidiana que geralmente nos passa despercebida.

Para que a teoria da mente funcione, é preciso executar uma emulação da outra pessoa dentro de sua própria cabeça. Para que me beneficie de uma comparação entre o que *eu* penso, por um lado, e o que entendo que *você* pensa, por outro, sou obrigado a ter uma experiência subjetiva tanto de *você* como de *mim* — de forma a nivelar ambas. A consciência compartilhada é um espaço emergente e intangível entre as pessoas, no qual os conceitos são interpostos e cocultivados. Cada participante tem uma perspectiva distinta sobre o espaço, assim como cada testemunha de um determinado evento terá um ponto de vista ligeiramente diferente, apesar de o espaço ser comum a todos.

Imagine duas populações compostas por indivíduos igualmente inteligentes. Na primeira população, os indivíduos não podem apenas propor ideias, mas também devem responder e modificar as ideias dos outros, e então traçar estratégias e planejar como agir a partir delas, com cada indivíduo contribuindo em sua própria área especializada. A segunda é composta por indivíduos que, embora cheios de boas ideias, não têm a capacidade de conceituar o que os outros estão pensando. Se essas duas populações estiverem competindo entre si, basicamente não haverá disputa.

Mesmo uma consciência coletiva rudimentar — que pode ser compartilhada entre lobos que estão caçando juntos, por exemplo — oferece uma vantagem impressionante. No caso dos leões, também, o bando é muito maior do que a soma de seus indivíduos. A consciência coletiva, uma inovação evolutiva diferente de qualquer outra, faz surgir a própria cognição.

## Cultura versus Consciência

A consciência é valiosa para a resolução de problemas, mas não é tão útil assim para concretizar coisas. O ginasta, o virtuoso e o guerreiro são bem-sucedidos ao tomar aquilo que descobriram conscientemente e aprender a aplicá-lo sem deliberações explícitas.[11] Insights e ideias transformadoras deixam a camada consciente e dirigem-se para as partes de nós mesmos que sabem como realizar tarefas. Quando alguém encontra-se em um estado de *concentração intensa*, a mente consciente está presente, mas como um espectador que se mantém afastado para não interromper o fluxo. Os comportamentos tornam-se habituais e intuitivos. Em um indivíduo, podemos chamar isso de habilidade ou destreza. Já em uma família ou grupo, esses hábitos tornam-se tradições, passadas eficientemente de geração em geração. Se expandirmos isso ainda mais, chegamos à noção de cultura.

O *Homo sapiens* oscila, portanto, entre dois modos dominantes. Quando enfrentamos problemas para os quais nosso conhecimento prévio é inadequado, nos tornamos conscientes. *Como nos alimentamos neste novo território?* Então, conectamos nossas mentes a um espaço compartilhado de resolução de problemas e compartilhamos aquilo que sabemos. Em seguida, realizamos um processo paralelo — propondo hipóteses, trazendo observações, oferecendo desafios — até chegarmos a uma nova resposta, que um indivíduo raramente alcançaria por si só. Se o resultado funcionar bem quando for testado no mundo, ele será refinado e então direcionado para uma camada mais automática e menos deliberativa. Isso é cultura. E a aplicação da cultura às circunstâncias para as quais esta se encontra adaptada é o equivalente populacional a um indivíduo em fluxo criativo.

Este modelo implica algumas coisas importantes. Em períodos prósperos, as pessoas devem relutar em desafiar a sabedoria ancestral – isto é, sua cultura. Em outras palavras, elas devem ser relativamente conservadoras. Quando as coisas não estão indo tão bem, por outro lado, elas devem estar propensas a suportar os riscos que vêm com a mudança. Comparativamente, elas devem ser progressistas.

Evidentemente, isso tem muito a dizer sobre o mundo moderno, já que atualmente, pelas mais diversas razões, há pouco consenso em relação às coisas estarem indo bem ou mal. Momentos antes de o Titanic atingir o famigerado iceberg, o navio era um maravilhoso testemunho do alcance das realizações humanas. Instantes depois, era um monumento aos perigos da húbris. Muitas vezes, é apenas em retrospecto que a reorganização das espreguiçadeiras parece absurda. Afinal, na maioria das vezes não há nenhum iceberg, nenhuma demarcação definida de antes e depois, do momento em que a consciência deve se tornar mais saliente que a cultura.

### Humanos rompem

1. Barreiras de nicho, por serem generalistas e especialistas.
2. Barreiras interpessoais, ao oscilarem entre cultura e consciência.

O colapso financeiro de 2008, o derramamento de óleo da Deepwater Horizon e o desastre nuclear de Fukushima Daiichi são todos sintomas de uma desordem a nível civilizacional, que ainda não possui nome. Iremos chamá-la de **Loucura dos Tolos**: a tendência de benefícios concentrados de curto prazo não apenas obscurecerem riscos e custos de longo prazo, mas também impulsionarem a aceitação mesmo quando a análise líquida é negativa.[12] Esses eventos são evidências de que estamos nos apoiando em nossas conquistas culturais e acelerando em direção ao desastre — e para longe da consciência coletiva — induzidos por uma falsa sensação de segurança e pela opulência do nosso entorno. Quanto antes reconhecermos isso, maior será a chance de retomarmos um curso seguro – desafio ao qual retornaremos no último capítulo deste livro.

A resposta à nossa pergunta anterior — *Qual é o nicho humano?* — portanto, é esta: os humanos não têm um nicho. Não no sentido padrão do termo. Escapamos desse paradigma ao dominar uma arte diferente: descobrimos como trocar nossos softwares e substituí-los conforme a necessidade, oscilando entre cultura e consciência. *O nicho humano é a própria troca de nichos.*

A humanidade é mestre em todos os ofícios. Se fôssemos máquinas, seríamos compatíveis com os mais variados pacotes de software. O caçador inuíte conhece o Ártico, mas possui poucas habilidades necessárias para operar no deserto do Kalahari ou na Amazônia. Os seres humanos podem ser bons em quase tudo, se tiverem as ferramentas e softwares adequados, e as populações humanas podem ser boas em muitas coisas em virtude de uma divisão do trabalho, mas cada pessoa terá que se limitar ou aceitar os custos decorrentes de ser um generalista.

Conforme nosso mundo se torna cada vez mais complexo, porém, a necessidade por generalistas aumenta. Precisamos de pessoas com conhecimentos em diversos domínios e que possam fazer conexões entre eles: não biólogos e físicos, simplesmente, mas biofísicos; pessoas que mudaram seus rumos e descobriram que as ferramentas de uma vocação anterior lhes servem bem em uma nova. Devemos encontrar maneiras de encorajar o desenvolvimento de generalistas. Neste livro, argumentamos que uma maneira fundamental de fazer isso é encorajar uma compreensão cuidadosa e diferenciada do que é a evolução, o que ela nos fez e como podemos resistir a seus objetivos. Para esse fim, primeiramente iremos fornecer algumas atualizações da teoria evolucionária no restante deste capítulo. Estas alterações abrem caminho para uma compreensão mais profunda da evolução e também de nós mesmos, de nossas culturas e de nossa espécie.

## Adaptação e Linhagem

A evolução adaptativa aprimora o "ajuste" das criaturas aos seus respectivos ambientes. Isso está bem estabelecido. Com pressa para tornar a biologia evolutiva em uma ciência empírica, todavia, os biólogos priorizaram definir a *adaptação* de tal forma que esta pudesse ser facilmente mensurável. Nós, biólogos, estabelecemos uma definição que é praticamente sinônimo de *reprodução*. E como é o caso de muitas suposições que acabam falhando, a crença de que *adaptação* e *sucesso reprodutivo* eram praticamente sinônimos foi um grande sucesso no início, o suficiente para que gerações inteiras de biólogos fizessem grandes progressos tratando-os como uma coisa só. Sendo assim, uma criatura que se adapta melhor ao ambiente tende a produzir mais descendentes; e quando este é o caso, os biólogos têm excelentes ferramentas conceituais para desvendar o processo evolutivo que leva a isso. Mas e quando este não é o caso, e a criatura com mais descendentes tomou alguns atalhos na busca da fecundidade em curto prazo? Nessas condições, a capacidade de compreensão dos biólogos fica comprometida. Se um prejuízo causado à adaptação surgir rapidamente — se um membro da espécie produzir muitos descendentes e todos morrerem no inverno, por exemplo — provavelmente entenderemos que houve uma falha no sentido evolutivo. Se, no entanto, os descendentes prosperarem por um período bastante longo, mas morrerem na próxima seca ou período glacial, há uma boa chance de os biólogos darem cabo da nossa análise de "sucesso".

De fato, a adaptação frequentemente está ligada à reprodução, e *sempre* está ligada à persistência. Uma população bem-sucedida pode ter altos e baixos ao longo do tempo; o que ela não pode fazer é entrar em extinção. Extinção é fracasso; persistência é sucesso. E a reprodução de indivíduos é apenas um fator na equação da persistência.

Mas o que significa persistir? É a persistência das espécies que nós buscamos? Será que contamos cada população dentro da espécie separadamente? Ou será que são os descendentes de um indivíduo que devemos contar? Logicamente, todas essas coisas se aplicam, e também muitas outras.

A evolução adaptativa ocorre à medida que os indivíduos competem por recursos. Cada indivíduo é o início de uma linha de descendência, e o período durante o qual seus descendentes persistem é um bom indicador de sua adaptabilidade. Se os descendentes de Ben perecerem quando as geleiras retornarem, mas os descendentes de Soo conseguirem chegar ao próximo interglacial, estes últimos naturalmente serão os mais bem adaptados — quer conseguíssemos medir as diferenças ou não.

Mas esses dois indivíduos não eram apenas os pontos de partida para suas próprias linhas de descendência. Cada um era também membro de muitas linhas de descendência simultâneas e justapostas que remontam a uma grande quantidade de ancestrais, sobre os quais poderíamos dizer a mesma coisa. Se a adaptação envolve persistência, portanto, a questão pertinente é: persistência de quê?

É aqui que devemos romper com o nosso senso de obrigação de medir as coisas. A evolução adaptativa — o processo que aprimora o "ajuste" das criaturas ao ambiente — envolve todos os níveis de descendência ao mesmo tempo. Ela é, portanto, fractal, e o termo que a sintetiza melhor é *linhagem*.

Um indivíduo e todos os seus descendentes formam uma linhagem. Uma espécie é uma linhagem descendente do seu ancestral comum mais recente — assim como ocorre com os clados maiores, a exemplo dos mamíferos, vertebrados e animais, cujas linhagens descendem dos ancestrais comuns mais recentes desses clados.[13] Nosso trabalho como biólogos evolucionários é descobrir como a evolução adaptativa funciona com a seleção em todos os níveis de linhagem que estão ocorrendo simultaneamente. Neste livro, partiremos da premissa de que as linhagens competem entre si, e aquelas que são mais adequadas ao seu ambiente em longo prazo são favorecidas pela seleção. Isso nos ajuda muito em termos de iluminar os paradoxos da natureza humana, mas está longe de ser suficiente. Devemos reconhecer também que, ao contrário da sabedoria evolutiva convencional, os genes não são a única forma de informação hereditária.

A cultura evolui e, para além disso, evolui em conjunto com o genoma, sendo fadada ao mesmo objetivo. Não precisamos saber até que ponto, por exemplo, comportamentos típicos de cada sexo biológico, como a nidificação feminina ou a bravata masculina, são transmitidos cultural ou geneticamente; o modo de transmissão não diz nada sobre o significado desses padrões. Sejam culturais, genéticos ou uma mistura dos dois, os papéis sexuais herdados de uma longa linhagem de ancestrais são soluções biológicas para problemas evolutivos. Em suma, trata-se de adaptações que funcionam para facilitar e assegurar a persistência da linhagem no futuro.

Para muitos, isso é algo difícil de aceitar, mas a verdade é que a cultura existe a serviço dos genes. Traços culturais antigos são tão adaptáveis quanto olhos, folhas ou tentáculos.

No século XXI, quase todas as pessoas já aceitam que a evolução criou nossos membros, fígados, cabelos e corações. Ainda assim, muitos continuam a fazer objeções quando a teoria evolucionária é invocada para explicar comportamentos ou a cultura.[14] Mesmo para muitos cientistas, esse posicionamento é motivado pela crença de que algumas perguntas não devem ser feitas se as respostas forem desagradáveis. Isso já levou à censura ideológica de ideias e programas de pesquisa, o que por sua vez diminuiu a velocidade com que expandimos nossa compreensão de quem somos e por quê.

Parte do que a evolução produziu, de fato, é desagradável: infanticídio, estupro e genocídio são todos produtos da evolução. Ao mesmo tempo, também é verdade que muito do que a evolução produziu é belo: o sacrifício de uma mãe por seu filho; romances duradouros; e o cuidado de uma civilização para com seus cidadãos, jovens e velhos, saudáveis ou não. Uma má compreensão generalizada do que significa algo ser "evolucionário" explica a preocupação de algumas pessoas.

Muitas pessoas temem que, se algo for *evolucionário*, deve ser também *imutável*. Se isso fosse verdadeiro, seríamos impotentes contra os subprodutos horríveis da evolução, e forçados a padecer da crueldade do destino evolucionário para sempre. Felizmente, esse temor é infundado. Uma parte do que é evolutivo é quase invariável: seres humanos têm duas pernas, um coração e um cérebro grande. Mas a variação entre os indivíduos também é evolucionária e depende fortemente das interações com o ambiente: qual o comprimento de nossas pernas, quão fortes são os nossos corações, quão interconectados são os neurônios em nossos cérebros? Da mesma forma, reconhecer a verdade evolucionária de que as mulheres são em média mais agradáveis, mas também mais ansiosas do que os homens, não implica um diagnóstico de um indivíduo qualquer, e tampouco um destino imutável. Indivíduos não são o mesmo que populações.[15] Somos membros individuais de populações, e essas populações — homens e mulheres, *boomers* e *millennials*, norte-americanos e australianos — possuem diferenças psicológicas reais; mas no final, somos mais semelhantes do que diferentes. Essas diferenças são o resultado de interações entre múltiplas camadas de forças evolutivas. Além disso, os humanos têm a capacidade de se conectar diretamente uns aos outros e alterar a cultura, tanto para melhor quanto para pior.

Em resposta à confusão generalizada em torno da evolução cultural e genética, desenvolvemos um modelo simples para entender a natureza hierárquica das forças em jogo. Nós o chamamos de princípio Ômega.

## O Princípio Ômega

*Epigenética* significa "acima do genoma". A primeira vez que qualquer um de nós se deparou com o termo foi na faculdade, no início dos anos 1990. Naquela época, era utilizado ocasionalmente por biólogos evolucionistas para colocar a cultura em um contexto evolutivo criterioso.

A cultura fica "acima" do genoma no sentido de moldar a forma pela qual este se manifesta. Os genes descrevem as proteínas e processos que constituem um corpo. A cultura, por sua vez — naquelas criaturas que a possuem — tem uma poderosa influência sobre para onde os corpos vão e o que eles fazem. Desta forma, a cultura é um regulador da expressão do genoma.

Nas décadas mais recentes, o termo *epigenética* assumiu um significado diferente, sendo utilizado quase exclusivamente para se referir a mecanismos que regulam diretamente — molecularmente — a expressão do genoma, de tal forma a expressar alguns traços enquanto suprimem outros, criando os padrões de expressão gênica que dão ao corpo uma forma e função coerentes. Esses mecanismos reguladores, que os cientistas estão apenas começando a compreender, são a chave para entender a vida multicelular. Sem eles, todas as células com um determinado genoma seriam iguais, e qualquer conjunto grande de células poderia existir apenas como uma colônia de células indiferenciadas. É somente por intermédio da firme regulação epigenética da expressão gênica que podemos ter um animal ou planta compostos de tecidos multicelulares distintos e bem coordenados.

Enquanto o significado do termo *epigenética* passou por uma transformação radical — de descrever comportamentos herdados para descrever modificações moleculares — um argumento de peso pode ser feito, de que a categoria de fenômenos epigenéticos inclui ambos os tipos de reguladores: sendo as modificações moleculares o significado estrito do termo — epigenética *stricto sensu* ("em sentido específico") — enquanto as mudanças moleculares *junto* aos comportamentos herdados caracterizam a epigenética *lato sensu* ("no sentido amplo").

Ambos são epigenéticos, e a implicação aqui é que uma única regra evolutiva governa ambos os reguladores moleculares e culturais da expressão gênica.

Tomemos como exemplo um pastor tibetano. Ele possui uma cultura herdada que restringe seu comportamento. Suas células assumem formas diferentes e fazem coisas diferentes com base em padrões herdados de sua expressão gênica. Não faria sentido imaginar que os genes de seu genoma e os reguladores moleculares que ajustam sua expressão sejam rivais. Se o pastor é saudável, suas células atendem a seus interesses evolutivos enquanto criatura — afinal, a regulação de seus genes evoluiu para melhorar sua aptidão. Seus olhos, compostos por muitos tipos de células distribuídas de maneira particular, enxergam perigos e oportunidades. Os riscos que ele enxerga são ameaças à sua adaptabilidade evolutiva, e as oportunidades constituem maneiras pelas quais ele pode aprimorá-la. Em outras palavras, os genes e seus reguladores concordam com o trabalho a ser realizado e não apresentam nenhum sinal de tensão a respeito. E qual é o trabalho desses genes e seus reguladores? Evidentemente, trata-se de um trabalho evolutivo — constituir cópias dos genes do pastor no futuro. Nenhuma pessoa razoável diria o contrário.

## A EVOLUÇÃO E OS DESAFIOS DA VIDA MODERNA

Mas muitas pessoas razoáveis não conseguirão enxergar essa relação quando se tratar da cultura do pastor. Ele pode aderir a papéis de gênero que remontam a milhares de anos em sua linhagem, e ainda assim é comumente afirmado em círculos científicos que esses padrões culturais provavelmente não são evolucionários, que são "apenas culturais" — como se esta fosse uma categoria concorrente.

O problema deriva da apresentação inicial da evolução memética por Richard Dawkins em seu livro *O Gene Egoísta*, no ano de 1976. Conforme Dawkins descreve os memes — lançando as bases para o rigoroso estudo darwiniano da adaptação cultural — ele comete um erro fatal: descrever a cultura humana como uma nova sopa primitiva,[16] na qual os traços culturais se espalham como os genes, e não como uma ferramenta do genoma que evoluiu para melhorar sua adaptabilidade.

Esse mal-entendido nunca foi devidamente resolvido, e a confusão "natureza × criação" que ele gera continua a bloquear certos progressos analíticos e sociais. Perguntar se um determinado traço deve-se à natureza ou à criação implica uma falsa dicotomia entre natureza, genes e evolução de um lado, e entre criação e ambiente do outro, quando, na verdade tudo isso é evolutivo.

A chave para ver por que a cultura deve servir aos genes como uma ferramenta para aprimorar a adaptabilidade, tal como fazem os reguladores moleculares, encontra-se na lógica dos trade-offs, conceito ao qual retornaremos ao longo do livro.

Do ponto de vista do genoma, a cultura é tudo menos gratuita. Na verdade, nada é mais custoso do que ela. O cérebro que capta a cultura é grande e dispende grandes quantidades de energia para operar; além do mais, o processo pelo qual a cultura é transmitida é propenso a erros; e os conteúdos da cultura humana frequentemente bloqueiam as oportunidades de melhoria da aptidão — não matarás, roubarás, cobiçarás, trairás etc. Antropomorfizando o genoma por um instante: se a cultura não pagasse o genoma de volta por suas despesas astronômicas, o genoma teria motivos para se rebelar contra ela. A cultura parece desperdiçar tempo, energia e recursos que de outra forma estariam à disposição do genoma. Pode-se ter até mesmo a impressão de que a cultura está efetivamente parasitando o genoma.

Mas é o genoma que está no comando. A capacidade de cultura é praticamente universal em aves e mamíferos; ela foi elaborada, aprimorada e ampliada pela evolução genômica ao longo do tempo, e alcançou seu ponto mais extremo na espécie mais amplamente distribuída e ecologicamente dominante do mundo: os humanos. Esses fatos nos revelam que o que quer que a cultura faça, isso não terá um custo para a aptidão genética; pelo contrário, aumentará essa aptidão de forma significativa. Se a cultura não estivesse dando certo, os genes cuja expressão está modificando seriam extintos ou evoluiriam para ser tão imunes a ela quanto um carvalho.

Em nossas aulas sobre evolução, codificamos nossa compreensão da relação entre os fenômenos genéticos e epigenéticos naquilo que chamamos de princípio Ômega, o qual possui dois elementos:[17]

## Princípio Ômega

1. Os reguladores epigenéticos, como a cultura, são superiores aos genes, pois são mais flexíveis e podem se adaptar mais rapidamente.
2. Os reguladores epigenéticos, como a cultura, evoluem para servir ao genoma.

Optamos por usar o significante $\Omega$ (ômega) para evocar $\pi$ (pi), e assim indicar a natureza obrigatória da relação. Os elementos adaptativos da cultura não são mais independentes dos genes do que o diâmetro de um círculo o é de sua circunferência.

Do princípio Ômega, derivamos um conceito poderoso: qualquer traço cultural oneroso e duradouro (como as tradições transmitidas dentro de uma linhagem por milhares de anos) deve ser considerado adaptativo.

Ao longo deste livro, discutiremos esses traços — desde festas da colheita até a construção de pirâmides — por meio dessa lente evolucionária. Usaremos os primeiros princípios para extrapolar o que torna os humanos tão especiais e por que as novidades da era moderna nos tornaram mental, física e socialmente insalubres. Para encontrar esses princípios, devemos procurar por pistas. No próximo capítulo, exploraremos nossa história profunda, percorrendo as muitas formas que adotamos, alguns dos muitos sistemas e habilidades que nossos ancestrais inovaram e os universais humanos que nos unem a todos.

Capítulo 2

# Uma Breve História da Linhagem Humana

**EXISTEM DIVERSOS UNIVERSAIS HUMANOS.**[1]

Todos os humanos possuem linguagem. Podemos distinguir o *eu* do *outro*, e também o eu como sujeito ("eu cozinhei para ela") do eu como objeto ("ela cozinhou para mim"). Utilizamos expressões faciais gerais e sutis, que incluem felicidade, tristeza, raiva, medo, surpresa, nojo e desprezo. Não apenas usamos ferramentas; usamos ferramentas para criar outras ferramentas.

Vivemos em ou sob abrigos, em grupos — geralmente famílias — e espera-se que os adultos ajudem a socializar as crianças, já que elas observam os mais velhos e os imitam. Aprendemos também por tentativa e erro.

Nós temos status, regidos por regras decorrentes de parentesco, idade, sexo e outros fatores. Temos regras de sucessão e indicadores de hierarquia. Atuamos na divisão do trabalho. A reciprocidade é muito importante, tanto em seu sentido positivo — boa relação com vizinhos, troca de presentes — quanto no negativo — retaliação por erros percebidos. Nós negociamos.

Prevemos e planejamos o futuro — ou pelo menos tentamos. Temos leis e líderes, embora ambos possam ser situacionais ou efêmeros. Temos rituais, práticas religiosas e padrões de pudor sexual. Admiramos a hospitalidade e a generosidade. Temos uma estética, a qual aplicamos ao nosso corpo e ao nosso ambiente. Sabemos dançar, além de compor e tocar músicas.

Demorou muito para nos tornarmos quem somos hoje. Se você examinar a fundo a história da vida em nosso planeta, poderá ver como esses universais surgiram ao longo de centenas de milhões de anos; e uma vez que entenda isso, perceberá por que as mudanças, especialmente as mudanças rápidas, nem sempre são tão positivas.

Há 3,5 bilhões de anos, com uma margem de algumas centenas de milhões de anos, a vida surgiu na Terra. Esse organismo originário foi o ancestral comum de toda a vida em nosso planeta, e devemos muito a ele, embora atualmente não compartilhemos de muitas semelhanças.

O primeiro organismo unicelular não tinha núcleo; não tinha sexo. Ele produzia sua própria energia, talvez convertendo a luz solar em alimento, como fazem as plantas, ou convertendo moléculas inorgânicas, como amônia ou dióxido de carbono. À medida que avançamos na história e nossos ancestrais se aproximaram de nós na linha temporal, começamos a nos assemelhar cada vez mais a eles.

Há 2 bilhões de anos, nosso material replicante ficou revestido de núcleos, permitindo que o DNA se organizasse de tal modo que o seu desempacotamento cuidadoso, nos momentos certos, passaria a desencadear eventos em cascata. Demasiada complexidade se esconde na sincronização e na codificação dos eventos — e na forma pela qual as coisas são empacotadas. A capacidade de empacotar com eficiência, afinal, é extremamente importante, indo muito além de malas e contêineres. Nossos ancestrais estavam desenvolvendo diversas maneiras de dividir o trabalho naquela época — organelas dentro das células separavam as funções celulares umas das outras, microtúbulos e proteínas motoras passaram a transportar material celular por toda parte, etc.

Com células dotadas de núcleo, então, nós passamos a ser eucariontes — mas ainda vivíamos sozinhos, como células únicas. Muito tempo depois, começamos a nos associar de forma mais permanente, combinando forças e tornando-se indivíduos multicelulares, em vez de aglomerados de células que se agregavam.[2] As organelas dentro das células há muito haviam inovado a especialização, que atravessava novas escalas — cloroplastos para realizar a fotossíntese, mitocôndrias para gerar energia — mas parava nos limites da célula. Já com os organismos multicelulares, a vida estava se desenvolvendo e complexificando.

Todos que conhecem nossa história profunda terão suas transformações favoritas, aquelas que parecem singularmente importantes entre todas as que poderiam ter sucedido. Talvez você veja a origem do cérebro, ou do sangue, ou dos ossos, como sendo *a* transformação evolutiva da qual todas as inovações subsequentes dependeram. Todas elas, exceto as primordiais, dependem de condições já estabelecidas, de modo que nenhuma estava destinada a ser, na forma como as conhecemos. No início, havia a evolução daqueles que geravam sua própria energia. Isso possibilitou a evolução gradual daqueles que tomam o que outros criaram: heterótrofos, como nós, que parasitam o trabalho energético das plantas e de outros fotossintetizadores. A maneira particular como evoluímos para sermos heterótrofos, tomando a energia dos outros para si — não havia nada de inevitável nisso.

Todos nós, organismos, precisamos respirar, absorver nutrientes e excretar resíduos para nos reproduzirmos. Quanto maior o organismo, mais provavelmente outras coisas também serão necessárias: um sistema de encanamento para poder mover as coisas por dentro do corpo; um centro — ou centros — de controle, dentro do qual as informações são coletadas, interpretadas e postas em prática.

Há mais de seiscentos milhões de anos nos tornamos indivíduos multicelulares que roubam energia daqueles que a retiram do sol... Viramos animais.

O sexo evoluiu em nossa linhagem e nunca desapareceu. Algumas características surgem e desaparecem ao longo do tempo evolutivo — os pássaros desenvolveram o voo, e então alguns deles inverteram o curso, tornando-se pinguins, kiwis, avestruzes.[3] As cobras perderam membros que seus — e nossos — ancestrais desenvolveram ao longo de dezenas de milhões de anos. Até mesmo os olhos, que fornecem o sentido mais predominante nos seres humanos, são irrelevantes em algumas espécies de peixes de cavernas, que vivem em águas tão escuras que os olhos se tornam obsoletos. No caso dos tetra-cegos, por exemplo, existem dezenas de populações distintas que não possuem olhos, mas que vivem próximas de seus parentes dotados de visão, os quais habitam em águas mais rasas.[4]

Outros traços evoluem uma vez e depois permanecem, sugerindo que seu valor é quase universal. Nenhum organismo que uma vez tenha desenvolvido estruturas ósseas internas veio a desenvolver um estilo de vida sem elas.

O mesmo vale para os neurônios e para os corações. Já a evolução do sexo — ou seja, a evolução da reprodução sexual — não é tão simples assim, mas chega perto. Existe uma linhagem eucariótica conhecida na Terra que já teve uma reprodução sexuada, mas desde então a perdeu: os rotíferos bdeloídeos,[5] que são um tanto incomuns de várias formas, incluindo sua capacidade de sobreviver tanto à dessecação extrema quanto a altas doses de radiação ionizante.[6] Mas a linhagem à qual pertencemos faz parte de uma longa e ininterrupta sequência de reproduções sexuais, no mínimo por estes últimos 500 milhões de anos.[7]

## Uma Árvore Filogenética

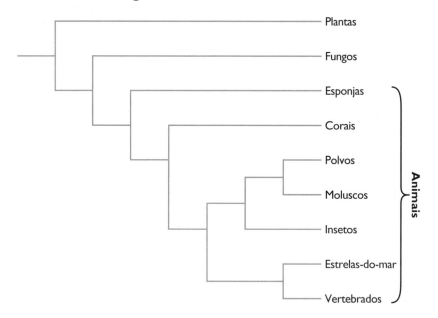

Esta árvore evolutiva reflete nossa compreensão atual das relações entre diversos táxons.[8] Muitos foram excluídos, mas a natureza das árvores evolutivas inclui poder excluir táxons sem tornar uma árvore falsa; ela apenas se torna menos completa.

Esta árvore não sugere que os vertebrados sejam "mais evoluídos do que qualquer outro elemento na árvore". Entre outras coisas, ela sugere que:

- Vertebrados e estrelas-do-mar estão mais intimamente relacionados entre si do que com qualquer outro elemento.
- Moluscos e polvos são os parentes mais próximos uns dos outros nesta árvore; os insetos estão intimamente relacionados a eles. Animais e fungos estão mais intimamente relacionados entre si do que com as plantas.

No início de nossa história enquanto animais multicelulares, algumas linhagens se ramificaram em formas *sésseis* — "eu irei me proteger em um lugar fixo" — e outras em formas *móveis* — "eu irei vagar pela paisagem à procura do que for preciso, fugindo de tudo que me quiser morto". A maioria de nós também é bilateralmente simétrico: temos uma esquerda e uma direita, e a linha média é um ponto de inflexão, com as vistas de ambos os lados sendo quase as imagens espelhadas uma da outra. Assim como nós, vertebrados, os insetos possuem uma esquerda e uma direita, embora estejamos mais próximos das estrelas-do-mar do que deles. Isso revela que mesmo uma característica claramente útil como a simetria bilateral não é universal — estrelas-do-mar adultas aparentemente desistiram de ter uma esquerda e uma direita em favor da simetria radial.[9]

Há 500 milhões de anos, começamos a organizar nossas atividades internas — desenvolvemos um coração e cérebro únicos e centralizados, onde antes havia vários centros de bombeamento e pressurização do sangue e centros de processamento neural. Com um único cérebro para organizar as informações, nós também desenvolvemos cada vez mais maneiras de perceber o mundo ao nosso redor.

Pouco tempo depois, em uma escala de tempo geológica, nos tornamos craniados — os inteligentes, com seus preciosos cérebros cuidadosamente protegidos dentro de crânios. Os ossos ainda não haviam evoluído, nem as mandíbulas, de forma que ainda estávamos limitados em termos do que podíamos realizar. Todavia, organismos assim persistem até hoje — as lampreias, por exemplo, que estão passando bem, obrigado — sendo representantes modernos desses primeiros craniados. Sem mandíbulas ou ossos, seus pequenos cérebros trabalham duro para encontrar hospedeiros aos quais se agarrar e parasitar.

Dentes e mandíbulas evoluíram e se mostraram muito úteis, assim como a mielina, que reveste a parte externa dos axônios e permite que a transmissão dos sinais neurológicos aumente em velocidade: com a mielina, nossa capacidade de nos mover, sentir e pensar ficou mais rápida.

Por volta de 440 milhões de anos atrás, muitos peixes eram revestidos por camadas de ossos do lado de fora de seus corpos, mas nenhum ser vivo na Terra possuía um esqueleto ósseo interno. Alguns dos descendentes modernos desses peixes, que possuem mandíbulas e dentes, mas não ossos, seriam os tubarões, raias e arraias.[10] Os tubarões, animais presentes nos pesadelos de muitas pessoas, fazem o que fazem sem nem um osso sequer em seus corpos. Há muitos modos de ser forte, inteligente e bem-sucedido.

Quando os ossos, parentes moleculares dos dentes, apareceram como material esquelético interno, em vez de armadura, substituindo a cartilagem anterior a eles, nos tornamos Osteichthyes — peixes ósseos. Somos também, ainda e para sempre, eucariontes, animais, vertebrados e craniados. A pertença a um grupo nunca desaparece por completo, mas um organismo tentará se passar por algo que não é se um número suficiente de seus traços vier a se transformar. Nós mesmos somos peixes nucleados, heterotróficos, vertebrados, inteligentes e ósseos – mas ainda assim, somos peixes.[11]

**Vertebrados**

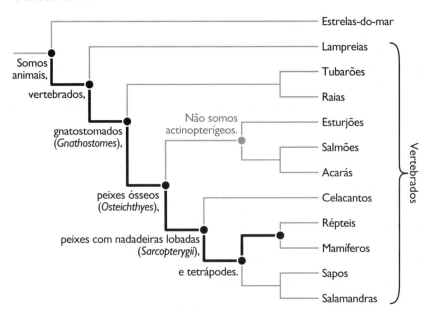

Há cerca de 380 milhões de anos, alguns de nós, peixes, nos arriscamos em águas rasas, perto da terra. Éramos tetrápodes, então. Algumas de nossas barbatanas começaram a se parecer mais com membros do que barbatanas, propriamente, com suas extensões ósseas e musculares se transformando em nossas mãos, pés e dedos. Mover-se em direção à terra, no entanto, era algo penoso. A vida terrestre requer esforço e, embora esta seja uma fronteira vasta e promissora para aqueles que podem cruzá-la, os compromissos são significativos. Tudo, desde manter-se de pé e não ser esmagado pela gravidade, até as diferentes maneiras pelas quais a luz, o som e os odores viajam pelo ar em comparação com a água, era algo a se encarar neste novo mundo. Quase todos os sistemas precisavam ser reformulados. Por um longo tempo, mantivemos uma relação próxima com a água, repousando nela para manter a pele — nosso principal órgão respiratório — funcional, e sempre retornando a ela para reproduzir. Muitos de nossos ancestrais cometeram erros custosos e mortais. Tudo poderia ter sido muito diferente. Mas estes erros acabaram se provando remediáveis ou, em retrospecto, por vezes nem sequer eram erros. Parece até predestinado que seríamos nós a descobrir e redigir nossa própria história, em vez de uma versão alternativa da evolução com golfinhos, elefantes ou papagaios descobrindo e refletindo sobre sua história... ou até mesmo abelhas, polvos ou cogumelos chanterelle.

Esses primeiros tetrápodes, todos anfíbios, costumavam ficar perto da água. Aqueles que se aventuraram para longe dela correram riscos significativos ao fazê-lo, e a maioria certamente morreu. Todos eles eram, à sua maneira, exploradores, e a maioria deles, como muitos exploradores, assumiu um risco que não valeu a pena. Mas aqueles que não pereceram encontraram paisagens inabitadas por outros vertebrados, além de alimentos em abundância. Desta forma, nossos ancestrais anfíbios se espalharam pela terra, um cenário quente e úmido no qual as primeiras florestas do mundo ainda estavam se formando, e diplópodes e escorpiões gigantes vagavam em muitos rincões abafados.

Há 300 milhões de anos, todos os atuais continentes da Terra estavam agrupados em uma única massa de terra conhecida como Pangeia, unidos como as peças de um quebra-cabeça. A Pangeia era um mundo exuberante e quente, repleto de plantas e insetos gigantes. Até os polos do planeta estavam livres de gelo naquela época. Neste mundo surgiu um novo tipo de ovo. O antigo era simples e frágil — o ovo que ainda é utilizado por salmões e salamandras, sapos e linguados. Porém, este novo tipo, o ovo amniótico, tinha tantas camadas protetoras e nutritivas que os indivíduos passaram a poder se afastar da água doce. Finalmente, estávamos livres da necessidade de vastas quantidades de água. Éramos, então, répteis primitivos; éramos amniotas. Também somos, ainda e para sempre, peixes.

Há 300 milhões de anos, estávamos em terra firme, dotados de pulmões e com um novo tipo sofisticado de ovo. Nós, amniotas, evoluímos a partir dos reptiliomorfos — grosso modo, os répteis — e, portanto, também somos répteis. Os répteis se dividem e se ramificam, como fazem os clados. No início de nossas vidas como amniotas, ocorreu uma ramificação entre a linhagem que se diversificaria ainda mais como répteis e aquela que daria vida aos mamíferos.

Alguns répteis perderam seus dentes e desenvolveram cascos, e nós os chamamos de tartarugas. Alguns desenvolveram línguas bifurcadas e hemipênis, e chamamos a maioria deles de lagartos. Destes últimos, alguns perderam suas pernas, e se tornaram o que hoje chamamos de cobras. Mesmo sem pernas, no entanto, as cobras ainda são tetrápodes, pois suas histórias não mudam simplesmente porque suas formas o fizeram. Alguns répteis eventualmente se tornaram dinossauros e alguns dinossauros, aves. (Pois é: os dinossauros não estão extintos. As aves são dinossauros. E também são, é claro, peixes.)

As aves e os mamíferos têm um ancestral comum mais recente na base da árvore dos répteis; esse nosso ancestral era baixo e lento, de sangue frio e antissocial, e não tinha muita coisa acontecendo cognitivamente. Tanto a linhagem que se transformaria em aves quanto aquela que se transformaria em mamíferos evoluíram, de forma independente, para seres inabaláveis, que ficam em pé, se movem de forma rápida e possuem cérebros grandes e hiperconectados. É um caminho mais dispendioso pelo mundo — um de sangue quente e cérebros grandes — e as aves e mamíferos lidaram com esse preço e com seus respectivos problemas de maneiras diferentes; no caso desses dois grupos, entretanto, o resultado foi positivo para nós.

Tanto as aves quanto os mamíferos possuem mais aprendizado cultural e complexidade social do que qualquer outro organismo conhecido. Correr rapidamente, na iteração particular da história que experimentamos, parece ter contribuído para a evolução da cultura. Muitas espécies de aves têm vidas longas, longos períodos de desenvolvimento, altas taxas de monogamia e vínculos entre indivíduos que duram várias estações, até mesmo uma vida inteira. Alguns pares de aves fazem duetos entre si com tamanha precisão que pode ser difícil definir se mais de um pássaro está cantando, de fato. O mesmo pode ser dito de alguns pares de humanos.

## Tetrápodes

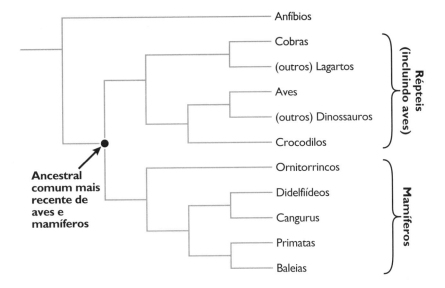

As relações entre tetrápodes são descritas aqui. Entre os répteis, três relações merecem destaque:

1. As cobras são o maior clado de lagartos sem pernas.
2. As aves são o único clado de dinossauros que não foi extinto há 65 milhões de anos.
3. Tartarugas e cágados ("quelônios") claramente são répteis, mas quem são seus parentes mais próximos permanece em aberto, e portanto eles foram excluídos desta árvore.

Na base da árvore dos répteis, nossos ancestrais se ramificaram e os mamíferos desenvolveram nossa característica homônima: as glândulas mamárias. Exceto por alguns ornitorrincos e equidnas curiosos situados na base da árvore dos mamíferos, nós, mamíferos, temos também a gestação e o nascimento vivo. O cuidado parental, pelo menos da mãe, passou a ser inevitável. A comunicação entre a mãe e o embrião no útero assume muitas formas — principalmente químicas. Após o nascimento, algumas mães mamíferas fornecem apenas leite, por si só uma fonte rica de informações imunológicas, nutricionais e de desenvolvimento, mas a maioria também protege e ensina sua prole. Uma vez que alguns cuidados parentais fossem exigidos pela anatomia e fisiologia, outros provavelmente se seguiriam.

Não somos mamíferos por termos glândulas mamárias, ou pelos, ou três pequenos ossos em nosso ouvido médio. Somos mamíferos porque descendemos, ao longo de dezenas de milhões de gerações, do primeiro mamífero, que vagou pela Terra há quase 200 milhões de anos.[12] Esse primeiro mamífero tinha glândulas mamárias, pelo e três pequenos ossículos no ouvido médio. São essas características,[13] em parte, que nos permitem reconhecer um mamífero quando nos deparamos com ele. Mas é nossa história evolutiva, nossa ancestralidade e a linhagem à qual pertencemos que nos tornam mamíferos, e não nossas características.

Esse primeiro mamífero era quase certamente pequeno, noturno e não muito esperto, para os padrões modernos. Seu pelo o ajudava a se manter aquecido e sua capacidade de amamentar proporcionava uma alimentação segura e fácil para os bebês. Com os ossículos do ouvido médio, ele era capaz de ouvir melhor do que seus ancestrais. É provável que tivesse um olfato aprimorado. As partes do cérebro que estiveram envolvidas no olfato (cheiro) por centenas de milhões de anos estavam se expandindo e sendo cooptadas por novas funções: memória, planejamento, construção de cenários.

Nossos cérebros de mamíferos são uma coleção de partes pequenas e ágeis que às vezes agem longe da vista das outras, com integração e supervisão a partir da estrutura maior. Nossos hemisférios cerebrais nem sempre foram divididos como agora, mas a lateralização proporcionou a possibilidade de atividades assimétricas nos lados esquerdo e direito, e uma grossa estrutura de fibras nervosas – o corpo caloso – surgiu para conectar os dois lados nos mamíferos. Assim, nossos cérebros ilustram a tensão entre a especialização e a integração das partes.

O primeiro mamífero também possuía um coração de quatro câmaras, que mantém o sangue que acabou de ser enriquecido com oxigênio nos pulmões separado do sangue que foi esgotado de oxigênio de sua volta ao redor do corpo. Isso possibilita um sistema cardiovascular mais apto e eficiente. Os mamíferos se tornaram endotérmicos (isto é, de sangue quente, gerando nosso calor internamente, em vez de depender de fontes externas), desenvolveram novos tipos de isolamento e começaram a experimentar o sono REM. (E, mais uma vez, as aves também desenvolveram independentemente todas essas características, embora às vezes de forma diferente — penas em vez de pelos, por exemplo.)

Os primeiros mamíferos também solucionaram um problema que nos acompanhava desde que chegamos à terra firme. Quando os primeiros tetrápodes se tornaram terrestres, sua forma de se locomover lateralmente, que as salamandras e alguns lagartos ainda apresentam, comprimia seus pulmões, de tal modo que se mover e respirar ao mesmo tempo era uma impossibilidade.[14] Essa locomoção lateral trazia uma restrição de velocidade, e também da distância que se podia percorrer antes de precisar descansar. Qualquer um que tenha passado algum tempo observando lagartos na natureza reconhecerá os impulsos rápidos que caracterizam seus movimentos, e como estes são seguidos de uma breve respiração. Os mamíferos solucionaram esse problema mudando o eixo no qual ondulamos — em vez de irmos de um lado para o outro, passamos a ir para a frente e para trás. Isso nos conferiu a liberdade de correr e respirar ao mesmo tempo — uma habilidade extremamente útil. Acrescente a isso outra característica nova dos mamíferos, o diafragma, o grande músculo abaixo de nossos pulmões que coordena a respiração, e nós passamos a poder nos locomover mais rápido e a percorrer distâncias maiores do que nossos antepassados. Tudo isso, é claro, tem um custo, metabolicamente falando; são necessárias muito mais calorias para manter um mamífero em movimento do que um lagarto do mesmo tamanho.

Naquele momento em que estávamos literalmente mais quentes e mais rápidos do que nunca, nossa capacidade de processamento também aumentou. As primeiras adaptações dos mamíferos permitiram uma maior eficiência na circulação, respiração, locomoção e audição. No início de nossa história como mamíferos, também nos tornamos mais eficientes em mastigar coisas e nos livrar de resíduos na forma de urina.[15]

Nós, humanos, somos os beneficiários dessas inovações evolucionárias de tantas dezenas de milhões de anos atrás, assim como os gatos, cães e cavalos, ou os esquilos, vombates e glutões.

Foram necessários diversos passos para nos tornarmos o que somos, mas quantos deles teriam sido necessários para organismos igualmente conscientes em uma reprise da história? E se pudéssemos voltar ao início e arriscar essa experiência histórica que é a *vida na Terra* mais uma vez?

Em uma reprise histórica, as chances de que os organismos mais conscientes do planeta tivessem um coração de quatro câmaras, cinco dedos e olhos com uma estrutura que produz imagens invertidas são baixas. Mas em tal reprise, com seres conscientes emergindo uma vez mais, a seleção natural certamente teria descoberto alguma maneira de dar um fim a suas próprias inadequações, criando cérebros — cujas especificidades não importam — que podem olhar para o futuro, mesmo quando a própria seleção não pode fazê-lo.

Há 65 milhões de anos, o meteoro Chicxulub atingiu a Terra perto da península de Yucatán. Seu impacto levantou tanta poeira que o sol ficou bloqueado por anos a fio. A fotossíntese estagnou. Do outro lado do planeta, talvez acelerada pelo impacto do Chicxulub, uma das maiores formações vulcânicas do planeta estava se formando, os Basaltos de Decão, na Índia, expelindo grandes quantidades de gases que alteram o clima.[16] Esses fatores causaram extinções em massa, incluindo a de todos os dinossauros (não aviários), que vinham se saindo muito bem por dezenas de milhões de anos.

Ainda há divergências sobre quanto tempo os mamíferos levaram para começar a se diversificar até se transformarem na grande confusão caótica das quase 5 mil espécies existentes no planeta hoje — das quais metade são roedores, um quarto são morcegos e o quarto restante inclui formas tão variadas como golfinhos e cangurus, elefantes-marinhos e antílopes, rinocerontes e lêmures.

Algum tempo atrás, quando os dinossauros ainda eram predominantes sobre a Terra, os primatas emergiram das fileiras dos mamíferos.[17] Contra todas as probabilidades, nossos ancestrais primatas conseguiram sobreviver às extinções em massa que ocorreram, assim como os ancestrais de todos os outros organismos vivos do planeta hoje.

Há 100 milhões de anos, muito antes do Chicxulub, o ancestral comum de todos os humanos era um pequeno primata noturno e arborícola. Ele era fofo e felpudo,[18] e vivia em pequenos grupos familiares. Como primatas, nós desenvolvemos uma agilidade, destreza e sociabilidade maiores. Aliás, nós, primatas, ainda somos eucariontes, animais, vertebrados, craniados, peixes ósseos, amniotas e mamíferos, com cada grupo sucessivo e menos inclusivo fornecendo um grau de precisão maior, em vez de refutar qualquer associação a grupos anteriores. Os primatas desenvolveram polegares e dedões dos pés opositores, adquiriram polpas nas pontas dos dedos das mãos e dos pés e substituíram as garras por unhas. Tudo em nossas mãos e pés estava se tornando mais hábil, mais adequado para atividades motoras finas.

Nós, os primeiros primatas, também nos tornamos excelentes escaladores, em virtude dos longos ossos terminais de nossas pernas e braços serem menos colados uns aos outros e menos limitados. Mas essa capacidade inicial de escalar vinha à custa de alguma estabilidade em terrenos planos, o que proporcionava ainda mais razões para se manter nas árvores.

Como primatas, fomos nos tornando mais visuais e menos olfativos. Nossos narizes encolheram e nossos olhos cresceram. Os primatas não são tão bons nos sentidos químicos — olfato, paladar — como outros mamíferos. Assim como os mamíferos antes de nós ficaram mais inteligentes em relação a seus ancestrais, nós, primatas, também ficamos em relação a outros mamíferos. Ao mesmo tempo, a duração da gestação se expandiu – os bebês "cozinhavam" por mais tempo dentro de suas mães antes de nascer. O tamanho das ninhadas foi reduzido, de forma que as mães tinham menos filhos por vez. O período de investimento parental após o nascimento se alongou e se intensificou, e o desenvolvimento sexual passou a ocorrer cada vez mais tarde na vida, dando mais tempo para os jovens primatas aprenderem a sentir, a pensar, e a ser.

Os macacos (*sensu lato*), um subconjunto de primatas ao qual pertencemos, deram continuidade a essas tendências. Tornamo-nos quase exclusivamente diurnos, e ainda mais dependentes da visão. Nossos narizes encolheram mais, e nossos olhos ficaram ainda maiores em relação aos nossos crânios.

Macacos têm filhos únicos ou gêmeos em vez de ninhadas – com isso, os conjuntos extras de mamilos desapareceram, já que não seriam necessários para alimentar os filhotes... com a exceção da presença de mamilos em membros do sexo masculino. Com ainda menos bebês para cuidar de cada vez, as mães macacos — e muito mais raramente, os pais — passavam mais tempo com cada filhote, ensinando-os a ser um macaco.

Em vez de épocas de acasalamento, durante as quais todas as fêmeas são férteis, os macacos se reproduzem em ciclos individuais. Nós acasalamos quando as condições são adequadas; os humanos sobrepuseram isso com a narrativa: "Nós acasalamos quando escolhemos". Há a escolha de quando e com quem acasalar, é claro, mas também há condições subjacentes que tornam a gravidez mais ou menos provável de ser bem-sucedida, e elas certamente se correlacionam com nossos sentimentos de desejo e escolha, quer saibamos disso ou não. Algumas destas condições se aplicam a toda a população: em tempos de escassez, quase ninguém se reproduz, pois os indivíduos carecem de recursos nutricionais e fisiológicos para dar à luz um filhote e alimentá-lo após o nascimento.

## Primatas

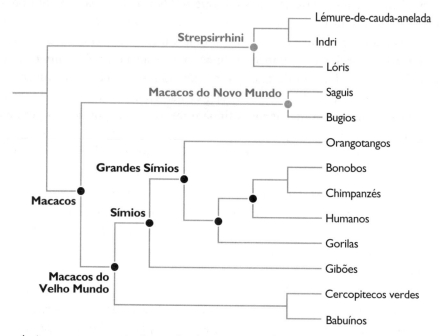

Assim como somos animais, vertebrados, gnatostomados, peixes ósseos, Osteichthyes e tetrápodes, também somos primatas, macacos, Macacos do Velho Mundo, símios e grandes símios.

Já outras condições são particulares ao indivíduo: seu corpo está pronto para a primeira gravidez? Se você teve gestações anteriores, quantos anos tem seu filho mais novo? Ele é desmamado? Você tem filhos mais velhos por perto para ajudar? Irmãs, amigas? Seu companheiro de escolha? Quando as épocas de acasalamento eram a regra, o timing reprodutivo era sincronizado, e havia uma variação menor nas respostas a essas perguntas. Também era mais fácil para um único macho, com estas épocas de acasalamento, monopolizar os esforços reprodutivos de várias fêmeas. Com ciclos individuais, a monopolização masculina da reprodução feminina é mais difícil, o que lança as bases para que as relações entre machos e fêmeas evoluam — para que a monogamia e o cuidado biparental evoluam.

Há cerca de 25 a 30 milhões de anos, os símios evoluíram a partir dos macacos,[19] e nós somos eles. Outros símios que vivem hoje incluem várias espécies de gibões que, segundo muitos, são os mais bonitos entre os símios vivos: indivíduos peludos e unidos que vivem nas copas das florestas tropicais do Sudeste Asiático. Algumas espécies cantam umas para as outras ao amanhecer e ao anoitecer, comunicando sua localização, mas também possivelmente informações (*"Esta árvore tem frutos deliciosos"*), interesses (*"Você tem filhos?"*), ou intenções (*"Estou indo para casa. Vejo você em breve"*).

Uma das inovações dos símios é a braquiação — nós nos balançamos muito bem.

Os desenhos animados que representam macacos balançando um braço atrás do outro por entre as árvores não são tão precisos quanto os próprios gibões, chimpanzés, ou mesmo nós, fazendo o mesmo. Outros símios, os chamados grandes símios, não são tão bonitos, mas são ainda mais inteligentes. Os orangotangos, tal como os gibões, vivem dentro e perto das florestas tropicais da Indonésia. Já os gorilas, chimpanzés e bonobos estão todos restritos à África subsaariana.

Há mais de 6 milhões de anos,[20] nossos ancestrais (*Homo*) se separaram dos ancestrais dos chimpanzés e bonobos (*Pan*), que são nossos parentes vivos mais próximos. Ainda levaria milhões de anos até que os humanos e os chimpanzés ou bonobos modernos evoluíssem, e a aparência do nosso ancestral comum mais recente ainda é uma questão intrigante. Uma abordagem possível é imaginar que ele era mais parecido com um chimpanzé ou com um bonobo.

Entre aqueles que imaginavam um passado à la chimpanzés, sem reconhecer que o estava fazendo, estava o filósofo do século XVII Thomas Hobbes, que declarou que os humanos, em seu "estado de natureza" (isto é, sem Estado), estão destinados a viver uma vida "solitária, pobre, sórdida, embrutecida e curta".[21] Mais recentemente, intelectuais ilustres que vão de Sigmund Freud a Steven Pinker imaginaram, similarmente, que os humanos precisam da civilização para nos resguardar de nossos instintos mais básicos. Não deixa de ser verdade que os chimpanzés tendem mais para a guerra do que para a paz, e muitas vezes são encontrados combatendo nos limites de seus territórios.

Os bonobos, em comparação, tendem para a paz, sendo mais provável que compartilhem comida nos limites de seus territórios do que avancem uns contra os outros.

Mas os humanos se envolvem em guerras tanto quanto buscam a paz. Se pegamos em armas quando estranhos aparecem à nossa porta, ou os convidamos

###### A EVOLUÇÃO E OS DESAFIOS DA VIDA MODERNA

para compartilhar comida conosco, é algo altamente variável entre culturas e contextos. Dado que estamos igualmente relacionados com chimpanzés e bonobos, olhar para um em detrimento do outro buscando compreender a humanidade faz pouco sentido. Temos muito a aprender com ambos.

Chimpanzés e bonobos, nossos parentes vivos mais próximos, se comunicam por meio de expressões faciais e gestos. No entanto, seus rostos não têm a mesma expressividade que os nossos — temos um controle muscular maior, e possuímos escleras em nossos olhos. Seus gestos são significativos e variados — um chimpanzé pode pedir a outro para acompanhá-lo, dar-lhe um objeto ou se aproximar. E embora eles também vocalizem, seus enunciados não podem, dada a sua anatomia laríngea, corresponder à capacidade linguística humana. Os gestos e onomatopeias estão firmemente enraizados no mundo tangível; à medida que nós, humanos, expandimos nosso arsenal linguístico, fomos capazes de explorar a abstração com mais facilidade.

Os seres humanos têm uma vida longa e experimentam a sobreposição de gerações, aprendendo não apenas com seus pais, mas também com os avós. Temos, entre outras coisas, grandes agrupamentos sociais permanentes, culturas, uma comunicação complexa, luto, emoções e teoria da mente. Olhe para os babuínos, papagaios, chimpanzés, elefantes, cães sociais, corvídeos (corvos e gaios) e golfinhos, para começar e observará essas características em outras espécies. Esses organismos não estão todos intimamente relacionados e, portanto, tal conjunto de características aparentemente humanas evoluiu de forma convergente e reiterada ao longo da história.

Há 3 milhões de anos, as Américas do Norte e do Sul se uniram, formando o Istmo do Panamá e fechando a conexão entre os oceanos Pacífico e Atlântico. Nenhum hominídeo estava perto do Hemisfério Ocidental naquela época, de modo que a flora e a fauna das Américas — totalmente desimpedidas por nós — começaram a se alternar, com os camelídeos movendo-se para o sul e, por fim, evoluindo para as lhamas e alpacas dos Andes; marsupiais movendo-se para o norte, a maioria dos quais foi extinta, com apenas uma pequena linhagem de didelfiídeos para representar os marsupiais em todo o Novo Mundo.

Algum tempo depois que nossos ancestrais divergiram do gênero *Pan* (chimpanzés e bonobos), nós deixamos as árvores para trás, tendo começado a habitá-las muitas dezenas de milhões de anos antes — muito antes de sermos primatas. Mais ou menos na mesma época em que desceram das árvores, nossos ancestrais se ergueram sobre duas pernas, as quais lentamente foram se tornando nossos membros posteriores, perdendo então os dedões preênseis e tornando-se novamente estáveis em terrenos planos, o que por sua vez alterou a forma de nossa pélvis e a musculatura ao redor dela. A paisagem que esses ancestrais habitavam não era homogênea, e ficar de pé provavelmente trouxe benefícios como enxergar por sobre as altas gramas africanas e respirar enquanto se caminhava por águas rasas.[22] As mudanças biomecânicas de nossa nova marcha bípede também trouxeram maior eficiência nas viagens terrestres, de modo que o bipedalismo pode ter facilitado várias novas formas de aquisição de alimentos: caçar a longa distância, por exemplo, ou pescar em águas rasas.[23]

Alterações de locomoção sempre abriram novos nichos e, portanto, novos mundos para nós e nossos ancestrais. No caso específico do bipedismo, nossas mãos também ficaram livres para carregar coisas,[24] a exemplo das ferramentas. Corvos, chimpanzés e golfinhos são conhecidos por criar e usar utensílios, mas ao mesmo tempo são limitados por sua capacidade de carregá-los. Os humanos, no entanto, não apenas transportam utensílios e ferramentas sem que estes atrapalhem sua mobilidade; dependendo da ferramenta, nós podemos até mesmo utilizá-la em movimento.

Além disso, ficar de pé sobre duas pernas teve efeitos em cascata por todo o corpo, incluindo, em última análise, a reestruturação do trato vocal humano, de modo que agora podemos criar mais sons do que qualquer outro animal de capacidade cognitiva semelhante. É possível que tornar-se bípede tenha sido um precursor necessário da fala.[25]

Há 200 mil anos, os corpos e cérebros de nosso ancestral comum eram os mesmos de um humano totalmente moderno. Pegue um antigo *Homo sapiens* do Grande Vale do Rifte Africano, faça sua barba e um corte de cabelo (e adicione vestimentas modernas), coloque-o em uma rua movimentada e agitada no século XXI, e provavelmente ninguém notará nada em particular. Exceto pelo fato de que, é claro, ele não tem ideia do que está acontecendo. Seu hardware é o de um humano do século XXI, mas seu software, não.

Esses humanos anatomicamente modernos eram, há 200 mil anos, caçadores-coletores que viviam em grupos de fissão-fusão na savana africana, em florestas abertas ou no litoral. Eles viviam da coleta de plantas, da caça e eliminação de animais selvagens e, em muitos lugares, da pesca. Eram itinerantes, nunca ficando em um mesmo local por muito tempo, embora muitos tivessem migrações anuais regulares, retornando a planícies particularmente férteis bem a tempo de caçar os mamíferos herbívoros — gnus e gazelas, entre outros — que haviam retornado pelo mesmo motivo.

Hoje, esse método de subsistência é restrito a algumas populações humanas, incluindo os pigmeus Mbuti, os bosquímanos !Kung e os Hadza.

A história dos primeiros humanos é complexa, repleta de hipóteses e interpretações ativas, e reticular: provavelmente, nós nos separamos de outros como nós, e ocasionalmente nos reuníamos para procriar. Tais histórias — dos denisovanos, dos neandertais e dos hobbits da ilha de Flores, entre outros — são melhor contadas em outros lugares.

Uma tendência clara em humanos é esta: à medida que os primeiros humanos colaboravam cada vez mais uns com os outros para ganhar controle sobre seu ambiente, seus maiores competidores logo se tornaram eles mesmos. Conquistamos o domínio ecológico por meio da colaboração, o que nos levou a nos concentrar em competir com outros de nossa própria espécie. Cooperamos para competir, portanto, e nossa competição intergrupal tornou-se cada vez mais elaborada, direta e contínua, até se tornar praticamente onipresente nos tempos atuais.[26]

Ao oscilarmos entre esses dois desafios — domínio ecológico e competição social — nos tornamos especialistas em explorar novos nichos. Nós somos os melhores alternadores de nicho que existem.

Há 40 mil anos, muitas populações de pessoas estavam engajadas em caças e coletas que eram ainda mais cooperativas e prospectivas. A partir dessa época, os registros arqueológicos começam a apresentar evidências de sepultamento dos mortos, ornamentação pessoal, incluindo a pigmentação da pele, e tanto arte parietal (arte 2D esculpida em superfícies rochosas) quanto portátil (a exemplo dos instrumentos musicais).[27] E enquanto as evidências arqueológicas se concentraram na Eurásia, a antiga arte rupestre da Europa, conhecida há muitas décadas, não é mais antiga do que as artes recentemente descobertas na Indonésia.[28] Novas descobertas estão acontecendo o tempo todo, muitas das quais derrubam nossas suposições anteriores sobre o que torna os humanos tão especiais: algumas artes rupestres na Europa, datadas de 65 mil anos atrás, foram atribuídas aos neandertais, e não aos *Homo sapiens*.[29]

Dezessete mil anos atrás, quando a arte rupestre mais famosa da Europa, em Lascaux, estava sendo criada, os beringianos provavelmente estavam se tornando americanos e se espalhando por dois vastos continentes.

De 10 a 12 mil anos atrás, as pessoas estavam começando a praticar o cultivo.

Há 9 mil anos, assentamentos permanentes estavam se formando; no Oriente Médio, Jericó pode ter sido a primeira cidade da Terra.

Já há 8 mil anos, em Chobshi, na região dos Andes localizada no atual Equador, as pessoas se abrigavam em cavernas pouco profundas e caçavam atraindo pequenos preás, coelhos e porcos-espinhos para caírem de um pequeno penhasco, recuperando seus cadáveres no fundo e confeccionando seus alimentos e roupas a partir deles.[30]

Há 3 mil anos, uma parte razoável da paisagem do planeta já havia sido modificada pela atividade humana — por caçadores-coletores, agricultores e pastores.[31]

Setecentos anos atrás, alguns humanos estavam na Europa, e muitos deles morreram de fome. Não muitos anos depois, muitos outros sucumbiram à Peste Negra. Alguns humanos estavam na China, vivendo sob o domínio de Kublai Khan, cujo império tinha um alcance geográfico maior do que qualquer outro império no passado. Alguns estavam na Mesoamérica, fora do alcance de Khan, como era o caso dos maias.[32] Em todo o planeta, os humanos viviam em uma infinidade de culturas, sistemas políticos e sociais. A maioria das populações sabia pouco sobre a vida além de suas fronteiras — normalmente, eles sabiam apenas de seus vizinhos mais próximos. Há 700 anos, pouquíssimas pessoas estavam se conectando com outras do outro lado do mundo, compartilhando ideias, comida, linguagem etc. E esses poucos estavam restritos à velocidade dos veleiros e cavalos, e não quase à velocidade da luz.

Os humanos retiveram a grande maioria dessas inovações de nossa história — dos cérebros e ossos à agricultura e os barcos. Nós respiramos ar e geramos calor. Temos corações eficientes, que às vezes nos desapontam. Temos membros, mãos e pés. Somos seres hábeis, ágeis e sociais. Andamos eretos, o que nos permite carregar coisas por longas distâncias.

Temos apenas alguns filhotes por vez, e eles aprendem tanto com os mais velhos quanto uns com os outros. Nossas expressões faciais podem nos aproximar; nossas línguas, nem tanto. Utilizamos ferramentas para produzir ferramentas mais complexas.

Vivemos em grupos e temos hierarquias. Além do mais, nós nos dedicamos à reciprocidade — trocando presentes e golpes. Cooperamos para competir. Temos leis e líderes; rituais e práticas religiosas. Admiramos a hospitalidade e a generosidade, e também a beleza, tanto na natureza quanto em nós mesmos. Dançamos, cantamos e brincamos.

Nossas diferenças são fascinantes, mas são nossas semelhanças que nos tornam humanos.

Agora que entendemos um pouco de nossa rica história e quanto tempo levou para nos tornarmos humanos, podemos começar a explorar as inovações modernas — e a entender mais detalhadamente as implicações de nossa história antiga, e como ela molda nosso relacionamento com a modernidade. Estamos passando por mudanças em todo o espectro da nossa experiência: em nossos corpos, dietas, sono e muito mais. E muitas dessas mudanças vieram de forma tão rápida e arrebatadora que não é de surpreender que elas causem danos difíceis de se reverter.

## Linha do Tempo

**Abreviações**

baa = bilhões de anos atrás
maa = milhões de anos atrás
kaa = milhares de anos atrás
aa = anos atrás

Todas as datas são aproximadas
e o espaçamento entre as linhas,
impreciso.

| | |
|---|---|
| 3.5 baa | A vida começa |
| 2 baa | Somos eucariontes |
| 600 maa | Somos animais |
| 500 maa | Somos vertebrados |
| 380 maa | Somos tetrápodes |
| 300 maa | Somos amniotas |
| 200 maa | Somos mamíferos |
| 100 maa | Somos primatas |
| 25–30 maa | Somos símios |
| 6 maa | *Pan* e *Homo* se separam |
| 200 kaa | Somos humanos |
| 40 kaa | Somos artistas |
| 10–12 kaa | Somos agricultores |
| 9 kaa | Habitamos em cidades |
| 150 aa | Somos industriais |

Capítulo 3

# Corpos Antigos, Mundo Moderno

OS SAN DA ÁFRICA DO SUL, A MAIORIA DOS QUAIS ERAM CAÇADORES-COLETORES ATÉ POUCAS DÉ-cadas atrás, têm poucos problemas com os tipos de ilusões de ótica que os ocidentais enfrentam. Considere duas linhas idênticas, com a exceção de que elas têm pontas de seta em ambas as extremidades indo em direções opostas. Elas aparentam ter comprimentos diferentes, mas não têm. Na verdade, nossos olhos nos enganam, com a ajuda de nossos cérebros. Quando solicitados a realizar uma tarefa simples — avaliar qual linha é mais longa — tendemos a falhar. Já os san, não.[1]

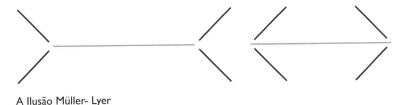

A Ilusão Müller- Lyer

Se você criasse um bebê norte-americano entre os san, então, esse bebê, uma vez crescido, não teria o mesmo problema que seus pais tiveram com a ilusão de ótica. Da mesma forma, crie uma criança San em Manhattan, e a suscetibilidade à ilusão se mostraria novamente. Nesse caso, a capacidade sensorial e a fisiologia estão sendo impulsionadas por diferenças na experiência e no ambiente — *não* por diferenças genéticas.

A maioria dos leitores deste livro provavelmente vive em países WEIRD: nações *Ocidentais* (*Western*), com uma população com alta *Escolaridade* (*Educated*), uma base econômica *Industrializada* (*Industrialized*) e que são relativamente *Ricas* (*Rich*) e *Democráticas* (*Democratic*). Nós nos beneficiamos, enquanto sociedade, da industrialização e da democracia, que elevaram a qualidade de vida de boa parte dos seus membros; há, entretanto, muitas consequências negativas e não intencionais decorrentes dessas mudanças sociais. Embora seja claro para a maioria das pessoas o quanto o ambiente WEIRD do século XXI expandiu o leque de experiências possíveis à nossa disposição, é menos evidente como o estilo de vida WEIRD do século XXI restringiu outras experiências, muitas vezes para o nosso próprio prejuízo. Por que nós, diferentemente dos san, somos enganados por um simples conjunto de linhas? Isso está ligado a alterações em nossa esfera visual — nossas casas são asseadas, climatizadas e esquadradas. Assim como privar filhotes de certas informações visuais os torna menos capazes de enxergar como adultos,[2] talvez nossos confortos e conveniências modernos estejam efetivamente privando nossos lados WEIRD e nos tornando menos aptos. Ou talvez nossa capacidade visual esteja sendo adaptada aos nossos ambientes singularmente esquadrados. De qualquer forma, a modernidade está alterando algo fundamental em nós, e o fato de não entendermos isso é alarmante.

Uma coisa é certa: os modelos comportamentais e psicológicos, que tendem a ser baseados em estudos empíricos de estudantes de graduação pertencentes a culturas WEIRD, podem ser leituras precisas da psicologia e do comportamento próprios a essas culturas, mas não caracterizam bons modelos para o resto do mundo.

De fato, atualmente já está claro que nós, que vivemos em países WEIRD, somos atípicos quando se trata de muitos aspectos da experiência humana.[3] As implicações disso vão muito além de sermos facilmente enganados por ilusões de ótica, é claro, mas entender por que somos suscetíveis a tais ilusões pode fornecer insights sobre os riscos da hipernovidade. É provável que nossas casas e playgrounds altamente geométricos, que compõem muito do que vemos durante a primeira infância, calibrem nossos olhos de tal forma que somos mais afetados por essas ilusões do que o resto do mundo. Essa geometria, que na maioria das vezes tomamos como certa, surgiu em parte da capacidade de trabalhar e serrar a madeira.

A maioria das pessoas, quando sua cultura começou a trabalhar e serrar a madeira e a construir casas com madeiras dimensionadas, não teria pensado em indagar a respeito do que, em nossa experiência e capacidade humanas, poderia ser afetado por isso. A madeira dimensionada e as arestas resultantes são características novas e próprias dos ambientes humanos modernos. Como isso veio a alterar nossa forma de perceber o mundo? Reestruturar sua abordagem para com o mundo, de modo que essas perguntas te atravessem, ainda que você não tenha as respostas, é parte do objetivo deste livro.

Compare as mudanças provocadas pelas arestas talhadas com o seguinte exemplo de mudança evolutiva, que é entendido como sendo de natureza genética: a persistência da lactase entre europeus adultos.

A maioria dos adultos em todo o mundo não consegue tolerar confortavelmente a lactose — o açúcar do leite — em sua dieta, porque pararam de produzir lactase, a enzima que a quebra. A lactose é um açúcar estranho, totalmente desconhecido, exceto no leite de mamíferos. Nenhuma outra espécie de mamífero continua a beber leite após o desmame. Mesmo entre os humanos, a maioria dos asiáticos e nativos americanos, assim como muitos africanos, não o fazem; assim, a característica que precisa ser explicada nos humanos não é tanto a "intolerância à lactose", mas sim a "persistência da lactase" naquela minoria de nós que continua a desfrutar de laticínios na vida adulta.

O valor adaptativo de poder comer laticínios na idade adulta é variado. Os pastores de descendência europeia domesticaram diversas espécies de mamíferos e, embora o valor que recebessem desses animais fosse diverso — carne, lã, peles etc. — o leite também estava presente nessa lista. A invenção de técnicas culinárias para preservar laticínios para consumo posterior — na forma de queijo e iogurte, por exemplo — teria aumentado ainda mais a quantidade e a frequência de laticínios na dieta dos adultos.

Analogamente, as pessoas situadas em altas latitudes ganham vantagem adaptativa da combinação da lactose com o cálcio no leite. Muitos de nós estão familiarizados com o papel que acredita-se que a vitamina D tenha na facilitação da absorção de cálcio — fundamental para o crescimento e a força dos ossos — mas a vitamina D é rara nos polos. A lactose, ao que parece, é um substituto funcional da vitamina D na promoção da absorção de cálcio. O leite, portanto, oferece proteção contra o raquitismo. Por fim, entre os povos do deserto, um dos maiores riscos é a desidratação; ser capaz de digerir o leite proporciona benefícios nutricionais e de hidratação.[4]

Qual é, então, o mecanismo que explica a persistência da lactase em algumas populações humanas — pastores europeus, escandinavos e residentes do Saara, como os beduínos? A explicação é multifacetada, mas relativamente direta: entre consumidores de laticínios e seus descendentes, uma variante genética que fornece uma alta capacidade de digerir a lactose na idade adulta é muito mais comum do que entre as populações que não consomem laticínios regularmente após o desmame.[5]

Crie um bebê etnicamente japonês na França, e ele terá mais chances de desfrutar de um *éclair* cremoso do que se tivesse sido criado no Japão. Crie um bebê etnicamente francês no Japão, e laticínios serão uma opção viável para essa criança, mas provavelmente com pouca disponibilidade. A persistência da lactase surgiu de condições ambientais particulares e migrou para a camada genética, onde agora reside. Isso traz sucesso diferencial em alguns ambientes; em outros, não. Mas a experiência de estar em uma parte do mundo que aprecia ou rejeita laticínios não afeta sua capacidade de digeri-los.

Após a descoberta da dupla hélice do DNA, surgiu uma fusão de traços "evolutivos" com traços "genéticos". Os termos *evolutivo* e *genético* começaram a ser usados como sinônimos, o que dificultou cada vez mais, ao longo do tempo, falar em mudanças evolutivas que não fossem genéticas. Caso Darwin estivesse ciente do trabalho de Gregor Mendel com ervilhas, ou se estivesse vivo para contemplar a descoberta do DNA, ele teria ficado satisfeito em conhecer um mecanismo de adaptação por seleção natural, mas acreditamos que *não* teria presumido ser este o único mecanismo desse tipo. A fusão de traços evolucionários com traços genéticos arraigou-se na cultura popular, como na especiosa dicotomia "natureza versus criação". Mais uma vez, recordemos o princípio Ômega (genes e fenômenos epigenéticos, como a cultura, estão intrinsecamente ligados e evoluíram juntos para promover o avanço dos genes). Perguntar "Natureza ou criação?" não é um equívoco simplesmente porque a resposta é quase sempre "ambos", ou porque as próprias categorias são falhas, mas também porque uma vez que você entende que existe um objetivo evolutivo comum, ser preciso sobre o mecanismo é menos importante do que entender por que uma característica veio a existir.

A falsa dicotomia entre natureza e criação é disruptiva, pois interfere em uma compreensão mais sutil do que somos e das forças evolutivas que nos trouxeram até aqui. A mudança na suscetibilidade a ilusões de ótica observada em países WEIRD não é menos evolucionária do que a mudança na capacidade de digerir laticínios em povos europeus e beduínos. Esta última característica possui um componente genético, e não temos motivos para pensar que a primeira também possua. No entanto, ambas são igualmente evolucionárias.

Se casas repletas de arestas talhadas nos tornaram mais suscetíveis a tipos específicos de ilusões de ótica,[6] alterando nossa percepção diretamente, que outros custos podem existir para um estilo de vida WEIRD? Ainda na década de 1990, você teria sido considerado um lunático se tivesse sugerido que passar seus dias de trabalho sentado em uma cadeira poderia ter efeitos em longo prazo na saúde cardiovascular ou no risco de diabetes tipo 2. Hoje em dia, não mais.[7]

Arestas talhadas geram maior suscetibilidade a determinadas ilusões de ótica. A dependência excessiva de cadeiras gera uma série de resultados negativos para a saúde. O que, então, os desodorantes e perfumes podem ter feito à nossa capacidade de distinguir certos sinais e aromas emitidos por nossos corpos? O que vidas regradas pelo ponteiro dos relógios podem ter feito com o nosso senso de temporalidade? O que os aviões fizeram ao nosso senso espacial, ou a internet ao nosso senso de alcance? O que os mapas fizeram com o nosso senso de direção, ou as escolas com o nosso senso de família? Deu para captar a ideia.

Neste livro, não estamos defendendo o abandono da tecnologia. A solução para os diversos problemas que abarrotam um mundo de hipernovidades não é tão simples assim. Em vez disso, adotamos a aplicação cuidadosa do princípio da Precaução.

Diante de uma questão inovadora, o princípio da Precaução considera o risco de se engajar em alguma atividade específica, e recomenda cautela quando esse risco é alto. Em circunstâncias nas quais o grau de incerteza sobre os resultados de um sistema é alto — quando não está claro quais efeitos negativos podem resultar se a sociedade se envolver, digamos, com arestas talhadas ou com a alimentação de suas redes elétricas por meio de reatores de fissão nuclear — o princípio da Precaução sugere que mudanças nas estruturas existentes devem ser realizadas gradualmente, caso sejam estritamente necessárias.

Dito de outra forma: só porque você *pode*, não significa que você *deve*.

## Adaptação e a Cerca de Chesterton

Na faculdade, Bret teve uma amiga que foi acometida por uma apendicite e correu para o hospital pouco antes de seu apêndice romper. Foi uma experiência traumática e assustadora, para ela e seus amigos. Muitos de nós conhecemos histórias semelhantes, e sabemos que se trata de um risco: nosso apêndice pode romper. Que diabos, então, estamos fazendo com esse empecilho em nossos corpos? Por que temos esse órgão notoriamente vestigial?

No início do século XX, os médicos estavam se perguntando a mesma coisa. Muitos deles chegaram à conclusão de que não apenas o apêndice, mas de fato todo o intestino grosso, configuravam um perigo para os seres humanos, e que "sua remoção seria acompanhada de resultados positivos".[8] Eram raras as vozes que afirmavam que nossas estruturas poderiam ser adaptáveis e que poderia haver, em vez disso, uma incompatibilidade entre nossos corpos e as mudanças cada vez mais aceleradas provocadas por se viver em uma cultura pós-industrial.[9]

O apêndice, dizem-nos agora, é *vestigial*. Mas esse termo geralmente é um código para "não sabemos qual é sua função". A evolução realmente nos legou um órgão que não é nada além de um custo, oferecendo riscos à nossa saúde e podendo ser removido cirurgicamente com relativa facilidade?

Pelo visto, a resposta é não. É claro que a resposta é não.

Muitos anos atrás, Bret desenvolveu um critério de avaliação em três etapas visando estabelecer se uma determinada característica deveria ser entendida como uma adaptação. É um teste de caráter conservador, pois apesar de identificar corretamente algumas características como adaptações, deixava de diagnosticar algumas outras características que também o eram. (Na linguagem da verificação de hipóteses, o teste poderia, consequentemente, produzir falsos negativos — erros do tipo II — mas não falsos positivos — erros do tipo I.) Esse teste revela, portanto, evidências suficientes, porém não necessárias, de que uma determinada característica é uma adaptação.

## Teste de Adaptação em Três Partes

Se uma característica

1. é complexa,
2. tem custos energéticos ou materiais que variam entre os indivíduos, e
3. persiste ao longo do tempo evolutivo, então presume-se que seja uma adaptação.

Para tomar como exemplo o movimento, a natação requer uma integração considerável de sistemas anatômicos, fisiológicos e neurológicos (entre outros), que pode ser entendida como complexa; flutuar, em comparação — que é, por definição, o que o plâncton faz — é simples. Embora o nado do salmão e a flutuação do plâncton sejam provavelmente adaptativos, este teste de adaptação não conclui que a flutuação planctônica seja uma adaptação, visto que falha no quesito "complexidade". Muitas páginas poderiam ser dedicadas à definição de complexidade, variação e persistência, mas tome isso como um critério de avaliação e não como um teste quantificável.

Obviamente, existem características adaptativas que não atendem aos padrões rigorosos deste critério. Por exemplo, a ausência de pigmento no pelo de um urso polar e a perda de pelo em um rato-toupeira-pelado são casos nos quais a característica em questão envolve uma economia, e não um custo.[10] Quando, por outro lado, tais critérios de avaliação revelam que essas características são adaptações, é de se presumir que o sejam de fato. Levando em conta o princípio Ômega, isso significa que, quando vemos um padrão comportamental complexo, como a musicalidade, o humor ou até mesmo o catolicismo, não precisamos saber até que ponto suas características são baseadas em genes. Mesmo que uma característica seja transmitida parcial ou totalmente fora do genoma, temos justificativa lógica para presumir que seu propósito geral é o aprimoramento da adaptabilidade genética.

Vamos tentar fazer o teste em relação ao apêndice humano.

O apêndice, que é encontrado em um punhado de mamíferos, incluindo alguns primatas, roedores e coelhos, é uma pequena bolsa ligada ao intestino grosso, e abriga microrganismos intestinais com os quais temos uma relação mutualística. De nós, essas floras intestinais ganham espaço e alimentação, enquanto nós obtemos delas a capacidade de repelir doenças infecciosas, além de uma facilitação na digestão e no desenvolvimento do nosso sistema imunológico. Ademais, o apêndice não é feito do mesmo material que o intestino ao redor — ele contém tecido imunológico.[11] É complexo? *Confere*. Também requer recursos energéticos e físicos para crescer e se manter, e apresenta variação de tamanho e capacidade tanto entre indivíduos quanto entre espécies (*confere*). Por fim, possui uma história, nos mamíferos, de mais de 50 milhões de anos[12] (*confere*).

O apêndice humano, portanto, é presumivelmente uma adaptação. Esta conclusão, no entanto, não aborda a questão de *para que* serve uma adaptação. O fato de que o apêndice contém tecido imunológico e coleta biota intestinal mutualística constitui boas pistas para deduzir sua função. Uma hipótese recente sugere que se trata de um "abrigo" para a flora intestinal com a qual vivemos em mutualismo, fornecendo um lar para elas quando contraímos uma doença gastrointestinal e nosso corpo expulsa os patógenos através da diarreia.[13] A diarreia, por mais desagradável que seja, geralmente é uma resposta adaptativa — mas traz consigo custos, incluindo desidratação e perda da boa flora intestinal mutualista. O apêndice, então, repovoa o intestino com a "boa" flora intestinal após a ocorrência de tal doença.

Até recentemente, todos os humanos provavelmente sofriam de surtos frequentes dessas doenças. O fato de a maioria dos leitores provavelmente conseguir se lembrar vividamente de uma dessas crises que tenha deixado-os se sentindo retorcidos e vazios, é sugestivo. É tão raro que soframos de doenças gastrointestinais que estas parecem um tanto incomuns para nós. Por outro lado, as doenças que causam diarreia são muito comuns no mundo não WEIRD, sendo uma causa significativa de mortalidade, especialmente entre crianças.[14]

Mais de 5% das pessoas que vivem em países WEIRD sofrerão de apendicite em algum momento de suas vidas; 50% delas morrerão sem intervenção médica.[15] No entanto, a apendicite é quase desconhecida em países não industrializados, exceto em áreas onde os estilos de vida ocidentais foram adotados.[16] Por outro lado, em lugares onde a diarreia ainda é comum, a apendicite é muito mais rara. Talvez o apêndice, que se tornou um risco para as pessoas que vivem em países industrializados no século XXI, continue a ter valor para aqueles que vivem com uma maior exposição a patógenos.

Assim, a apendicite pode ser considerada um distúrbio do mundo WEIRD. O mesmo acontece com muitas alergias e distúrbios autoimunes, dos quais há evidências sólidas e crescentes para sustentar a "hipótese da higiene". Essa hipótese postula que, como vivemos em ambientes cada vez mais limpos e, portanto, estamos expostos a cada vez menos microrganismos, nossos sistemas imunológicos não estão suficientemente preparados e, portanto, desenvolvem problemas regulatórios como alergias, distúrbios autoimunes e talvez até mesmo alguns tipos de câncer.[17] Segundo a hipótese da higiene, portanto, nossos sistemas imunológicos não estão operando de acordo com sua evolução, pois nós higienizamos demasiadamente os ambientes que habitamos.

Nosso apêndice parece ter sofrido o mesmo destino que nosso sistema imunológico. Na ausência de crises frequentes de diarreia, que são a maneira de o corpo se livrar das bactérias patogênicas do intestino, o apêndice deixa de ser um importante repositório de boas bactérias para ser um risco em potencial.

Há uma importante parábola a ser invocada aqui: a cerca de Chesterton, nomeada em homenagem ao filósofo e escritor da virada do século XX. G. K. Chesterton foi o primeiro a descrevê-la. A cerca de Chesterton recomenda cautela ao se realizar mudanças em sistemas que não são totalmente compreendidos; trata-se, portanto, de um conceito relacionado ao princípio da Precaução. Chesterton escreveu o seguinte sobre uma "cerca ou portão erguido ao longo de uma estrada":

> O tipo mais moderno de reformador dele alegremente se aproxima e diz: "Não vejo objetivo nisto; vamos derrubá-lo." A que um tipo mais inteligente de reformador fará bem em responder: "Se você não vê objetivo nele, eu certamente não o deixarei derrubá-lo. Vá embora e pense. Então, quando você voltar e me disser que vê nele um objetivo, posso permitir que o destrua."[18]

Chesterton escreveu isso na mesma época em que alguns médicos decidiram que o intestino grosso era um desperdício de espaço no corpo humano. Se a cerca de Chesterton sugere que uma cerca não deve ser removida até que você tenha descoberto pelo menos parte de sua função, o apêndice e o intestino grosso poderiam ser chamados de "órgãos de Chesterton". Fique atento a outras coisas das quais nós, modernos, podemos estar tentando nos livrar sem compreender inteiramente sua função — não apenas os órgãos de Chesterton, mas seus deuses e seu leite materno, sua culinária e suas brincadeiras.

## Trade-offs

A cerca de Chesterton nos lembra que coisas construídas por humanos, ou selecionadas ao longo de muitas gerações, provavelmente possuem benefícios ocultos. No momento em que os médicos do início do século XX declaravam que o apêndice e o intestino grosso eram não apenas inúteis, como também perigosos, as pessoas que conheciam Darwin, ou os trade-offs (ou ambos), deveriam ter sido capazes de pisar no freio. Qualquer que parecesse ser o problema com o intestino grosso, teria sido inteligente procurar descobrir o benefício que ele trazia antes de arrancá-lo e jogá-lo fora.

Os trade-offs estão por toda parte. Existem centenas, senão milhares, de preocupações concorrentes em qualquer organismo. Como, então, você pode saber por onde começar a procurar as relações de trade-offs? Na verdade, escolha duas características quaisquer, e elas estarão em uma relação de trade-off. Os trade-offs existem, assim como os picos em uma paisagem adaptativa, quer eles tenham sido descobertos ou não.[19]

De um modo geral, existem dois tipos de trade-offs.[20]

Os trade-offs de *alocação* são os mais evidentes, sendo muito estudados e conhecidos. Eles são aqueles dos quais as pessoas assumem que você está falando quando diz apenas "trade-off". Como muitas coisas na biologia são de soma zero (o que significa dizer que há uma quantidade finita de recursos disponíveis – a torta tem um tamanho que não se altera), podemos intuir facilmente que, se você for um cervo, para conseguir produzir um conjunto de chifres maior, alguma outra coisa precisa ceder. Você precisa pegar emprestado de outro lugar para conseguir esses chifres maiores — talvez perdendo alguma densidade óssea ou gastando outras reservas. Sob certas condições, talvez você simplesmente pudesse começar a comer mais para que os chifres crescessem, mas isso levanta a seguinte questão: se fosse tão simples assim, e comer mais o beneficiasse dessa forma, o que o impedia de fazê-lo antes? Assumindo que algo esteja restringindo sua dieta de tal forma que esta não possa simplesmente ser reforçada, crescer chifres maiores implicará obter menos de alguma outra coisa.

O segundo tipo de trade-off é o *constraint* (ou *restrição*) *de design*. Ao contrário dos trade-offs de alocação, os *constraints de design* são indiferentes à suplementação — você não pode simplesmente adicionar algo para resolver o problema. Por exemplo, a robustez (resumindo: ter ossos grandes e ser musculoso) é valiosa, assim como a eficiência locomotora, mas você não pode maximizar as duas coisas — novamente, algo tem que ceder, e o problema não pode ser resolvido com mais recursos. Da mesma forma, se você for um pássaro (ou um morcego, ou um avião), poderá voar com velocidade ou agilidade, mas será apenas um pouco rápido e manobrável se tentar maximizar ambos. Algum outro pássaro será mais rápido, e um terceiro mais ágil — mas você pode ser um generalista, que é um tipo próprio de sucesso.

O trade-off "velocidade versus agilidade" pode ser facilmente observado no formato do corpo dos peixes.[21] O formato largo do corpo dos acarás, por exemplo, lhes permite flutuar em um só lugar e girar em ângulos estreitos praticamente sem se mover. Isso é bastante útil se uma das suas principais tarefas na vida for mordiscar coisas em corais. Compare o formato de um acará com o de uma sardinha, no entanto: comprida e estreita, a sardinha é melhor em obter velocidade em uma linha reta. Ela provavelmente consegue efetuar uma guinada antes do bote de um predador, mas não consegue ficar parada em um só lugar.[22]

Portanto, os trade-offs de restrição de design revelam que você não pode ser mais rápido e mais manobrável ao mesmo tempo, ou ser o mais robusto e o mais eficiente.

De maneira menos intuitiva, você também não pode ser o mais rápido e o mais azul.[23]

Os humanos, é claro, fazem um ótimo trabalho ao evitar determinados trade-offs. Por exemplo, nós lidamos com o trade-off "rápido versus impenetrável" construindo para além de nós mesmos — através dos fenótipos estendidos.[24] A domesticação de cavalos e o advento dos castelos, por exemplo, permitiram que alguns humanos fossem simultaneamente rápidos e impenetráveis. E, como discutido no Capítulo 1, parece que vencemos as probabilidades quando se trata do trade-off entre especialistas e generalistas.

Os humanos são uma espécie amplamente generalista. Indivíduos e culturas têm a capacidade de se aprofundarem e se especializarem em uma miríade de contextos e conjuntos de habilidades. Perto do Círculo Polar Ártico, especializar-se na caça de focas é um caminho para a sobrevivência, mas não traz muitos benefícios em lugares como Omaha, Oxford ou Uagadugu. Ambientes hostis tendem a exigir uma especialização cultural, enquanto em ambientes menos hostis, as culturas e suas populações podem prosperar sendo judiciosas como um todo, ao mesmo tempo em que incentivam a especialização dos indivíduos. Em seu auge, os maias tinham muitos agricultores, mas também escribas e astrônomos, matemáticos e artistas. Se algum desses artistas ou astrônomos fosse obrigado a justificar sua parte da colheita, isso poderia ser problemático. Aqueles que conseguem enxergar o valor do trabalho físico e mental, quiçá aqueles que se arriscaram em ambos, mas provavelmente não se destacam em nenhum dos dois — os generalistas — muitas vezes precisam revelar o valor de um tipo de especialista para outro.

Mas, apesar de toda a nossa astúcia, não podemos evitar todos os trade--offs. Presumir que podemos fazê-lo é um erro do cornucopianismo, que imagina um mundo tão repleto de recursos e engenhosidade humana que, magicamente, os trade-offs não prevalecem (um tópico que voltará a ser relevante no último capítulo deste livro). Relacionado ao cornucopianismo, ou talvez alimentando-o, está o fato de que a "Loucura dos Tolos" pode criar a ilusão de que conquistamos os trade-offs, cegando-nos com a riqueza e a opulência de nossos ganhos em curto prazo. Mas isso é uma miragem. Os trade-offs ainda estão lá, e o custo de toda essa riqueza será pago, seja por aqueles que vivem em outro lugar ou por nossos descendentes.

Trade-offs são inevitáveis, mas isso traz uma vantagem notável: impulsionar a evolução da diversidade. Um bom exemplo disso é um conjunto de soluções alternativas das plantas: a fotossíntese, processo pelo qual as plantas convertem a luz solar em açúcar, ocorre na grande maioria delas em uma forma conhecida como C3. As C3 funcionam melhor em condições que são mais fáceis para as plantas — temperaturas moderadas, luz solar e água em abundância. Como a fotossíntese C3 requer que os poros das folhas — os estômatos, que permitem a entrada de dióxido de carbono — estejam abertos ao mesmo tempo em que a luz solar está impulsionando-a, a fotossíntese C3 ocorre à custa de uma perda substancial de água através dos estômatos. As plantas C3, portanto, não lidam bem com lugares nos quais a água é limitada.

À medida que as plantas começaram a se mover para ambientes mais marginais, como desertos, a fotossíntese C3 apresentou um problema particular, e duas novas formas de fotossíntese evoluíram. Uma delas é a fotossíntese

CAM,[25] que permite que as plantas separem a tempo a abertura de seus estômatos para absorver o dióxido de carbono de quando a luz solar está alimentando sua fotossíntese. Ter seus estômatos abertos à noite, quando as temperaturas e, portanto, a perda por evaporação são mais baixas, permite que as plantas CAM, a exemplo dos cactos e orquídeas, conservem água.

A CAM tem um custo, no entanto, e é metabolicamente mais custosa para realizar do que a fotossíntese C3. Entretanto, em ambientes onde a luz solar é abundante, mas a água não, a CAM ganha facilmente da C3. Outra solução para o problema da perda de água não é tanto bioquímica quanto morfológica. À medida que um organismo diminui sua área superficial em relação ao volume, tornando-se cada vez mais esférico, a quantidade de água perdida a partir de sua superfície é reduzida. Não há como negociar com a matemática: cactos mais esféricos perdem menos água do que cactos longos e finos porque possuem uma área superficial menor em relação ao seu volume para a perda de água. Muitas plantas empregam estratégias variadas, é claro – vias metabólicas alternativas, na forma da CAM, e mudanças de forma para reduzir a perda de água.

Veremos a presença de trade-offs em diversos sistemas ao longo deste livro — desde preocupações anatômicas e fisiológicas até questões sociais — e mostraremos como a falha em reconhecê-los pode ser desastrosa.

## Custos e Prazeres Cotidianos

O cheiro dos queijos é agradável?

Os franceses descreveram o espectro aromático dos queijos como semelhante ao de um "vaso sanitário",[26] estando os queijos mais fortes mais próximos e os suaves, mais distantes. No entanto, a proximidade de um determinado queijo com um vaso sanitário ilustrativo tem pouco a dizer sobre a sua recomendação por parte da pessoa que o descreve. De fato, os queijos mais apreciados são frequentemente aqueles com os níveis mais espetaculares de caráter fecal. Assim, enquanto muitos queijos cheiram mal, a conotação positiva ou negativa desse aroma é uma questão de gosto, algo para o qual não há explicação.

Ou será que há?

De todos os nossos sentidos, o olfato tem sido o mais difícil de explicar: ele se mostrou o mais resistente ao reducionismo dos laboratórios,[27] e o mais confuso no que se refere à síntese buscada pelos teóricos. Menos compreendida ainda é a experiência subjetiva do olfato. A forma como uma pessoa se sente em relação a um cheiro específico varia muito, sendo algumas dessas diferenças arbitrárias, enquanto muitas outras são previsíveis de acordo com a cultura e a experiência natal. Não só isso, mas os indivíduos não são nem mesmo autoconsistentes ao longo de suas vidas adultas. As respostas a um determinado cheiro variam com o contexto, a experiência e, às vezes, até com a conotação narrativa.

Se você está lendo este livro, provavelmente está em desvantagem quando se trata de compreender a situação de nossos ancestrais. Provavelmente, você nunca passou fome *de verdade*, algo do qual podemos dizer quase o oposto em relação à grande maioria de nossos ancestrais. A maioria das criaturas está com fome na maior parte do tempo. Qualquer população que tenha recursos mais do que suficientes tenderá a crescer até que não haja mais excedentes; qualquer população que tenha poucos recursos naturalmente irá diminuir. Isso implica que as populações tendem a encontrar e oscilar ao redor de seu limite máximo, um número que é conhecido como capacidade de carga. Assim, se você fosse checar um ancestral aleatoriamente, há uma boa chance de encontrá-lo querendo mais alimentos do que de fato possui.

O fato de você provavelmente não ter passado fome — na verdade, é provável que você tenha acesso a *mais* alimentos do que seria ideal — dificulta intuir o quão precioso é ter alimentos à disposição. Nós, modernos, temos dificuldade em imaginar os riscos que valem a pena correr para encontrar mais comida, até onde se pode ir para proteger aquela que temos e o valor que pode acompanhar as inovações tecnológicas que permitem às pessoas aumentar o valor dos alimentos que já adquiriram. *Uma caloria preservada é uma caloria encontrada*, alguém poderia argumentar razoavelmente. Um alimento é ainda mais valioso se você puder capturá-lo ou colhê-lo em tempos de abundância e consumi-lo em tempos de escassez.

Embora tenhamos a tendência de pensar que o objetivo de cozinhar é tornar os alimentos mais saborosos, muitas das diversas tradições culinárias ao redor do mundo têm objetivos mais práticos — desintoxicar alimentos, ampliar seu valor nutricional e protegê-los de microrganismos competidores à medida que os transportamos, ou preservá-los ao longo do tempo. Salgamos e defumamos carnes para garantir que os micro-organismos que tentam ocupá-las morram de desidratação. Fazemos conservas de frutas com altas concentrações de açúcar pelo mesmo motivo. Pasteurizamos e congelamos vegetais perecíveis para matar os micróbios que já estão neles e eliminar todos os recém-chegados. E essas não são as únicas técnicas à nossa disposição – muitas culturas aprenderam a arte de derrotar os micro-organismos de uma vez por todas. Com efeito, apodrecemos os alimentos de forma segura, para que eles não tenham a chance de apodrecer de forma perigosa.

Quando você pega uma garrafa de leite depois que as bactérias do ambiente começaram a capturar seu conteúdo, seu nariz lhe dá instruções claras sobre o que deve ser feito a seguir. Mesmo com um valor nutricional considerável remanescente naquela garrafa meio cheia, o custo potencial de beber o leite excede o custo de jogá-lo fora. Por isso o mau cheiro: é a maneira da natureza lhe dizer que você teria que estar um tanto desesperado para beber aquele leite. Essa observação deixa entrever um risco de se usar leite de animais domesticados como recurso alimentar. O leite evoluiu para nutrir os bebês diretamente das glândulas mamárias de suas mães. Como tal, o leite é repleto de nutrientes. Mas como ele está destinado a ser consumido imediatamente, com pouco ou nenhum contato com o mundo exterior, o leite não possui defesas contra bactérias ambientais, e nós, modernos, devemos recorrer a métodos extremos — pasteurização, vedação hermética seguida de refrigeração — apenas para preservá-lo por uma ou duas semanas. Claramente, um ancestral que precisasse preservar o leite durante um inverno longo e improdutivo precisaria de uma solução melhor.

Uma dessas soluções é o queijo. Ao apodrecer o leite com cautela, utilizando bactérias e fungos especialmente cultivados que não são patogênicos para os seres humanos, o leite pode ser preservado indefinidamente. O queijo é uma solução tão elegante para este problema que, uma vez feito, até mesmo um bloco de queijo que é colonizado por bactérias ruins do lado de fora pode ter uma fina camada de sua superfície removida para revelar o queijo fresco e não contaminado por detrás.

O lance é que os humanos são programados para sentir repulsa pelo cheiro de leite estragado porque, em geral, é uma má ideia consumir qualquer substância que tenha sido infestada por micróbios. Como viemos a superar o conhecimento antigo — ou seja, nossos narizes e cérebros trabalhando em conjunto para nos ajudar a evitar o cheiro e o sabor do leite estragado — para se beneficiar, metabólica e culinariamente, do consumo de queijo?

Se você nasceu em uma cultura que aperfeiçoou a arte da fabricação de queijos, sentir repulsa por *qualquer* leite estragado é custoso. É necessário um meio para distinguir o que é bom e o que é ruim. O fato de algo cheirar levemente a vaso sanitário não é suficiente.

Quando Heather estava realizando uma pesquisa em uma pequena ilha na costa de Madagascar nos anos 1990 — dormindo em uma barraca, banhando-se em uma cachoeira — sua dieta era quase inteiramente composta de arroz. No meio de uma temporada de campo de um mês, ela e seu assistente de campo receberam um grande bloco de queijo. Praticamente desmaiando de expectativa, eles prepararam um macarrão improvisado com queijo e o ofereceram aos dois agentes de conservação malgaxes com quem compartilhavam a estadia na ilha. Os homens se inclinaram para cheirar o que estava sendo oferecido, e então literalmente recuaram e se contorceram. Não há registros da existência de queijo na culinária malgaxe.

Para nós, modernos, o fato de um queijo estar sendo vendido em uma loja é um indicador bastante confiável de que não irá desencadear uma guerra microbiana em nossas entranhas. Para um ancestral, o comportamento de seus parentes fornecia o mesmo tipo de orientação. No fim das contas, a prova está na própria experiência. Se alguém experimentar algum laticínio cuidadosamente estragado e não se sentir mal nas horas e dias seguintes, então é seguro. Adicione essa descoberta às informações que a boca e o aparelho digestivo adquiriram sobre conteúdos nutricionais. Se o seu valor for alto — como é o caso dos queijos — então o cheiro, seja ele qual for, é um indicador de valor concentrado. Isso é verdade, ainda que seja uma verdade malcheirosa.

Poderíamos contar uma história semelhante sobre "ovos milenares", chucrute, kimchi ou uma infinidade de outros alimentos cuidadosamente preservados ao redor do mundo.

Eis o que aprendemos até agora: todos nós nascemos com regras gerais sobre o que devemos e não devemos comer. Um pêssego cheira bem. Um molusco que esteve parado no sol cheira mal. Para alguns, a carne grelhada cheira bem. Já a carniça cheira mal. Essas regras são uma estimativa inicial do valor líquido de um alimento em potencial, mas se pararmos por aí, muitas coisas nutritivas e comestíveis serão perdidas, e para uma criatura faminta — ou seja, quase todas — isso não é pouca coisa. Desenvolveu-se, portanto, um sistema secundário que nos permite remapear os alimentos de acordo com informações empíricas que podem ser coletadas de parentes (via cultura), ou talvez descobertas em um desespero impulsionado pela fome (via consciência). Estamos constantemente remapeando os alimentos com base em seu valor real, e não em nossas reações iniciais. Podemos adquirir o gosto pelo café por ser um estimulante, e pela cerveja por carregar a nutrição do pão sem um prazo de validade tão curto.

Se este fosse o fim da história, poderíamos ficar tranquilos. Via de regra, as pessoas WEIRD têm acesso à comida; nós podemos mapear e remapear nossas preferências à vontade, e uma pessoa não precisa gostar do que a outra gosta. Gosto e preferência tornaram-se cada vez mais arbitrários nos tempos modernos, à medida que nossas normas culturais se tornaram genéricas, globais e orientadas para o mercado.

Mas este não é o fim da história. A novidade evolucionária também ressurge na história dos aromas.

Os solventes cheiram bem? Infelizmente sim, em muitos casos. Mas eles são notoriamente tóxicos e devemos, portanto, remapear expressamente para onde eles vão em nossos modelos internos de forma a evitar sua ingestão. Mas essa alteração não vai longe o suficiente. A maior parte dos aromas nocivos do nosso mundo ancestral são avisos referentes à interação com um objeto — é melhor não entrar em contato com vômito, por exemplo, ou com carne em decomposição. Os *cheiros* de vômito, carniça ou cadáver humano, no entanto, não oferecem perigo por si só.

Mas este não é o caso de muitos aromas aos quais estamos frequentemente expostos. Não só muitos solventes têm um cheiro agradável, como o próprio ato de cheirá-los é perigoso. Nosso sistema de alerta há muito desenvolvido — se cheira mal, fique atento — não é confiável de duas maneiras: (1) muitos solventes cheiram bem para algumas pessoas e (2) cheirá-los é suficiente para causar danos fisiológicos. Alguns exemplos de solventes que cheiram bem para algumas pessoas e são tóxicos: a acetona, amplamente utilizada como removedor de esmalte; o tolueno, que foi usado em marcadores mágicos até recentemente e ainda está presente em muitas marcas de cimento de borracha; e gasolina. Se não treinarmos para evitar inalar esses cheiros semiagradáveis, estaremos causando danos a nós mesmos.

Pior ainda, algumas substâncias realmente tóxicas e perigosas encontradas no mundo moderno são inodoras. O gás natural e o propano são gases que possuem um cheiro não detectável para nós, e ambos são capazes de se concentrar

## A EVOLUÇÃO E OS DESAFIOS DA VIDA MODERNA

de tal maneira que até a menor faísca — mesmo o arco elétrico que acompanha o clique de um interruptor de luz — pode gerar uma explosão maciça. O problema de ter gases explosivos se acumulando e sendo incendiados é algo com o qual nenhum ancestral teve que se preocupar até recentemente, sendo assim a seleção natural não elaborou uma reação intrínseca de repulsa ou alarme para este tipo de situação. O perigo é tão grande que os pós-industriais inventaram uma solução — aproveitando-se de um circuito construído para inserir nele uma repulsa que efetivamente chame e mantenha a nossa atenção. Antes que o propano e o gás natural sejam canalizados para a sua casa ou entregues a um tanque fora dela, eles têm terc-butil-mercaptano adicionado a eles. Esse composto dá a esses gases furtivos um cheiro sulfuroso único — que lembra meias sujas ou repolho podre — que nós reconhecemos facilmente e, com a devida orientação, passamos a considerar preocupante.

Considere o dióxido de carbono ($CO_2$), que aciona um profundo alarme à medida que suas concentrações aumentam em um espaço confinado. Não se trata de uma toxina. Mas em um ambiente com alta concentração de $CO_2$, nós asfixiamos. Nossos detectores de $CO_2$ são tão antigos e profundamente conectados que até mesmo pessoas com danos nas amígdalas cerebrais, que nunca entram em pânico sob outras circunstâncias aterrorizantes, acabam entrando em pânico devido a altas concentrações de $CO_2$.[28]

Em comparação com o $CO_2$, o monóxido de carbono (CO) é extremamente perigoso: ele se liga às hemoglobinas, desloca o oxigênio e traz um sono tranquilo do qual as pessoas nunca mais acordam.

Por que, então, temos um detector interno de $CO_2$, que é nocivo em altas densidades, apesar de não ser tóxico, mas não temos um detector de monóxido de carbono, uma toxina letal?

A resposta está ligada às novidades evolucionárias. Os animais absorvem oxigênio e expiram $CO_2$. Nossos ancestrais ocasionalmente encontravam espaços fechados que eram seguros para se estabelecer temporariamente, mas onde o simples ato de respirar eventualmente os tornava letais. Um detector que faz com que um animal fique inquieto, ansioso e precise ir para outro lugar enquanto sua caverna vai se enchendo de $CO_2$ é um equipamento essencial. Seria ótimo ter um detector semelhante para o monóxido de carbono, mas esta é uma necessidade moderna, decorrente do excesso de combustão industrial. Não há razão para pensar que um detector de CO teria sido mais difícil de criar para a seleção natural; o seu valor é simplesmente muito recente para já estar presente em nosso hardware.

Quando Harry Rubin, avô materno de Bret, era engenheiro químico na RCA na década de 1940, ele foi exposto a substâncias cuja segurança para a saúde humana era desconhecida (a Occupational Safety & Health Administration – OSHA – ainda não existia). Quando Harry tinha que andar por névoas de gás não especificado, ele segurava a respiração, o que lhe rendeu a reputação de medroso. No Pleistoceno, os homens provavelmente aprenderam a coragem e as habilidades necessárias para a produtividade, em parte zombando uns dos outros quando mostravam covardia. O mundo de hipernovidades da Terra pós-industrial, porém, torna essa estratégia perigosa. No Pleistoceno, os grandes riscos para a existência continuada de um humano envolviam outras pessoas, e os ocasionais hipopótamos, então os modelos que eles desenvolveram com os sentidos e inclinações que a evolução lhes deu, e com a ajuda de seus pares, teriam sido suficientes. Quando, no entanto, os riscos vêm a incluir produtos químicos nunca experimentados por outro ser humano, a situação é outra. Harry era um aventureiro — na casa dos 60 anos, aprendeu a esquiar e escalou o Monte Whitney com Bret — mas também estava atento àquilo que não conhecia, e não podia conhecer. Ele viveu até os 93 anos, mais tempo que seus colegas engenheiros, os quais morreram precocemente.

A lição a ser extraída de tudo isso é clara. Fomos equipados pela seleção natural com a capacidade de sentir o cheiro de uma ampla gama de compostos em nosso ambiente. Também nascemos equipados com um guia geral sobre quais tipos de cheiros devem nos atrair e quais devem nos fazer sentir repulsa. Esse mapa é rudimentar e imperfeito, correspondendo, na melhor das hipóteses, a ambientes passados que não refletem perfeitamente nossas circunstâncias atuais.

A capacidade humana de remapear nosso universo olfativo de acordo com informações obtidas de outras pessoas, ou do próprio ambiente, seria suficiente, não fosse a velocidade com que o progresso tecnológico o alterou. Nos dias atuais, nós criamos e concentramos, com alguma regularidade, coisas mortais que nossos ancestrais nunca teriam encontrado e que, portanto, somos incapazes de detectar. O olfato não caracteriza mais um sistema de alerta suficientemente precoce para certos perigos, já que a detecção e o dano agora são muitas vezes simultâneos. Como veremos novamente, o problema que os humanos modernos enfrentam é que, embora tenhamos sido construídos para lidar com novidades, o século XXI é caracterizado por mais mudanças do que jamais vimos antes. Enfrentamos níveis inéditos de novidade, e a seleção simplesmente não consegue acompanhar.

## A Lente Corretiva

→ **Seja cético em relação a novas soluções para problemas antigos,** especialmente se essa novidade for difícil de reverter caso você mude de ideia depois. Tecnologias novas e audaciosas — desde a cirurgia experimental e a interrupção do desenvolvimento humano por meio de hormônios, até a fissão nuclear — podem ser maravilhosas e isentas de riscos. Mas é provável que existam custos ocultos (e não tão ocultos assim).

→ **Reconheça a lógica dos trade-offs e aprenda a trabalhar com eles.** A divisão do trabalho permite que as populações humanas superem trade-offs que os indivíduos por si só não conseguem. E, ao se especializar em diferentes habitats e nichos, a espécie humana supera os trade-offs que nenhuma população sozinha consegue.

→ **Torne-se alguém que reconhece padrões em si mesmo.** Hackeie seus hábitos e sua fisiologia. O que te estimula a comer? A se exercitar? A checar suas redes sociais? Compreender padrões em seus comportamentos lhe dá uma chance melhor de controlá-los.

→ **Fique atento à cerca de Chesterton** e invoque o princípio da Precaução quando for abordar sistemas ancestrais. Lembre-se: "só porque você *pode*, não significa que você *deve*".

Capítulo 4

# **Medicina**

QUANDO JOVEM, HEATHER FREQUENTEMENTE TINHA INFLAMAÇÕES NA GARGANTA. JÁ NA IDADE adulta, essas inflamações desapareceram, mas ela começou a apresentar laringite pelo menos uma vez ao ano, quando não algumas. Já era ruim o suficiente que ela perdesse a voz regularmente e não conseguisse dar aulas. Em uma dessas ocasiões, em 2009, ela fez a seguinte apresentação — via texto em uma tela — para seus alunos.

> A resposta da classe médica à minha frequente laringite é que eu deveria tomar alguns remédios e então mais alguns para neutralizar os efeitos colaterais dos primeiros. Por que esses remédios? Porque em alguns casos eles reduzem algumas circunstâncias da inflamação que podem causar a laringite. E quais são os sintomas comuns entre esses casos e o meu? Os médicos não sabem. Além disso, eles não parecem se importar. Apenas tome os medicamentos, eles recomendam.
>
> Mas eu não faço do jeito deles.
>
> O tratamento da grande maioria das queixas médicas com medicamentos, em vez de um diagnóstico de verdade, enfraquece a capacidade do sistema médico de até mesmo fazer esses diagnósticos. Além disso, contamina o fluxo de dados: quem sabe quem está doente de quê, e qual é a origem da doença, se tantas pessoas estão tomando medicamentos com efeitos colaterais desconhecidos.

Quando torno a aparecer na porta de uma instituição médica com laringite, eles me perguntam: "Você está tomando nossos medicamentos?" Quando digo que não, eles abdicam de toda a responsabilidade. Afinal, se eu não seguir as instruções, como eles podem me ajudar?

Seguir instruções de pessoas que parecem não ter ideia do que estão fazendo, ou do porquê de estarem fazendo aquilo, não é respeitável nem inteligente. O sistema de saúde tem relutado em adotar o pensamento evolucionário, optando por fármacos que muitas vezes criam novos problemas e mascaram, ao invés de curar problemas antigos. A essa altura, qualquer coisa com um simples interruptor bioquímico quase certamente já teria sido "solucionada" pela seleção, *se* isso fosse possível sem desencadear trade-offs inaceitáveis, e *se* o "problema" a ser solucionado realmente fosse um problema.[1]

O mundo moderno está tão cheio de novidades que os diagnósticos se tornaram cada vez mais difíceis. Acrescente a isso a solução rápida que os farmacêuticos prometem fornecer, a onipresença de respostas simples e muitas vezes incorretas na internet, e as forças mercadológicas que pressionam os profissionais da saúde a intervalos de tempo cada vez menores com os pacientes, e não é de surpreender que muitas pessoas se sintam invisíveis, abandonadas ou rejeitadas pela medicina moderna.

Doenças crônicas, dores de cabeça constantes e inexplicáveis, uma vaga dor onde não deveria existir nenhuma — muitas pessoas passam a conviver com uma ou mais dessas irritações, algumas das quais provam ser mais do que meras irritações. Neste capítulo, pretendemos fornecer algumas ferramentas que o ajudarão a compreender e melhorar sua própria saúde.

Em relação à laringite recorrente de Heather: alguns anos depois, sem a aplicação de medicamentos, ela praticamente desapareceu. Nunca houve um diagnóstico ou explicação para isso.

## Contra o Reducionismo

Borboletas-monarcas criadas em cativeiro não sabem como migrar.[2] Tente manter um indri — grandes lêmures que comem dezenas de espécies de folhas regularmente[3] — em cativeiro, e você descobrirá que não pode replicar suas dietas suficientemente para mantê-los vivos. Observe um problema (de sua própria criação) de ratos comendo sua plantação de cana-de-açúcar no Havaí, digamos, e procure resolvê-lo trazendo mangustos para comê-los; pouco depois, você se encontrará em uma paisagem desprovida de pássaros, répteis e mamíferos nativos, mas ainda com muitos ratos.

Nada disso deveria nos surpreender — sistemas complexos são apenas isso: complexos. Reduzi-los a algumas partes facilmente observáveis e mensuráveis pode parecer correto, mas o reducionismo geralmente volta para arrancar um pedaço daqueles que o praticam. Acrescente a isso a condição hipernova de poder isolar e sintetizar moléculas que causam mudanças fisiológicas, e temos uma fórmula para medicalizar o mundo; isso, no entanto, geralmente nos torna menos saudáveis, e não mais.

A abordagem da medicina moderna, que pode ser amplamente caracterizada como reducionista, revela-se nitidamente no cientificismo — um conceito mal nomeado, porém importante. O conceito de cientificismo foi introduzido pelo economista do século XX Friedrich Hayek.[4] Ele observou que a linguagem e os métodos científicos são frequentemente imitados por instituições e sistemas não envolvidos com a ciência, de modo que os esforços resultantes geralmente não são nada científicos. Não apenas vemos palavras como *teoria* e *análise* embrulhadas em ideias evidentemente não teóricas e não analíticas (e muitas vezes não analisáveis), como — pior ainda — vemos o surgimento de uma espécie de matemática falsa, na qual qualquer coisa que pode ser contabilizada o é, e, uma vez que você tenha as medidas, tenderá a renunciar a todas as análises posteriores.

Uma vez que tenhamos um indicador para algo, ou uma categoria, nós achamos que o conhecemos. Isso é particularmente verdadeiro se tal indicador for quantificável — se números, não importa o quão falhos, puderem ser anexados a ele. Além disso, uma vez que tenhamos uma categoria, muitas vezes paramos de procurar por um significado fora dela, já que nosso sistema formal de recompensas e punições só existe dentro dessas categorias.

Chamar isso de "cientificismo" é um erro, assim como chamar os programas eugenistas da Europa e América do início e meados do século XX de "darwinismo social". O cientificismo é um abastardamento das ferramentas da ciência, assim como o darwinismo social é um abastardamento das ideias de Darwin, e uma má compreensão lamentável da teoria evolutiva.

O erro do cientificismo é agravado pelo erro de imaginar que somos simples máquinas, com regras e códigos fixos, ao invés de pessoas. Essa é a leitura do engenheiro (em oposição à do biólogo) sobre o que caracteriza os humanos, e subestima o quão complexos e variáveis somos. Todos nós somos suscetíveis a esse erro: procuramos métricas e, uma vez que encontramos uma que seja mensurável e relevante para o sistema que estamos tentando afetar, a confundimos com *a* métrica relevante. As calorias tornaram-se *a* métrica a ser monitorada em relação à alimentação, especialmente para quem tenta perder peso, embora as calorias oriundas de carboidratos, proteínas, gorduras e álcool tenham efeitos diferentes no corpo. Os produtos farmacêuticos tornaram-se *o* tratamento preferido para transtornos mentais — e também é verdade que muitas formas de desconforto e angústia mental foram (mal) diagnosticadas como transtornos.

Considere Laura Delano, uma mulher que foi retratada em um excelente artigo de 2019 da *New Yorker* por Rachel Aviv depois de receber medicamentos psiquiátricos prescritos em excesso por anos. Laura era multitalentosa e atraente, privilegiada por todas as métricas visíveis externamente, quando seu mundo interno começou a se desintegrar enquanto estudava em Harvard. Os psiquiatras intervieram com uma série de diagnósticos — incluindo transtorno bipolar e transtorno de personalidade limítrofe — e prescreveram-lhe mais de dezenove medicamentos psiquiátricos diferentes em apenas alguns anos. Seus médicos viam esses remédios como instrumentos de precisão, mas nenhum deles aliviou seus sentimentos crônicos de vazio e desespero. Ela uma vez até os usou para tentar o suicídio. "Eu me medicava como se fosse uma máquina minuciosamente calibrada, e o desvio mais sutil podia me tirar do sério", escreveu Laura.[5]

Por fim, Laura encontrou recursos suficientes — internos e externos — para se livrar dos medicamentos e enxergar suas emoções e humores como fundamentalmente humanos, e não como problemas a serem resolvidos. Embora algumas condições certamente justifiquem a intervenção farmacêutica, uma abordagem menos reducionista do corpo humano, como a que Laura finalmente adotou, envolve reconhecer o que fomos e fizemos durante grande parte da nossa história.

Não somos "máquinas minuciosamente calibradas". Somos seres encarnados, com sistemas de feedback entre cérebro e corpo, hormônios e humor, os quais não serão adequadamente compreendidos ou corrigidos com simples interruptores. Mover os corpos, como nossos ancestrais sempre fizeram sem precisar pensar a respeito, tem efeitos positivos na saúde mental[6] — e é uma abordagem melhor do que as prescrições para tratar transtornos de humor. As pesquisas sobre o papel que exercícios regulares podem desempenhar na melhoria dos resultados para pacientes psiquiátricos internados estão crescendo rapidamente, e os resultados são promissores.[7] E enquanto nossos regimes modernos de exercícios tendem a dividir nossas atividades em componentes menores — por exemplo, cardiovasculares, treinamentos de força, flexibilidade — envolver-se em atividades mais antigas, seja caminhadas ou esportes, jardinagem ou caça, muitas vezes integrará todos os aspectos da atividade física sem a necessidade de planejamento ou contagem.

Além disso, somos todos distintos — o que funciona para uma pessoa pode não funcionar para outra; essa variação entre indivíduos é talvez a mais fundamental das observações evolutivas. Heather costumava ensinar anatomia comparada para alunos de graduação, o que compreendia dez semanas de dissecações de tubarões e gatos, com cada aluno conhecendo bem seus espécimes à medida que estudavam seus sistemas visceral, muscular, circulatório e nervoso. Sempre havia um ou dois alunos que queriam se retirar dos laboratórios úmidos e, em vez disso, aprender o material a partir de livros ou online, mas aprender anatomia em livros nunca poderia substituir estar em uma sala com vinte espécimes da mesma espécie. A anatomia comparativa é, nominalmente, sobre comparações entre espécies; contudo, comparar indivíduos dentro de uma *mesma* espécie é, de certa forma, ainda mais elucidativo. Por que, por exemplo, os pontos de fixação dos músculos nunca variam entre indivíduos da mesma espécie, mas pode haver grandes diferenças na anatomia circulatória, de modo que mesmo grandes vasos, como as veias jugulares, podem percorrer caminhos diferentes? Porque, enquanto a função de um músculo muda se ele estiver conectado a um ponto final diferente, desde que um vaso circulatório chegue onde está indo, a rota em si não é crítica. Essa variação entre nós como indivíduos também contribui para a dificuldade de prever se uma solução que funcionou para uma pessoa funcionará para outra.

## Considerando os Riscos do Reducionismo ao Escolher o que Colocamos em Nossos Corpos

Vanilina é o mesmo que a baunilha? O THC (Tetrahidrocanabinol) é o mesmo que a maconha? Não. Em ambos os casos, uma única molécula, que é ativa e importante para a experiência humana da substância propriamente (baunilha, maconha), não é representativa do todo. No caso da vanilina, o efeito parece ter ramificações culinárias, apenas: os alimentos aromatizados com vanilina não possuem toda a riqueza da baunilha. No caso do THC (Tetrahidrocanabinol), que há muito é entendido como o principal componente psicoativo da cannabis, o cultivo voltado para essa molécula produz plantas que certamente o deixariam alterado, mas que teriam os efeitos antipsicóticos provenientes do CBD (Canabidiol) — outra molécula ativa na cannabis — reduzidos. Ops. No momento em que escrevo este livro, há uma nova molécula de maconha ganhando força tanto na literatura científica quanto na comunidade de cultivo: o CBG (Cannabigerol).[8] Supõe-se que ela tenha benefícios ainda maiores do que o CBD (Canabidiol). É possível. Mas é a descoberta humana dessa molécula que a elevou ao status de ser estudada. Ela estava lá esse tempo todo, mas agora nós a imbuímos de qualidades místicas. Nossa descoberta não altera nada sobre o seu funcionamento. Muitas vezes confundimos um efeito (por exemplo, de uma ação, um tratamento, uma molécula) com a nossa *compreensão* deste efeito. O que uma coisa faz e o que nós pensamos (ou sabemos) que ela faz, contudo, não são a mesma coisa.

Uma combinação de húbris e capacidade técnica faz com que os humanos recriem esse erro repetidamente. Da água potável fluoretada aos alimentos com conservantes que possuem consequências não intencionais; dos inúmeros problemas com a exposição ao sol, até a questão de os OGMs (Organismos Geneticamente Modificados) serem seguros — somos constantemente seduzidos pelo pensamento reducionista, desviados pela fantasia da simplicidade frente a verdades complexas. O reducionismo, particularmente no que diz respeito aos nossos corpos e mentes, está nos prejudicando. Às vezes, até nos matando.

No início do século XX, descobriu-se que o flúor estava correlacionado com uma redução de cáries. Assim, essa substância foi colocada em muitos suprimentos de água municipais para diminuir a ocorrência de cáries dentárias.[9]

O flúor presente na água potável, no entanto, é um subproduto dos processos industriais, e não uma forma molecular que aparece na natureza ou que já tenha feito parte da nossa dieta. Isso é um ponto contra. Além disso, encontramos neurotoxicidade em crianças expostas à água potável fluoretada,[10] uma correlação entre esta e o hipotireoidismo,[11] e, em salmões, uma perda da capacidade de nadar de volta ao seu córrego de origem após nadar em água fluoretada.[12] Seria o flúor uma solução mágica para a redução de cáries, sem quaisquer custos para a saúde? Aparentemente não. Indo direto ao ponto, a busca por soluções mágicas, por respostas simples que sejam universalmente aplicáveis a todos os humanos em todas as condições, é equivocada. Se fosse assim tão fácil, a seleção quase certamente teria encontrado um caminho. Se por acaso você se deparar com uma solução boa demais para ser verdade, procure pelos custos ocultos. Lembre-se da cerca de Chesterton.

A cadeia de distribuição alimentar moderna se beneficia dos conservantes nos alimentos processados — enquanto os alimentos em uma mercearia tendem a ser menos processados e, portanto, menos estáveis, quase todos os alimentos de supermercados possuem datas de validade de semanas ou até meses. Minimizar o crescimento de fungos em nossos alimentos é certamente desejável, mas a que custo? O ácido propiônico (PPA) inibe o crescimento de mofos, e por essa razão é um aditivo proeminente para alimentos processados; sua presença no útero, no entanto, afeta as células cerebrais do feto e está ligada a um aumento nos diagnósticos de transtorno do espectro autista em crianças.[13] Não deveríamos ficar surpresos com o fato de que ser "conservado" implique certos custos.

Da mesma forma, as pessoas que vivem perto dos polos, ou que raramente saem, podem sofrer de baixa estatura e ossos fracos e curvados — condição conhecida como raquitismo. A vitamina D foi identificada como a molécula ausente para essas pessoas e, como nós, modernos, gostamos das nossas pílulas, ela nos é fornecida como um produto autônomo ou como um aditivo ao leite. Mas o que nossa história tem a dizer sobre o assunto?

No final do primeiro milênio, os vikings, ao contrário de outros europeus nórdicos, não sucumbiram ao raquitismo. Isto se deveu a uma dieta rica em bacalhau. Eles não sabiam que era o bacalhau que os mantinha saudáveis e fortes, mas o fato era este. E podemos afirmar com segurança que eles não alcançaram a saúde por meio do consumo de uma versão destilada da vitamina D embalada em comprimidos ou tinturas. Evidências históricas sugerem que a maioria de

# A EVOLUÇÃO E OS DESAFIOS DA VIDA MODERNA

nós poderia sair ao sol todos os dias, ainda que por pouco tempo, ou comer bacalhau, ou uma combinação de ambos, mas as pílulas são mais fáceis, além de exalarem cientificismo, por sua vez facilmente confundido com a ciência e com "assumir o controle da sua própria saúde". Quantas vezes você já ouviu alguém dizer — ou talvez você mesmo tenha dito — algo como: "Estou sendo proativo; estou tomando suplementos de vitamina D!" (Ou vitamina C, ou óleo de peixe, ou qualquer que seja a solução instantânea do momento.)

Novamente, não devemos nos surpreender ao descobrir que essa abordagem reducionista e a-histórica não produziu evidências para apoiar a alegação de que adicionar vitamina D à sua dieta manterá seus ossos resistentes;[14] na verdade, a falta de vitamina D pode ser um sintoma, ao invés de uma causa, do raquitismo e de condições relacionadas. Não apenas o suplemento de vitamina D não é a solução; nós nem sequer temos certeza de que sua escassez seja o problema.

Análogo ao pensamento reducionista em torno da vitamina D está o fato de que, há décadas, recebemos uma recomendação quase universal de nos lambuzar com protetor solar sempre que estivermos expostos ao sol.[15] Segundo essa lógica, reduzir a exposição ao sol reduziria também as taxas de câncer. E é verdade. Mas adivinhe o que aumenta quando a exposição ao sol diminui: a pressão arterial. E à medida que a pressão arterial aumenta, crescem também as taxas de doenças cardíacas e derrames. As pessoas que evitam o sol têm taxas gerais de mortalidade mais altas do que aquelas que o procuram. Um estudo de pesquisa com mulheres suecas relatou este resultado notável: "Não fumantes que evitaram a exposição ao sol tinham uma expectativa de vida semelhante aos fumantes no grupo de maior exposição ao sol, indicando que a não exposição ao sol é um fator de risco de morte de magnitude semelhante ao tabagismo."[16] Assim, o cientificismo reducionista nos enganou mais uma vez, e provavelmente causou muitas mortes ao fazê-lo. Será que devemos ficar longe do sol e tomar suplementos de vitamina D, ou buscar uma exposição moderada ao sol e obter os nutrientes de que precisamos por meio de algo mais próximo de uma dieta ancestral? Uma análise evolutiva recomendaria esta última opção. E, pelo menos neste tópico, a literatura médica também está chegando a essa conclusão.

Diante deste histórico da ciência reducionista e dos conselhos de saúde, devemos confiar que os OGMs são seguros, apenas porque aqueles que lucram com sua aceitação, intelectual ou financeiramente, nos dizem que sim?

Sugerimos que não. Alguns OGMs são seguros? Quase certamente. Todos eles? Quase certamente, não. Como saberemos quais são, e podemos confiar que aqueles que os criaram estarão atentos ao nosso bem-estar? Até que tenhamos as respostas para essas perguntas, o Princípio da Precaução recomenda evitá-los.

Por fim, vale notar que alguns dos maiores sucessos da medicina ocidental — cirurgias, antibióticos e vacinas — estão firmemente enraizados em uma tradição reducionista e salvaram milhões de vidas. O problema que estamos destacando aqui é a aplicação exacerbada de uma abordagem reducionista. A teoria microbiana das doenças — em sua formulação mais simples, o reconhecimento de que os patógenos causam muitas doenças — levou à descoberta e decorrente formulação de antibióticos, um enorme benefício para a saúde geral da humanidade. Então, nós generalizamos demais, e começamos a imaginar que todos os micróbios são ruins para nós.

Atualmente, estamos percebendo que nosso microbioma evoluiu conosco e é necessário para um trato gastrointestinal saudável. Os antibióticos são uma das poucas ferramentas poderosas da medicina ocidental; no entanto, como foram prescritos em excesso, vimos um aumento concomitante de pessoas que adoecem, muitas vezes de forma crônica. Assim como as pessoas estão adoecendo por falta de microbiomas saudáveis devido à prescrição excessiva de antibióticos, o mesmo vem acontecendo com o nosso gado. Além disso, existem efeitos colaterais indesejados em muitos antibióticos que serão chocantes para a maioria das pessoas. A experiência pessoal de Heather com essas consequências indesejadas dos antibióticos foi um tendão de Aquiles rompido. Entende-se agora que lesões no tendão e no ligamento são um efeito colateral do Cipro (e de todos os outros antibióticos da classe das fluoroquinolonas),[17] que Heather tomou em grandes quantidades na década de 1990 para prevenir os problemas gastrointestinais enquanto realizava suas pesquisas nos trópicos.

Da água potável fluoretada aos antifúngicos em alimentos estáveis, dos protetores solares ao uso excessivo de antibióticos — tornamos a cometer os mesmos tipos de erros. Combine o reducionismo com uma tendência a generalizar em excesso, em um mundo de hipernovidades onde soluções rápidas, porém caras e potencialmente perigosas, são comuns, e temos uma explicação para alguns dos principais equívocos da saúde e medicina modernas.

## Trazendo a Evolução de Volta à Medicina

A evolução é a principal teoria unificadora da biologia. As implicações disso, no entanto, podem ser sutis o suficiente para confundir áreas inteiras — incluindo, em grande medida, a medicina.

Ernst Mayr, um dos grandes biólogos evolucionários do século XX, formalizou a distinção entre os níveis aproximado e remoto de explicação.[18] Ao tentar separar causa e efeito na biologia, ele distingue dois ramos, dos quais muitos cientistas podem não estar cientes.

A *biologia funcional*, segundo Mayr, está preocupada com questões de *como*: como funciona um órgão, ou um gene, ou uma asa? As respectivas respostas são os níveis aproximados de explicação.

A *biologia evolutiva*, em contraste, está preocupada com os *porquês*: por que um órgão persiste, por que um determinado gene está neste organismo e não naquele, por que a asa da andorinha tem este formato? As respostas para tais perguntas são os níveis remotos de explicação.

Uma ciência de qualidade precisa de ambas as abordagens e, de fato, todos os cientistas que levam sistemas adaptativos complexos em consideração precisam ter facilidade em ambos os domínios.

Já que as questões de *como* — isto é, níveis aproximados de análise, questões de mecanismos — são mais facilmente identificáveis, observáveis e quantificáveis do que as questões subjacentes dos *porquês*, o mecanismo tornou-se o principal fator a ser estudado pela ciência e pela medicina. Não por acaso, as perguntas de *como* também tendem a ser as mais veiculadas pela mídia, normalmente de forma sensacionalista. Muitas vezes, essas questões aproximadas são entendidas como o nível pelo qual as conversas científicas precisam ser realizadas. Isso não serve a ninguém — nem àqueles que estão interessados no estudo dos *porquês*, nem no estudo do *como*. Alguns traços ainda estão além do alcance de nossa compreensão a partir de uma perspectiva mecanicista, mas isso não os torna imunes a uma análise a nível remoto. Mesmo que ainda não tenhamos uma noção, por exemplo, de *como* o amor ou a guerra surgem, isso não nos impede de investigar *por que* eles surgem.

"Nada na biologia faz sentido exceto à luz da evolução", afirmou o biólogo Theodosius Dobzhansky em 1963.[19] Em sua essência, a medicina é biológica, mas isso não significa que a maioria das pesquisas médicas realizadas seja evolucionária em termos de pensamento, ou em suas indagações.

Combine a tendência de se envolver apenas com perguntas aproximadas e uma tendência ao reducionismo, e você acabará com uma medicina limitada em sua visão e escopo. Mesmo as grandes vitórias da medicina ocidental — cirurgias, antibióticos e vacinas — foram extrapoladas, sendo aplicadas em muitos casos em que não deveriam. Quando tudo o que você tem é uma faca, uma pílula e uma injeção, o mundo inteiro parece poder beneficiar-se de ser cortado e medicado.

Até mesmo a fixação óssea deve ser reinvestigada por meio de lentes evolutivas. Tanto o osso quanto o tecido mole respondem à força, ao serem usados, para se fortalecerem; eles são antifrágeis. Quando um humano moderno quebra um osso, no entanto, se este for longo — um braço ou uma perna — a imobilização total em gesso por seis semanas tem sido a prescrição. Após essas seis semanas de proteção completa, qual é a probabilidade de o osso ter sido quebrado novamente? Nenhuma. E qual é a probabilidade de ele e o tecido ao redor estarem fragilizados, despreparados para o mundo? Bem alta, é claro. Nesse aspecto, ossos e crianças podem ser semelhantes. Se, em vez de mimar seus ossos, você expô-los cuidadosamente ao mundo, não apenas antes, mas também depois de um trauma, somos da opinião de que eles podem (em certas situações) curar mais rapidamente, permitindo que você se recupere mais rápido.

No Natal de 2017, Bret quebrou o pulso tentando andar no *hoverboard* (skate elétrico) que Toby, nosso filho mais novo, deu a Heather de presente. Em vez de ir ao pronto-socorro, ele passou uma noite de dores insuportáveis, uma segunda noite com dores fortes e, na semana seguinte, uma noite evitando apertar a mão das pessoas em uma conferência na qual estávamos conhecendo novas pessoas. Socialmente falando, era uma atitude constrangedora; mas depois dos primeiros dias, já não o era fisicamente. Ele nunca foi engessado e, em duas semanas, sua mobilidade e força estavam quase regeneradas. Quatro semanas após a fratura, ele estava novinho em folha.

Um ano e meio depois, Toby, então com 13 anos, caiu de um balanço de corda razoavelmente alto no último dia do acampamento de férias. Ao proteger a cabeça e o pescoço na queda, ele quebrou o braço. O acampamento ficava nos Alpes Trinity, no extremo norte da Califórnia, e nós o levamos para um bom pronto-socorro em Ashland, Oregon, onde os médicos confirmaram a ruptura com um raio-X, deram-lhe uma tala temporária e nos pediram para fazer um acompanhamento ortopédico quando voltássemos para casa em Portland; seu braço, então, seria engessado. Nossa família, no entanto, não voltaria para Portland por vários dias. Toby passou aquela primeira noite usando a tala e sentindo muita dor, apesar de alguns analgésicos. No dia seguinte, nós quatro fizemos uma caminhada de 8 quilômetros nos arredores de Ashland; ele ainda usava a tala, mas perguntou se poderia tirá-la quando voltássemos para a cabana que estávamos alugando. Sua mão e braço estavam inchados, mas ele já conseguia começar a mover os dedos quando retiramos a tala, 24 horas após a fratura. Três dias depois, a dor havia praticamente desaparecido, ele já havia parado com os analgésicos e conseguiu subir, com um braço só, uma estrutura alta de corda no belo Lithia Park, em Ashland. Nós o levamos para um acompanhamento ortopédico quando voltamos para Portland, e o doutor permitiu que a tala fosse uma alternativa aceitável para um gesso, desde que Toby a usasse o tempo todo, exceto no banho. Nós o deixamos parar de usá-la uma semana após a fratura; duas semanas depois, ele foi dar um passeio de bicicleta. Por fim, seis semanas depois, sua última visita ortopédica lhe rendeu não apenas uma alta médica, como também um certo espanto da equipe médica em relação ao estado do seu braço, que estava bastante fortalecido e capacitado.

Uma abordagem aproximada para ossos quebrados identifica o problema como urgente e providencia uma solução rápida. O osso está quebrado? Proteja-o! Uma abordagem remota considera o que deve ter acontecido quando nossos ancestrais na savana quebravam seus ossos. Alguns deles morriam — de infecção, de exposição, de serem devorados por carnívoros. Alguns, no entanto, não. Estes últimos teriam usado a dor como guia para descobrir o que estava dentro de suas capacidades, levando suas atividades até esse limite e nada mais. Silenciar a dor com medicações interfere no sistema de feedback dos nossos corpos, dificultando sabermos o que fazer ou não. Similarmente, erradicar o inchaço após uma lesão significa que é muito mais provável que você se machuque novamente, no mesmo lugar. O inchaço após uma lesão é desconfortável e incômodo, e muitas vezes adaptativo; ele imobiliza o membro tal como um molde dinâmico. Se você permitir que seu corpo se comunique com você — por meio de dores, inchaços, calores etc. — é muito mais provável que volte à ativa, o que quer que isso signifique, mais cedo e com uma segurança maior.

A história que contamos no Capítulo 9 sobre a época em que Zachary, nosso filho mais velho, quebrou o braço e precisou de uma intervenção cirúrgica para consertá-lo, revela ainda mais os perigos do pensamento reducionista, ainda que esse pensamento seja de natureza evolucionária. Se tivéssemos agido como se todas as fraturas fossem iguais, como se o tempo e os processos naturais fossem suficientes para curar todas elas, nosso filho mais velho estaria em péssimas condições. Empregar a lógica evolucionária não se trata exclusivamente de descobrir nossos pontos fortes; trata-se também de compreender nossas fraquezas e quando complementá-las com soluções modernas.

## Em quem Acreditar na Era do Reducionismo e da Hipernovidade

Neste capítulo, tecemos uma crítica ao reducionismo que permeia grande parte da medicina moderna. Adicione isso ao mundo de hipernovidades em que vivemos, tão complexo, tão repleto de escolhas e autoridades de credenciais variadas com seus argumentos opostos, no qual muitos de nós anseiam por regras simples e imutáveis com as quais navegar em nossas vidas. Queremos, pelo menos em alguns domínios, ser capazes de "configurar e esquecer" – confiar na cultura, em vez da consciência. Isso é parte do que impulsiona a lealdade à marca, fazendo o mesmo percurso ainda que um melhor esteja disponível, e seguindo as recomendações farmacêuticas e dietéticas mesmo depois de estas serem desmistificadas.

Em nossa busca por critérios de "configurar e esquecer", somos vítimas do pensamento reducionista. O que precisamos, em vez disso, é de um pensamento evolucionário flexível e lógico com o qual navegar. Em fevereiro de 2020, no início da pandemia da Covid-19, tanto a Organização Mundial da Saúde (OMS) quanto o cirurgião geral dos EUA disseram repetidamente ao público que "as máscaras não têm utilidade" na proteção contra o SARSCoV-2.[20] Neste caso, muitas pessoas ouviram as autoridades ao invés de pensar logicamente. Por exemplo, se as máscaras são inúteis, por que são utilizadas pelos profissionais de saúde ao tentar evitar a infecção por doenças respiratórias? Quando as diretrizes foram revertidas posteriormente, as pessoas que as seguiram com base apenas na autoridade perderam a fé nessas mesmas autoridades. Foi difícil recuperar a confiança do público o suficiente para incentivar uma abordagem cuidadosa e diferenciada visando reduzir a propagação e o impacto desse novo coronavírus. Prescrições simples geram frases de impacto mais rápidas e são mais fáceis de lembrar para quem procura por soluções à la "configure e esqueça"; quando elas falham, no entanto, você fica sem um ponto de apoio, e sem a capacidade de resolver problemas por si mesmo. Em vez de "confiar cegamente na ciência" ou seguir as autoridades, aprenda a discernir pelo menos parte da lógica por si mesmo e procure autoridades que estejam dispostas a mostrar como chegaram às suas conclusões e a admitir quando cometerem erros... Novamente, nossa esperança é de que possamos ajudá-lo a se tornar um solucionador de problemas melhor.

Como nós, modernos, vemos nossos corpos explica como vemos nossos alimentos. Tudo, desde a cultura da dieta até os distúrbios alimentares, opera na ideia reducionista de que nossos corpos são máquinas e podem ser projetados para obedecer. Quando olhamos para outras culturas, observamos uma abordagem menos fabricada e mais baseada no mito e na tradição, que raramente buscam uma análise desapaixonada do porquê prescreverem o que prescrevem. A falta de antibióticos, em grande parte do mundo não WEIRD, levou desnecessariamente à morte de muitos; defendemos que uma diminuição na dependência da tradição e da autossuficiência, em grande parte do mundo WEIRD também levou a muitas fatalidades. Ambos os argumentos podem ser verdadeiros. No próximo capítulo, exploraremos um pouco da história humana e da pré-história, nossas tradições e inovações, com um foco direcionado à alimentação.

## A Lente Corretiva

→ **Escute seu corpo**, lembrando que a dor evoluiu para protegê-lo. A dor nada mais é do que uma informação sobre o ambiente e como seu corpo está respondendo a ele. Algumas lesões requerem tratamento profissional, mas algumas podem ser monitoradas sem intervenção. A dor é tanto desagradável quanto adaptativa; pense duas vezes antes de ignorar seu significado.

→ **Mova seu corpo todos os dias.**[21] Faça caminhadas. Misture tudo — não faça a mesma coisa o tempo todo e não mova seu corpo da mesma maneira quando o fizer. E, pelo menos ocasionalmente, mova-se com intensidade, de preferência do lado de fora, onde os riscos são maiores.

→ **Passe algum tempo na natureza – quanto menos intervenções humanas no ambiente, melhor.** Isso traz diversos benefícios, dentre os quais o reconhecimento de que você não pode controlar tudo em sua vida, e que sentir desconforto — mesmo o leve desconforto de um dia muito quente, ou de uma chuva para a qual você não está preparado — calibra sua apreciação por outros aspectos de sua vida.

→ **Fique descalço tanto quanto for possível.** Os calos são os verdadeiros calçados da natureza, e são muito melhores em transmitir informações táteis ao seu cérebro do que os sapatos.[22]

→ **Resista a soluções farmacêuticas para problemas médicos, se possível.** Embora os antidepressivos, ansiolíticos e afins melhorem a vida de algumas pessoas, eles geralmente não são a melhor solução. Normalmente, existem alternativas disponíveis; muitos transtornos de humor, como a depressão, estão começando a ser compreendidos pela medicina ocidental como tratáveis por meio de dieta, sono profundo e atividades regulares.[23]

→ **Fique atento a doenças crônicas,** como diabetes tipo 2, aterosclerose e gota.[24] Estas são doenças que refletem uma inconsistência entre (um de) seus Ambientes de Adaptação Evolutiva (AAE) e sua vida atual. Elas também tendem a refletir uma abundância, quando comparadas com o passado evolutivo. Para algumas, portanto, aproximar seu comportamento moderno daquele observado em um AAE ancestral pode ajudar a mitigar os danos.

→ **Considere o seguinte teste informal para avaliar certos tipos de enfermidades, e se uma "correção" moderna se faz necessária:** Em ambientes semelhantes àquele em que habito, as pessoas sofriam dessa doença antes da medicina moderna? Em caso afirmativo, justifica-se uma nova solução; se não, procure por esta solução na história. Tomemos o raquitismo como exemplo, para alguém de ascendência europeia que vive no noroeste do Pacífico. As pessoas sofriam de raquitismo em tais latitudes do norte no passado? Uma resposta possível é que as evidências sugerem que pelo menos algumas populações do norte da Europa não sofriam dessa condição. Procure por respostas lá (lembre-se do caso dos vikings e do bacalhau). Uma segunda resposta possível é que os nativos do noroeste do Pacífico não sofriam de raquitismo. O que funcionou para eles pode não funcionar para alguém que não é de origem nativa; mas pode ser que sim. Olhe para a história geográfica local em busca de soluções.

## Capítulo 5

# Alimentos

### QUAL É A MELHOR DIETA PARA HUMANOS?

As pessoas se perguntam isso há muito tempo — especialmente pessoas no mundo WEIRD. Muitos de nós experimentaram dietas supostamente equivalentes "ao que nossos ancestrais comiam". Mas o prisma através do qual fazemos isso tende a ser, na melhor das hipóteses, reducionista e não evolucionário.

Desde dietas projetadas para alterar o pH do seu corpo até aquelas baseadas em seu tipo sanguíneo, passando por aquelas que restringem seu consumo de alimentos a um ou alguns tipos (por exemplo, grapefruit ou sopa de repolho), pessoas em lugares WEIRD são obcecadas e confusas em relação ao que comer. Vamos pegar duas dietas que são populares em alguns meios — e que parecem menos loucas se comparadas com outras: as chamadas dietas crudívora e paleolítica.

Aqueles que defendem uma dieta crudívora sugerem que é a maneira mais saudável e "mais natural" de se alimentar. Cozinhar, dizem eles, é uma deturpação moderna da dieta humana. Tal afirmação é simplesmente equivocada. Cozinhar não apenas é uma prática antiga na linhagem humana, mas também nos permite obter mais calorias dos alimentos.[1] E embora possa ser verdade que cozinhar os alimentos ajude a reduzir algumas de suas vitaminas, os benefícios superam em muito esse pequeno custo. Pessoas com dietas totalmente crudívoras geralmente sofrem de algum nível de desnutrição, especialmente se essas dietas também forem veganas. Elas geralmente são magras, mas esta magreza não é inerentemente saudável.[2]

## A EVOLUÇÃO E OS DESAFIOS DA VIDA MODERNA

Outros defendem as vantagens da chamada dieta paleolítica: uma dieta livre de grãos e da maioria dos carboidratos, e rica em gordura. Esta pode muito bem ser uma dieta saudável para algumas pessoas. Mas aquelas que vêm de linhagens cuja culinária é rica em carboidratos — no norte do Mediterrâneo, por exemplo — podem não se beneficiar tanto, ou não se tornarem mais saudáveis com essa dieta. Além disso, há evidências crescentes de que os humanos antigos tinham uma dieta rica em carboidratos provenientes de vegetais amiláceos subterrâneos — dentre os quais se encontra a batata selvagem africana — desde 170 mil anos atrás.[3] Isso sugere que, embora saudável para alguns, a "dieta paleolítica" não reflete necessariamente os modos de vida paleolíticos.

Essas são apenas duas das muitas dietas existentes hoje, mas revelam duas suposições igualmente equivocadas sobre a alimentação. Primeiramente, implicam que há uma resposta fixa e universal para a questão do que se deve comer. Assim como discutimos em relação à medicina, as chances de isso ser verdadeiro são muito pequenas. Diferenças no desenvolvimento individual tornarão alguns alimentos mais saudáveis para uma pessoa, e menos para outra. Além disso, dados demográficos como o sexo da pessoa afetarão qual alimento é melhor para ela, e o próprio envelhecimento também mudará essa resposta. Diferenças culturais, que são geralmente baseadas geograficamente, podem afetar sua dieta ideal, e também podem ter se inserido na camada genética, refletindo predisposições genéticas a nível populacional para alimentos específicos — como a persistência da lactase em pastores europeus e beduínos do Saara. Mais uma vez, lembre-se do princípio Ômega, que postula que traços culturais custosos e duradouros, como a culinária, devem ser considerados adaptativos, e que os elementos adaptativos de uma cultura não são independentes dos genes.

A segunda suposição equivocada que muitas dessas dietas apresentam é que elas parecem presumir que os alimentos são meramente uma questão de sobrevivência. Mas a verdade evolutiva é que eles são mais do que isso — mais do que nutrientes, vitaminas e calorias. Como todos os animais, e efetivamente todos os heterótrofos, nós nos alimentamos para adquirir a energia e os nutrientes necessários para estarmos vivos. Mas a relação humana com os alimentos, assim como com o sexo, expandiu-se para além de seu propósito original. Os humanos não mais se alimentam apenas para satisfazer suas necessidades energéticas, assim como não fazemos sexo apenas para fins reprodutivos.

Uma abordagem a-histórica e reducionista da dieta procura substituir os alimentos por suas partes componentes: tome este suplemento, coma aquela barra proteica, beba o conteúdo daquela lata. Você obterá X gramas de proteína, um punhado de vitaminas com nomes em ordem alfabética e aquela energia que você deseja para passar o dia. Como muitas vezes acontece, essa abordagem cria uma hipernovidade, que cria problemas por si só — problemas contra os quais muitas vezes não temos defesas.

Os erros inerentes a esta abordagem são muitos, e a presunção é enorme. O século XX viu o desmantelamento da cozinha de Chesterton. Como no caso da cerca de Chesterton, entretanto, deveríamos ter entendido para que servia a cozinha antes de desmantelá-la. Em vez disso, ficamos com partes facilmente quantificadas e mercantilizadas, e que podem ser adicionadas e subtraídas à vontade pelos produtores de alimentos processados. Em vez de perseguir o mais novo conselho de dieta com alimentos processados — agora com mais B12! — deveríamos estar comendo alimentos de verdade. Por alimentos de verdade entende-se aqueles cujos ingredientes básicos são reconhecíveis como provenientes de um organismo vivo (com algumas exceções, a exemplo do sal).

Algumas coisas são deliciosas e saborosas para a maioria: "rico e suculento", "salgado e crocante" e "doce e suave" são combinações amadas em todas as culturas. Nosso paladar evoluiu em uma época na qual diversos alimentos gordurosos, como a carne, eram raros; o mesmo vale para o sal e o açúcar. O paladar, portanto, tem uma trajetória evolutiva, o que é significativo. Também é verdade que ele pode ser manipulado em um sistema que pode facilmente criar gorduras, sais e açúcares e adicioná-los a qualquer alimento que desejar — outra expressão da hipernovidade.

Alimentos fast-food têm um gosto bom para tantas pessoas porque manipulam com sucesso nosso paladar, acessando notas únicas — gordurosas, salgadas, doces — de uma maneira garantida e uniforme, que pode ser acionada sempre que você pedir a mesma coisa em qualquer uma das centenas de lojas idênticas espalhadas por aí. Por outro lado, um prato de carne assada, arroz e feijão, com tortilhas feitas na hora, acompanhados de pico de gallo, guacamole e legumes em conserva em uma barraca de tacos local ou na sua própria cozinha, sempre será mais nutritivo (e mais saboroso também, para muitos de nós, e para aqueles que optarem por desenvolver tal paladar). Aquele prato de comida menos processada e mais diversificada é mais nutritivo do que um prato de fast-food, assim como é mais nutritivo do que tomar pílulas que supostamente combinam todos os benefícios nutricionais que você obtém dos alimentos. O todo é maior que a soma de suas partes.

## A EVOLUÇÃO E OS DESAFIOS DA VIDA MODERNA

Mas por que o todo é maior do que a soma de suas partes ou, em outras palavras, por que uma abordagem holística é muitas vezes melhor do que uma reducionista? Por duas razões: primeiro, as partes de um determinado sistema que nós sintetizamos em pílulas geralmente não descrevem o sistema em sua inteireza — lembre-se da discussão sobre a vanilina (um componente da baunilha) e o THC (um componente da maconha) no capítulo anterior. Em segundo lugar, muitas vezes há uma combinação de alimentos em sua forma menos processada, de modo que nossos corpos podem utilizá-los de forma mais eficaz do que as pílulas. Isso é especialmente verdadeiro para aqueles alimentos que têm uma longa história culinária juntos — como as "três irmãs" milho, feijão e abóbora, tradicionalmente consumidas pelos povos mesoamericanos. Quando esses alimentos são consumidos juntos, eles constituem uma proteína completa. Uma história culinária tão longa aponta para a descoberta humana, geralmente inconsciente, de que, assim como "cheirar bem" implicava ser "bom para a sua saúde", até recentemente o "gosto bom" implicava o mesmo.

O reducionismo em nossa abordagem para com os alimentos é prejudicial, pois nossos corpos não são sistemas estáticos e simples, e tampouco todos os indivíduos têm as mesmas necessidades.

Não existe uma dieta universalmente melhor para os seres humanos. Não pode existir.

Em nossos variados Ambientes de Adaptação Evolutiva, havia alguns alimentos básicos — nos Andes, quinoa e batatas geralmente estavam no cardápio; no crescente fértil da Mesopotâmia, trigo[4] e azeitonas[5] estavam entre os primeiros alimentos domesticados; na África subsaariana, o sorgo e o inhame-da-guiné foram sucessos agrícolas iniciais significativos.[6] Ocasionalmente havia carne, mas em uma abundância de curta duração. Havia frutas, sazonalmente, também em abundância. Havia álcool intermitentemente, e também estimulantes botânicos, em alguns lugares. Nestes lugares, tais estimulantes eram uma parte regular, porém moderada, da vida. Nem mesmo a proporção de macronutrientes se mantém entre as culturas — os inuítes têm uma dieta rica em gordura e proteína, quase isenta de carboidratos, diferente de quase todas as dietas que evoluíram mais perto da linha equatorial. Diante de tamanha variação, a ideia de uma dieta humana universalmente melhor parece patentemente absurda.

No século XXI, existem muitos produtos alimentícios disponíveis para induzi-lo a comê-los, mesmo quando muitas partes de você mesmo sentem que seria uma má ideia. Antes do advento de alimentos altamente processados, baratos e sempre disponíveis, nossas preferências estéticas antigas fizeram um guia muito bom sobre o que comer ou não. Tais preferências não são mais tão confiáveis, no entanto: a hipernovidade burlou nossos critérios antigos sobre o que comer ou não comer; assim, devemos usar nossa consciência para separar o que faz bem do que faz mal.

O reducionismo presente em nossa abordagem aos alimentos também é prejudicial por ignorar a capacidade dos alimentos de criar conexões entre humanos — com a família e os amigos que cozinharam para você, com você, ou para os quais você cozinhou. Uma abordagem reducionista e centrada em nutrientes não permite a celebração ou o luto, geralmente realizados com algum tipo de alimento. Ela falha em reconhecer e lembrar a tradição cultural, e também em considerar sabores que se juntaram por obra do acaso e da experimentação. As culinárias antigas e novas refletem tanto o seu terreno de origem quanto seus empréstimos de outras culturas e lugares. As supracitadas três irmãs — milho, feijão e abóbora — ainda são predominantes na culinária mexicana; limão, alho e queijo, todos introduzidos pelos espanhóis ao Novo Mundo, também foram incorporados de forma deliciosa.

Os humanos não precisam apenas de proteínas, potássio e vitamina C. Geralmente, precisamos dessas coisas no contexto alimentar em que nossos ancestrais as comiam. Mas nós também precisamos de cultura e conexão. Assim, quando nos sentamos para fazer uma refeição juntos, especialmente quando estamos partindo um pão feito por nós mesmos, ganhamos muito mais do que calorias.

Agora, vamos olhar para a nossa história evolutiva — como e o que comemos, para tentar entender a melhor forma de nos alimentarmos hoje.

## Ferramentas, Fogo e Culinária

Desde muito antes de nos separarmos de nossos ancestrais chimpanzés, temos utilizado ferramentas para extrair comida do nosso ambiente. Os chimpanzés modernos — que não são os mesmos organismos dos quais nos separamos há cerca de 6 milhões de anos — mostram evidências consideráveis disso. Alguns usam pedras para quebrar nozes.[7] No Parque Nacional de Gombe, Jane Goodall observou pela primeira vez chimpanzés praticando a "captura de formigas", na qual eles mergulham um graveto em um formigueiro, puxam-no coberto de formigas e as lambem.[8]

Tanto os chimpanzés modernos quanto os humanos adoram mel, e às vezes usam meios semelhantes para obtê-lo — inserindo um graveto em uma fenda e lambendo o graveto coberto de mel depois que ele emerge. Entre os hadza, um povo caçador-coletor da África Oriental, porém, os caçadores mais bem-sucedidos usam duas ferramentas adicionais e obtêm muito mais mel do que qualquer chimpanzé. A primeira é um machado, que lhes dá maior precisão para alcançar o mel; a segunda é um bastão de fogo, com o qual eles expulsam as abelhas, tornando o acesso ao mel muito menos perigoso.[9]

Após nossa separação de um ancestral semelhante ao chimpanzé, há mais de 6 milhões de anos, nossas habilidades de fabricação de ferramentas começaram a florescer e a se diversificar. Há 3,3 milhões de anos, nossos ancestrais usavam ferramentas de pedra.[10] Já há 2,5 milhões de anos, eles usavam estas ferramentas de pedra para esquartejar as carcaças dos animais que caçavam ou devoravam e para extrair a medula dos seus ossos.[11]

Nossos ancestrais podem ter controlado o fogo por mais de 1,5 milhão de anos.[12] E o fogo, é claro, traz muitas vantagens: fornece calor e luz, um aviso e proteção contra animais perigosos e um sinal luminoso para os amigos. Um pouco mais tarde em nossa relação com o fogo, começamos a usá-lo para ferver a água e torná-la potável, erradicar pragas, secar nossas roupas, temperar metais para fazer ferramentas etc. Com o fogo, podemos enxergar uns aos outros e trabalhar à noite, ou podemos nos reunir em torno dele, contando histórias ou cantando canções. Não há culturas humanas conhecidas sem fogo, embora os primeiros relatos de antropólogos, missionários e exploradores muitas vezes apontassem para o oposto.[13] Ninguém menos que Darwin propôs que a arte de gerar o fogo era "provavelmente a maior [descoberta] já feita pelo homem depois da linguagem."[14]

Embora Darwin não tenha expandido seu argumento, o primatologista Richard Wrangham formalizou uma hipótese relacionada: o controle do fogo e a subsequente invenção da culinária foram fundamentais para nos tornar os humanos que somos hoje.[15] Uma das muitas vantagens de se cozinhar os alimentos é que isso os torna mais seguros, reduzindo os riscos de parasitas e patógenos. Cozinhar também desintoxica algumas plantas, disponibilizando alimentos que de outra forma não seriam comestíveis.[16] Além disso, reduz a deterioração, de modo que podemos armazenar alimentos por mais tempo, e nos permite abrir e triturar alimentos impenetráveis.

Mas nenhuma dessas vantagens, por mais substanciais que sejam, se compara a esta: cozinhar aumenta a quantidade de energia que nossos corpos podem obter dos alimentos. Para obter calorias suficientes de uma dieta crudívora como a de nossos parentes macacos selvagens, os humanos teriam que mastigar por 5 horas todos os dias. A comida cozida é, portanto, um uso econômico e eficiente de recursos alimentares difíceis de conseguir, o que libera tempo e energia para outras coisas.[17]

Muitas culturas indígenas têm mitos sobre como começaram a usar o fogo; algumas incorporaram as origens da culinária. Encontramos uma história de origem da culinária entre os habitantes de Fakaofo, na Polinésia. A história narra que um homem, Talangi, se aproximou de uma senhora cega, Mafuike, e pediu para que ela compartilhasse o fogo com ele. Mafuike foi reticente, até que Talangi a ameaçou; mas ele não queria apenas o fogo. Assim, ele também exigiu dela a informação de quais peixes deveriam ser cozidos no fogo e quais deveriam ser comidos crus. Isso, segundo a história, deu início à era dos alimentos cozidos.[18]

Assim como todas as sociedades humanas conhecidas utilizaram o fogo, elas também cozinharam seus alimentos.[19] Podemos muito bem afirmar que uma vez que estávamos cozinhando e, portanto, extraindo mais calorias de cada petisco caçado ou coletado, tínhamos mais tempo para outras atividades: contar histórias enquanto preparávamos a comida e, especialmente, enquanto sentávamos ao redor da fogueira e comíamos juntos. O fogo e o cozimento foram precursores necessários para o uso da comida como lubrificante social, como facilitador para a cultura e as conexões.

Portanto, o controle do fogo pode ser visto como um amplificador da exploração da consciência. O fogo uniu as pessoas para sonharem, imaginarem novas formas de ser e colaborarem para transformar essas possibilidades imaginadas em realidade. Nosso uso humano do fogo desbloqueou muitos modos superiores de competição: ofereceu uma das várias rotas para higienizar e preservar alimentos — possibilitando a sobrevivência durante épocas de escassez ou durante longas jornadas. Quando essas viagens aconteciam por água, o fogo podia ajudar, em parte porque, em muitas circunstâncias, queimar os cascos das árvores para transformá-las em canoas é uma forma mais rápida de ter um barco funcional do que esculpi-las. A capacidade de levar o fogo conosco também abriu caminho para territórios mais frios, que de outra forma seriam fatais, possibilitando a exploração de todo o globo.

Além disso, o controle do fogo levou à invenção da culinária, que trouxe uma economia de tempo e energia e, finalmente, levou à proliferação das técnicas e métodos que temos hoje.

## Convencendo Alimentos Silvestres a Unirem Forças Conosco

Nós domamos o fogo, o que certamente foi uma tarefa árdua, mas essa atividade diferia substancialmente da domesticação dos alimentos. O fogo é diferente da comida porque é totalmente indiferente às pessoas. Todos os alimentos — com exceção de alguns minerais culinários, como o sal — são orgânicos. A comida é biótica; ela evoluiu. Portanto, a comida tem — ou teve, enquanto viva — interesses próprios. O fogo, sendo abiótico, não tem interesses, nem objetivos. Nunca esteve vivo.

Dos alimentos que comemos, qual deles tem interesse em ser comido? Ou seja, quais alimentos foram produzidos pelo organismo com a expectativa de que seu produto fosse ingerido?

Leite, frutas e néctar. Apenas.

O leite é produzido por mães mamíferas para alimentar seus filhotes. As frutas são uma maneira de as plantas atraírem os animais para dispersar suas sementes – as amoreiras atraem pássaros, cervos e coelhos, e atingem seus objetivos evolutivos quando esses animais se alimentam de seus frutos, andam por aí e defecam as sementes, agora ricas em fertilizantes. E o néctar é a forma de uma planta estimular a polinização — arbustos de mirtilo atraem abelhas de diversas espécies com a promessa de uma doce recompensa, e a planta atinge seu objetivo evolutivo de reprodução quando uma abelha carrega o pólen de uma flor para outra.

As sementes não querem ser comidas.[20] As folhas não querem ser comidas. E certamente, alimentos que implicam a morte de organismos inteiros — a carne de animais, como vacas, salmões ou caranguejos — não querem ser comidos.

No entanto, ao longo de milênios, persuadimos muitos alimentos silvestres a se unirem a nós. Aqueles que são persuadíveis podem se tornar suscetíveis à horticultura, à agricultura e à pecuária. Em alguns casos, com efeito, estamos coevoluindo com eles. E, embora o destino deles dependa mais do nosso do que o contrário, nós o compartilhamos.

Milho, batata e trigo são muito mais difundidos e abundantes, e correm um risco menor de desaparecer, do que se estivessem ausentes da dieta humana. Essas espécies de plantas, portanto, se beneficiaram de sua associação conosco. Embora pareça uma conclusão mais dura, por razões emocionais, o mesmo pode ser dito do gado, porcos e galinhas domesticados. Aumentamos sua variedade e números, e diminuímos seu risco de extinção, domesticando-os para alimentação. No mar de Salish, ao largo da Colúmbia Britânica, os moluscos cresceram em tamanho e abundância sob as práticas de jardinagem indígenas, embora esses jardins tenham custos diretos para eles — afinal, os moluscos cultivados foram colhidos e comidos em um número muito maior do que seus parentes selvagens.[21] Quando olhamos para as planícies da América do Norte e vemos alguns poucos búfalos selvagens, mas vacas em abundância, é difícil argumentar que os búfalos estão se saindo melhor do que elas.

Na média, portanto, as espécies domesticadas têm um bom acordo evolutivo conosco. Será fácil contestar essa conclusão com base no fato de que uma galinha, por exemplo, não está mais por perto para desfrutar de qualquer tipo de acordo depois de ser comida. Considere, no entanto, a população de galinhas da qual aquela galinha veio: seus outros membros ainda estão por aí, vivendo muito mais do que uma galinha ancestral de muito tempo atrás que tivesse sido mais resistente a se unir aos seres humanos.

Estendendo ainda mais a lógica evolutiva, prevemos que os organismos cultivados ganharão uma vantagem adaptativa assumindo características que nos beneficiam. Em outras palavras, a seleção deve favorecer características em espécies cultivadas que beneficiem os humanos, mesmo que os humanos que as cultivam estejam alheios a isso. É algo a se pensar, caso seja cético quanto à relação mutualista entre os humanos e os organismos com os quais somamos forças.

## Pães e Peixes

Uma das histórias mais famosas do Novo Testamento é a de quando Jesus multiplica apenas cinco pães e dois peixes em comida suficiente para alimentar 5 mil pessoas. O fato de essa história ser repetida nos quatro evangelhos é suficiente para nos fazer pensar. O milagre atribuído a Jesus é o foco habitual das pessoas que levam esta história em consideração; mas e quanto à escolha dos alimentos para o exército? Talvez "pães e peixes" tenham um significado mais profundo do que poderíamos imaginar a princípio.

A agricultura foi inventada por humanos diversas vezes ao redor do mundo, de forma independente, começando há cerca de 12 mil anos.[22] O pão, alguém poderia pensar, seguiria os passos da agricultura, uma maneira inteligente de preservar e transportar os nutrientes dos grãos recém-domesticados. No entanto, os pães são anteriores à agricultura em pelo menos uma cultura, e por uma margem substancial. No que é hoje a Jordânia, os antigos natufianos faziam e comiam pães pelo menos 4 mil anos antes de cultivarem o solo.[23] A partir de sementes silvestres que foram precursoras do trigo moderno (chamadas *einkorn*) e das raízes dos tubérculos, os natufianos fizeram farinha, que era assada para fazer pães achatados, talvez em preparação para suas viagens. Os pães achatados, comparados com sementes e tubérculos crus, têm as vantagens de serem leves, altamente nutritivos e transportáveis, além de possuírem uma longa vida útil.

A agricultura oferece inúmeras vantagens sobre a colheita de plantas silvestres. Os agricultores têm maior controle do espaço e do tempo: eles sabem onde encontrar a maior parte de seus alimentos e podem coordenar sua preparação para a colheita. A domesticação de espécies cultivadas permite ainda que os humanos selecionem as coisas que valorizam mais (por exemplo, frutas maiores, maior teor de gordura, facilidade de acesso à parte desejável da planta) e aquelas que não valorizam (como as toxinas que a planta libera para impedir que os organismos a comam).

Mas éramos reconhecidamente humanos, mesmo culturalmente falando, muito antes de sermos agricultores. O ato de cozinhar, que antecedeu em muito a agricultura em todas as sociedades humanas,[24] teria sido facilitado com a presença de recipientes. Na China, a cerâmica existia há 10 mil anos antes da agricultura.[25] A cerâmica era quase certamente utilizada para cozinhar tanto os materiais caçados quanto os coletados. Os potes de cerâmica provavelmente eram usados para transportar e armazenar água e alimentos crus. Talvez também fossem usados como recipientes para fermentar ou conservar alimentos, incluindo a produção de bebidas alcoólicas. Os humanos modernos pensam no álcool principalmente como um lubrificante social, mas, na verdade, trata-se de uma maneira excelente e rica em calorias de preservar alimentos que, de outra forma, estragariam. A cerveja, por exemplo, é, em muitos aspectos, um pão líquido.

Tão importante quanto o fogo, o cozimento e as ferramentas para nossas transformações em humanos modernos, a agricultura, uma vez enraizada nas sociedades ao redor do mundo, tendeu a provocar grandes mudanças culturais. Algumas destas incluem uma mudança para assentamentos permanentes e estilos de vida sedentários, no que antes era uma existência migratória e nômade; uma maior especialização por parte dos indivíduos, incluindo o surgimento de artesãos em tempo integral, o que teria permitido a elaboração e expansão de ofícios, artes e ciências; aumento do comércio e de outros aspectos da economia; formalização das estruturas políticas; um aumento das disparidades de riqueza entre indivíduos; e mudanças nos papéis de gênero (aos quais retornaremos no capítulo 7).

E quanto aos peixes?

Ferramentas de pedra, fogo e cozinhar têm sido todos ligados a mudanças na anatomia humana e nas estruturas sociais; da mesma forma, o consumo de peixes, tartarugas e outros seres costeiros pode ter sido fundamental para o desenvolvimento de nossos grandes cérebros.[26] A pesca costeira e ribeirinha é menos perigosa e mais acessível a pessoas que não possuem ferramentas sofisticadas e técnicas de caça comunais do que a caça de grandes mamíferos terrestres.[27] Evidências consideráveis sugerem que migramos ao longo das costas por mais de 100 mil anos, o que é coerente com a fauna aquática ter sido uma parte importante de nossas dietas.[28]

Chimpanzés já foram observados pescando caranguejos nas montanhas Nimba, na Guiné. Ao estender essa observação para os humanos primitivos em habitats semelhantes, podemos inferir que nossa dieta inicial continha uma quantidade substancial de peixes e outros seres aquáticos.[29] Os beringianos que se especializaram em salmões na sua rota para o Novo Mundo podem ter aprimorado um roteiro antigo. Comer peixes pode ter sido uma peça essencial do quebra-cabeça da evolução humana primitiva.

Em um período de 10 mil anos, um mundo pré-histórico povoado por milhões de caçadores-coletores se transformou em um mundo com 1 bilhão de pessoas consumindo alimentos tradicionalmente cultivados, e apenas nos últimos 200 anos, nós o transformamos ainda mais a fundo, gerando uma população de 7 bilhões de pessoas dependente de uma agricultura intensiva e insustentável baseada em combustíveis fósseis, com a qual apenas uma pequena porcentagem da população tem contato direto. Aqueles que têm pelo menos alguma relação com a origem de seus alimentos — quer eles mesmos os cultivem, colhendo frutas de vez em quando, ou iniciem conversas com os produtores em seu mercado local — são mais propensos a valorizar sua complexidade, o valor dos terrenos e a constante partilha entre tradições culinárias. Pessoas com alguma compreensão da origem e história de seus alimentos também são menos propensas a assumir que um suplemento seja um substituto completo para o alimento.

## Festa da Colheita

No final de uma das temporadas de campo de Heather no nordeste de Madagascar, onde estudava a vida sexual de sapos venenosos, ela foi convidada pelo patriarca de uma família local para fotografar um *retournement*, uma cerimônia de entrega dos mortos. Durante a cerimônia anual, os ossos de alguns poucos ancestrais são desenterrados após a colheita. Aqueles que morreram recentemente, cujos cadáveres estavam em caixas, são reembalados e colocados em caixas de ossos menores. Aqueles que já estão em caixas de ossos recebem novas mortalhas. Enquanto os mortos estão do lado de fora, no entanto, os vivos aproveitam a oportunidade para falar com eles, para contar-lhes os principais eventos do último ano — o tamanho da colheita e a frequência das tempestades, além de nascimentos e casamentos. Presumivelmente, os mortos já estão cientes de quem se juntou a eles do outro lado.

No dia em que Heather testemunhou o evento, os ancestrais já haviam sido abrigados, mas a cerimônia continuaria por quase mais 24 horas. Tudo começou com doses de *toaka gasy*, a bebida alcoólica local. Seguiu-se o sacrifício ritual de um zebu, um gado de chifres grande muito comum no alto planalto de Madagascar, mas raro e precioso nas florestas úmidas das terras baixas onde estávamos. O sacrifício em si foi um acontecimento tranquilo, testemunhado por adultos e crianças, após o qual as carnes dos órgãos foram colocadas em folhas de bananeira e expostas ao sol do meio-dia. Um homem e uma mulher foram designados para "manter os espíritos afastados" até que a festa começasse no início da noite. Aos olhos de Heather, uma observadora relativamente desinformada, esses guardas pareciam adeptos a manter as galinhas afastadas.

Um ancião se levantou e dirigiu-se aos aldeões — ancestrais e vivos. Ele falou em malgaxe, que nem Heather, nem seu assistente de campo compreendiam, mas o efeito sobre o público foi claro. O tom de sua voz movia-se tranquilamente entre o respeito sóbrio e lembranças alegres, e suas piadas foram bem-recebidas. Ele era claramente querido ali. Em algum momento futuro, uma das pessoas presentes viria, de modo muito semelhante, dirigir-se a ele como um dos ancestrais.

Depois que os ancestrais foram abordados, a celebração tornou-se mais estridente. Nas horas que antecederam o início do banquete noturno, havia música, dança e mais *toaka gasy*. As mulheres da aldeia dançavam em uma longa fila, balançando os quadris e cantando, ocasionalmente atraindo um homem para o tropel. O banquete daquela noite, especialmente a carne do zebu, seria relembrado por muito tempo.

Madagascar é uma terra de festividades, mas é também uma terra desesperadamente pobre. As refeições diárias tendem a consistir em arroz, ranonapango (água de arroz queimado, popularmente considerada a bebida nacional) e pouco mais. Uma das saudações comuns na rua, que até nós, como evidentes *vazaha* — estrangeiros de pele branca — às vezes recebíamos de estranhos no tempo que passamos naquela gigantesca ilha vermelha, é: "Quantas tigelas de arroz você comeu hoje?" Um número alto é indicativo de uma relativa riqueza, ou de estar pelo menos um pouco afastado da fome.

Por que então os malgaxes continuam festejando quando, como país, estão famintos? É mais um paradoxo, que, argumentamos, é uma espécie de mapa do tesouro. Quando você se deparar com um paradoxo, continue investigando.

A natureza não desperdiça. Então, quando você achar que percebeu algum desperdício — nas festas dos malgaxes, nos enormes templos dos maias, em esquilos enterrando mais nozes no outono do que parecem desenterrar na primavera — leve em consideração que você provavelmente está olhando por um prisma incorreto. É provável que exista uma estratégia em longo prazo que não é visível com as ferramentas normais.

A capacidade de carga — ou seja, o número máximo de indivíduos que podem ser suportados em um determinado ambiente, em um determinado momento — parece estável quando você vê de longe, observando por gerações ou eras. Veja mais de perto, no entanto, e as perturbações na capacidade de carga podem ser extremas, um parâmetro que oscila descontroladamente quanto mais próximo você estiver no espaço e no tempo. Para os agricultores, isso quer dizer anos de alta e anos de baixa: para cada ano em que as colheitas superam as expectativas medianas, há um outro ano abaixo da média. Se a taxa de natalidade acompanhasse as ruidosas flutuações anuais na colheita, em metade dos anos não haveria o suficiente para todos. Tais anos são naturalmente conflituosos e divisórios; em longo prazo, isto é a sentença de morte para uma linhagem. A solução envolve gastar o excesso de recursos de forma produtiva para que isso não se converta em mais bebês, o que por sua vez representaria uma demanda inalcançável. As festividades são uma das manifestações desse aspecto. Ao investir na coesão da comunidade, em vez de novas bocas, uma população pode evitar a calamidade regular e previsível gerada pela variabilidade nas colheitas.

A moderação contra os altos e baixos, uma estratégia de "quarta fronteira" do tipo que voltaremos no capítulo final deste livro, tem sido um aspecto de longa data da relação humana com os alimentos.

## A Lente Corretiva

Poderíamos chamar esta seção de *O Novo Kosher*.[30] A maioria das leis dietéticas ancestrais encontra-se desatualizada, mas isso não significa que não possamos usar algumas regras referentes a como, o que e quando comer.

- → **Compre em supermercados locais.**[31] Ou melhor ainda, compre sua comida com o mínimo de intermediários possível, como em uma feira livre. Quase tudo nos grandes supermercados tem mais açúcares, mais sal e mais umami — geralmente por meios que não são avaliados, pelo menos não em longo prazo. Mastigar cana equivale a comer açúcar refinado na mesma medida em que mascar folhas de coca é equivalente a cheirar cocaína. Alimentos altamente refinados (também conhecidos como "alimentos altamente processados") são outro exemplo da hipernovidade, assim como o plástico; portanto, procure evitar alimentos embalados em plástico e, principalmente, evite que o plástico quente toque em sua comida.
- → **Evite OGMs.** Os OGMs não são inerentemente perigosos, nem inerentemente seguros. Eles são, no entanto, diferentes da seleção artificial em que os agricultores vêm se envolvendo há milhares de

anos. Quando os agricultores escolhem plantas ou animais para procriar, promovendo algumas características e desregulando outras, eles estão jogando dentro da paisagem na qual a seleção já vinha atuando. Por outro lado, quando os cientistas inserem genes ou outro material genético em organismos que não têm uma história recente com esses genes, eles estão criando um campo de atuação totalmente novo. Às vezes eles terão sorte, e o resultado será útil e benigno para os humanos. Às vezes, nem tanto. Formas de vida quiméricas que foram criadas por humanos usando técnicas hipernovas não são inerentemente seguras; se alguém lhe disser o contrário, ou está enganado ou mentindo para você.

→ **Respeite suas aversões e desejos alimentares**, especialmente após fazer exercícios, após uma doença ou durante a gravidez (desde que esses desejos reflitam alimentos de verdade e não representem riscos específicos).[32]

→ **Exponha as crianças a uma gama diversificada de alimentos integrais,** especialmente aqueles que as conectam à sua origem culinária e étnica. Coma a mesma comida que você colocou na frente delas e demonstre prazer ao fazê-lo. Mantenha produtos sazonais na bancada e deixe as crianças comerem qualquer fruta que encontrarem nela, incentivando-as a desenvolver suas próprias preferências enquanto também aprendem como e quando explorar uma variedade de alimentos integrais.

→ **Considere sua etnia e procure um guia alimentar na sua tradição culinária.** Se você for italiano, por exemplo, procure na culinária italiana dicas de como se alimentar. Se você for japonês, faça o mesmo com a culinária japonesa. Em particular, observe as tradições culinárias caseiras, já que os alimentos representados nos restaurantes, embora deliciosos, muitas vezes representam apenas uma fatia da diversidade de opções de uma tradição culinária.

→ **Não reduza os alimentos aos seus componentes** — carboidratos e fibras, óleo de peixe e ácido fólico etc. Em vez disso, pense no alimento em termos de espécie de origem, de culturas que o utilizaram pela primeira vez, e das inúmeras maneiras pelas quais ele é preparado e consumido ao redor do mundo.

→ **Torne a comida menos onipresente em sua vida.** Durante a maior parte da história, as sociedades humanas enfrentaram altos e baixos com festividades rituais e longos períodos de frugalidade.

## A EVOLUÇÃO E OS DESAFIOS DA VIDA MODERNA

Recentemente, no entanto, a agricultura levou a um aumento na capacidade de se manter alimentos em reserva, para guardar para um dia chuvoso ou, mais provavelmente, para uma seca prolongada ou uma colheita ruim. Enquanto nossos cérebros modernos querem consumir o máximo possível, nossos corpos antigos querem armazenar para mais tarde. Quando as calorias eram escassas e sua disponibilidade imprevisível, essa tendência metabólica fazia sentido. Quando um caçador-coletor encontrava mel que pudesse separar das abelhas, ele e seus amigos provavelmente o devoravam, pois não havia como saber quando a próxima explosão de doçura viria.[33] Mas como os recursos alimentares não são mais tão escassos, empanturrar-se não é uma estratégia eficaz, porque a escassez nunca chega. Pelo contrário, nós temos mais oportunidades de fartura. Precisamos ignorar deliberadamente nossos impulsos evolucionários para não sofrer a hipernovidade que as mercearias 24 horas oferecem. Colocar-se em um cronograma – como recomenda o jejum intermitente – de não comer por períodos regulares de tempo parece ser um corretivo saudável.

→ **Não se esqueça de que a comida é um lubrificante social para os humanos.** Comer sozinho em seu carro depois de passar por um drive-thru é uma situação recente, e não está nos ajudando em nada a conectar com a nossa comida, nossos corpos e suas necessidades, ou uns com os outros.

## Capítulo 6

# Sono

**A PRINCÍPIO, DORMIR PARECE UM MISTÉRIO.**

Se alienígenas visitassem a Terra, é de se imaginar que eles ficariam confusos pelo fato de entrarmos em uma espécie de estado de coma diariamente e alucinarmos com histórias loucas e personagens curiosos, com os quais interagimos enquanto nossos corpos estão paralisados. Entretanto, é provável que eles não ficassem nem um pouco surpresos, porque qualquer alienígena capaz de chegar à Terra por seus próprios meios quase certamente também dormiria e sonharia.

É menos certo, mas ainda assim provável, que esses alienígenas que conseguiram chegar à Terra tenham passado por uma fase, como esta em que nos encontramos, na qual seus hábitos contemporâneos estavam fora de sincronia com seus cérebros e corpos antigos, causando distúrbios generalizados do sono. Mas antes de dominar a viagem interestelar — antes de poder fazer qualquer uma de suas melhores obras — eles precisariam resolver seus problemas de sono. Mais adiante neste capítulo, discutiremos algumas maneiras pelas quais os humanos modernos podem resolver os seus próprios.

Para cada animal sobre o qual os cientistas indagaram "Você dorme?", a resposta foi afirmativa,[1] o que nos leva à questão do *porquê*.

O sono quase certamente passou a fazer parte de nossas vidas como resultado de um simples trade-off: é impossível produzir um olho otimizado tanto para o dia quanto para a noite. Você poderia ter dois pares de olhos, mas seria impossível gerar um córtex visual otimizado para ambos sem aumentar muito o tamanho e as necessidades energéticas do cérebro. Isso cria um dilema: será que você deve ser uma criatura com um olho comprometido, que não está especialmente sintonizado para o dia ou para a noite? Ou você deveria se especializar em uma condição e sacrificar a outra? Todas as soluções são possíveis. Especialistas do dia são diurnos; os da noite, noturnos; e os que se especializam nos tempos intermediários, crepusculares. Existem caxines diurnos, rouxinóis noturnos e capivaras crepusculares. Todas as soluções vêm com trade-offs.

Mas, tudo o mais sendo igual, se você tem olhos, a noite é mais difícil que o dia. O dia, afinal, vem com um brinde astronômico: o sol, que emite um enorme número de fótons, os quais ricocheteiam nas superfícies e revelam acidentalmente, àqueles que possuem fotorreceptores, onde estão as coisas. Este é um grande presente. (Claro, também podemos afirmar com segurança que ser noturno também traz seus benefícios, entre eles a falta de competidores diurnos. De qualquer forma, sendo diurno, noturno ou crepuscular, você irá dormir por algum período da rotação da Terra.)

Viemos de uma linhagem de criaturas diurnas com muitos milhões de anos. Não há símios noturnos, e existem pouquíssimos macacos noturnos, de forma que nossa vida diurna provavelmente remonta pelo menos ao ancestral comum mais recente de todos os símios. Portanto, não somente há vantagens em ser uma criatura diurna, devido às dádivas da luz solar; nós temos um longo período diurno dentro da nossa história evolutiva. Isso, porém, levanta a seguinte questão: o que fazer à noite?

O sono renova as energias. Se seus olhos não estão adaptados à noite, tentar ser ecologicamente produtivo provavelmente se mostrará ineficiente (você não conseguirá enxergar as coisas que precisa) e perigoso (já que os caçadores noturnos provavelmente serão melhores em encontrá-lo do que você em evitá-los). Dados os riscos que a fome representa para qualquer animal, se for para não ser produtivo, descobrir como ficar inativo torna-se uma prioridade. Não desperdiçar energia é, em alguns aspectos, tão valioso quanto encontrar energia. A questão então se torna: quão inativo você precisa estar?

Para os humanos, em particular, seria uma pena pegar o maravilhoso computador que carregamos sobre nossos ombros e deixá-lo totalmente de lado durante a noite, apenas porque nossos olhos se encontram limitados. Porque mesmo quando literalmente não conseguimos ver o que está acontecendo no mundo, podemos levar em consideração tudo aquilo que já vimos. Em resposta, a seleção tomou emprestado o incrível poder de computação que existe em nosso aparato visual e o redefiniu para uma espécie de processo cinematográfico. Portanto, estamos fisicamente inativos à noite, mas não mentalmente.

Durante o sono, prevemos e imaginamos situações com as quais podemos nos deparar no futuro, e elaboramos alguns cenários em torno de suas possibilidades. Para que, da próxima vez, saibamos o que dizer, ou como sentir. Para que da próxima vez, estejamos preparados.

Podemos prever que alienígenas inteligentes reconheceriam de imediato o sono, porque embora a Terra seja especial de muitas maneiras, dia e noite são características compartilhadas por todos os corpos planetários nos quais a vida provavelmente venha a evoluir.[2] Se os alienígenas forem complexos, inteligentes e sociais o suficiente para conseguir nos visitar, eles provavelmente virão de um planeta em uma situação semelhante — com dias luminosos e noites escuras, onde o repouso físico em uma parte do ciclo diário possui um sentido histórico, mas durante o qual o aparelho mental torna-se altamente ativo.

Em termos gerais, o sono como o conhecemos pode ser dividido em dois tipos: o sono de movimento rápido dos olhos (REM), no qual os olhos se movem rapidamente e os músculos dos membros e do tronco ficam flácidos, produzindo um estado de paralisia; e o sono não-REM, cuja forma mais profunda é o sono de ondas lentas, durante o qual a atividade das ondas cerebrais diminui e sincroniza.[3] Todos os animais aparentemente dormem, mas apenas mamíferos e pássaros experimentam o sono REM — embora seus primeiros sinais tenham sido observados em um lagarto australiano.[4] O sono de ondas lentas é, portanto, mais antigo que o REM, e em espécies que experimentam ambos os tipos, também ocorre mais cedo durante a noite.

Durante o sono de ondas lentas, nossos cérebros consolidam as memórias — assim como os cérebros dos grandes símios, incluindo chimpanzés.[5] Além disso, também eliminam informações antigas e redundantes, e adquirem domínio sobre as habilidades que aprendemos durante a vigília — digitação, esqui, cálculo etc. Daí o ditado "durma com isso". O sono REM, mais recente no tempo evolutivo, nos proporciona os sonhos. Durante ele, nos engajamos na regulação emocional, refletimos sobre os acontecimentos, ansiamos pelo que pode ser possível e imaginamos passados e futuros possíveis. O REM é um estado criativo; é o sono em seu modo explorador.

O REM pode ser caótico e desorganizado em suas criações, e pode-se dizer que o sono de ondas lentas atua como um corretivo para alguns dos subprodutos do sono REM. Uma vez que a seleção descobre que existem maneiras úteis de se utilizar uma mente durante a inatividade corporal, descobre também todos os tipos de utilidade e, mais cedo ou mais tarde, os indivíduos se tornam dependentes de sua capacidade de acessar esse estado. Nossos corpos e cérebros, vidas linguísticas e emocionais, repertório social e comportamental são todos dependentes do sono.[6]

O sono de ondas lentas é antigo, remontando no mínimo à origem dos animais, e é necessário para todo tipo de reparo. Assim, os benefícios do sono são muito mais antigos do que os dos sonhos, mas nosso estado onírico é tão benéfico para a nossa elaboração de cenários que superou em muito — de forma positiva — os riscos do sono. As vantagens do sono são maiores do que a desvantagem de se passar um terço de cada dia fisicamente adormecido.

## Sonhos e Alucinações

No momento mais escuro e silencioso de alguma noite tempos atrás, horas depois de terem dormido, Heather sentou-se, olhou para Bret e disse: "Você realmente pretende deixar essas peças de carro em cima da cama?"

A resposta de Bret — "Acho que sim" — não ajudou a aliviar a tensão. Além disso, o fato de que não havia, é claro, nenhuma peça de carro perto da cama não seria admitido como evidência nesta discussão.

Não foi a primeira vez que Heather disse algo enquanto dormia profundamente, com o qual era impossível se engajar usando regras normais. Quando Bret respondia à Heather, o tom geralmente decaía. Aparentemente, não havia qualquer lógica em nenhum dos dois. Sem ter consciência desses episódios, Heather de alguma forma sabia — depois, ao ser acordada e informada a respeito — o que Bret deveria fazer.

"Não se envolva. Deixe-me cuidar de ambos os lados da conversa, e tudo terminará em breve."

Ver coisas que não existem. Ouvir sons que nunca foram feitos. Acreditar em coisas que não são verdadeiras, mas ter certeza delas. Ser incapaz de controlar seus movimentos. Conversar com pessoas imaginárias.

Como se pode ver, uma lista com alguns sintomas de uma pessoa com esquizofrenia oferece alguns paralelos com uma pessoa que está dormindo e sonhando: todos nós adentramos esse estado todas as noites, mesmo que nem todos se aprofundem ou falem durante o sono. Não traçamos esse paralelo regularmente, porque nosso estado de sonho geralmente vem com paralisia e amnésia. Quaisquer confrontos com a realidade são ditosamente ocultados de nós quando vai chegando a hora do café.

Quão surpreendente, então, que organismos que não parecem ter tido nossos melhores interesses em mente — como cogumelos *Psilocybe* e peiote — tenham acessado essas mesmas tendências.

Para explicar isso, precisamos dar um passo atrás. Organismos — incluindo nós e outros animais, além de plantas e fungos — geralmente não querem ser comidos. Frutas, néctar e leite são, como mencionamos no capítulo anterior, exceções à regra, mas, em geral, os organismos se esforçam muito para desencorajar o consumo de partes dos seus corpos. Barreiras estruturais são um método — os espinhos dos cactos ou porcos-espinhos, os cascos das tartarugas. Outro seria o veneno, que muitas vezes é grosseiro demais para ter máxima eficácia: se um cervo morrer depois de comer uma dedaleira, ele será substituído por outro cervo que não sabe nada sobre o veneno da planta. Por outro lado, se um cervo expandir sua dieta com cogumelos *Psilocybe* e passar o resto do dia tendo um surto psicótico temporário, ele pode procurar sua próxima refeição em outro lugar, tendo sido educado e talvez aterrorizado, mas não morto.

*Composto secundário* é um termo botânico vagamente definido para uma substância que não é funcional dentro do organismo que a produz. Em vez disso, ela se destina a interagir com mecanismos em outras criaturas, muitas vezes de maneira hostil. As substâncias presentes na hera venenosa são um impedimento óbvio para os herbívoros que comem essas folhas. Da mesma forma, batatas e outras solanáceas contêm pesticidas endógenos, uma classe de compostos conhecidos como glicoalcalóides que são altamente tóxicos para os seres humanos. Em contraste com esses venenos e agentes irritativos puros, considere os seguintes compostos secundários: a capsaicina, molécula que cria a sensação de ardência quando comemos pimenta, por exemplo, geralmente dissuade os mamíferos de comerem sementes destinadas a pássaros, que por sua vez não possuem os receptores para sentir o "ardor". E a cafeína, que desestimula os herbívoros a comerem sementes cafeinadas em altas concentrações, também pode representar uma espécie de engenharia social farmacológica por parte das plantas. Quando as abelhas recebem recompensas de um açúcar que contêm cafeína, sua memória espacial melhora em até três vezes; o néctar cafeinado das flores cítricas e do próprio café pode muito bem estar condicionando seus polinizadores, as abelhas, a lembrar-se deles e voltar para mais.[7]

De cogumelos *Psilocybe* e fungos ergot ao cacto peiote e à bebida botânica da ayahuasca, passando pela sálvia e os sapos do deserto de Sonora, existem diversos fungos, plantas e animais que produzem compostos secundários que interagem com a nossa fisiologia de maneiras que espelham estados de sonho. Conhecidos como alucinógenos, psicodélicos ou enteógenos, seus efeitos sobre nós podem ser narrativos e elucidativos.

Vivemos nossos dias conectados pelos sonhos. Para que não acordemos todas as manhãs imaginando que somos seres totalmente novos, nossos sonhos nos dão um contexto e nos permitem crescer entre os períodos de vigília.

Estamos conscientes durante o dia e inconscientes na primeira parte da noite, durante o sono não-REM. Uma vez que o REM começa na segunda metade de cada noite, nossa consciência é emprestada, nossos corpos ficam seguramente offline, paralisados, e nossas mentes conscientes criam ficções estranhas, hipotéticas, extravagantes e, às vezes, verdadeiras.

Uma vasta gama de culturas tem alguma tradição na qual estados alucinógenos são intencionalmente desencadeados em alguns ou em todos os seus membros. Sendo como somos, não é de surpreender que muitas culturas tenham tomado emprestado esses compostos secundários que desencadeiam sonhos de vigília aterrorizantes e transformado o que poderia ter sido uma má experiência em uma ferramenta importante para a expansão da consciência humana. Falaremos mais sobre isso no capítulo 12.

Assim como muitas culturas se apropriaram dos compostos secundários alucinógenos de plantas e fungos para expandir a consciência de seus membros, muitas também têm rituais de sono — dos mais simples aos mais elaborados — por intermédio dos quais os indivíduos se preparam para o seu repouso noturno. Até mesmo alguns de nossos parentes mais próximos se envolvem em rituais que antecedem o sono.

## Anoitecer na Selva

A noite caía sobre Tikal. Agora uma ruína enorme com a selva invadindo por todos os lados, Tikal já foi um centro de comércio, política e agricultura para os maias.

O crepúsculo na floresta tropical é um momento de transição — os diurnos estão reduzindo o ritmo do dia, os noturnos estão acordando e os crepusculares estão se escondendo em busca de oportunidades. Este é o momento deles. Os sons do dia — o canto dos pássaros, o zumbido interminável das cigarras — desaparecem quando o coro de sapos começa a zumbir, e uma miríade de aranhas se torna visível pelo brilho vermelho de seus olhos. Como nenhum animal é igualmente ativo de dia e de noite, durante o entardecer, assim como na aurora, os atores mudam.

Era o início dos anos 1990, e estávamos no meio de uma longa viagem de mochila pela América Central, perto da base de um dos templos de Tikal, enquanto as sombras cresciam. O crepúsculo caiu depressa, como é comum nos trópicos. Isso foi há tanto tempo que acampar ao lado dos templos ainda era permitido. Encontramos um lugar para armar nossa barraca quando a luz do sol se extinguiu e conversamos sobre os acontecimentos do dia. Então, os macacos-aranha chegaram. No alto do dossel da floresta tropical, eles também estavam se preparando para o seu descanso noturno. E também estavam conversando entre si. Linguistas e afins podem se opor a essa caracterização, já que não é exatamente precisa. Macacos-aranha não são conhecidos por terem sintaxe, ou um vocabulário extenso, ou muito do que se espera de trocas linguísticas. Mas eles certamente estavam se comunicando e conversando uns com os outros. Nós fizemos uma pausa na montagem do nosso lar noturno temporário, observando nossos gloriosos parentes primatas passarem por seus próprios rituais noturnos.

Os rituais dos macacos-aranha têm um caráter protetivo, escondendo-os ou imunizando-os de predadores noturnos. Eles podem ter sentinelas, ou alguém do grupo que dorme perto do lado de fora, atento a possíveis intrusos.

Para nossos ancestrais recentes, o comportamento noturno protetor estava diretamente ligado ao fogo. Os primeiros humanos se reuniam em torno de fogueiras e se envolviam em uma atividade altamente incomum: conversar. Ali, trocávamos informações sobre o dia e perspectivas para o futuro; contávamos histórias transmitidas pelos antigos. Cantávamos; às vezes, dançávamos. E por fim, íamos dormir.

Esses nossos ancestrais, assim como os macacos-aranha, eram uma comunidade que passava do jantar para o sono. Eles não tinham os distúrbios de sono que muitos humanos do século XXI têm. Eles adormeciam com facilidade, dormiam bem e acordavam revigorados.

## Novidades e Distúrbios do Sono

Até onde sabemos, os macacos não acessam um estado onírico por meio do uso de enteógenos. Essa característica exclusivamente humana pode ser lida como o uso de novidades para fins potencialmente adaptativos. Evidentemente, há muitas maneiras pelas quais nossa relação com o sono vem sendo prejudicada enquanto resultado dessas novidades. As luzes elétricas estão no topo dessa lista, que também inclui viagens aéreas, poluição sonora e uma economia 24/7 que inclui muitas pessoas trabalhando em turnos da noite.

Escondida no fundo de nossos cérebros está uma região chamada núcleo supraquiasmático, que atua como um relógio biológico. Ele registra o momento do dia — não como "17h", mas no sentido de onde estamos em relação ao fotoperíodo, ou seja, o intervalo de tempo em um período de 24 horas durante o qual há luz — que, até muito recentemente, era o único parâmetro relevante. Em Londres, 16h é considerado dia em dezembro e em junho, embora em junho o sol ainda esteja alto no céu neste horário, enquanto em dezembro o sol já se pôs. Até recentemente, a escuridão importava muito mais do que a posição de uma pessoa em um dia de 24 horas. Então nós, humanos, fizemos o que era conveniente: usamos de nossa engenhosidade para estender nosso período produtivo, inventando a luz artificial. Os benefícios disso são óbvios; os perigos, no entanto, não são.

Antes de as luzes elétricas serem inventadas, os humanos nunca haviam experimentado uma luminosidade após o pôr do sol com a intensidade ou duração a que agora estamos comumente expostos em nossos lares.

A luz do dia é intensa, mesmo em dias nublados, mas nossos cérebros fazem um trabalho fantástico de ocultar de nós o quão claro ou escuro são nossos arredores. Qualquer pessoa velha ou retrô o suficiente para ter fotografado com filmes (que precedem a era digital) se lembrará de ter sido surpreendido pelas leituras do fotômetro, que variavam amplamente entre ambientes que pareciam igualmente iluminados. Nossas experiências com isso vieram à tona nas florestas tropicais da América Latina e Madagascar na década de 1990. O sub-bosque de uma floresta tropical de terras baixas é um emaranhado denso e exuberante de trepadeiras e arbustos, marcado por troncos de árvores maciços e sons de insetos. As florestas tropicais não parecem ser particularmente escuras, até você alcançar uma de suas bordas e se deparar com um pasto ou uma estrada aberta e se perceber cegado pelo sol. Os fotômetros não mentem, e revelam que a porcentagem de luz no solo de uma floresta tropical representa uma pequena fração daquela no topo do dossel — apenas 1%, de acordo com vários parâmetros. No entanto, nossos olhos se ajustam a isso, e conseguimos enxergar muito bem em tais condições.

O que isso nos revela é que estamos mal-equipados para saber quando o nível de luz a que estamos sendo expostos está fora do normal. Enquanto a luz do dia é brilhante e tende para a extremidade azul do espectro visível, a luz da lua e do fogo são fracas e tendem para a extremidade vermelha; já a iluminação interna é tipicamente mais brilhante e azul do que estas últimas, mas não tão brilhante como a luz do dia. Isso tem o potencial de interferir nos ritmos circadianos e nos ciclos hormonais e, portanto, causar distúrbios do sono. Já foi demonstrado que a luz noturna em faixas de intensidade intermediárias causa interrupção circadiana (também é verdade que as diferenças entre indivíduos na suscetibilidade a tal interrupção são altas, dificultando a extrapolação de casos isolados para populações inteiras).[8]

Em contraste, os humanos têm uma história tão longa com o fogo que nossas glândulas pineais estão bem-equipadas para encontrar a luz da chama — situada na subfaixa vermelha do espectro — bem depois do pôr do sol, sem consequências negativas para o sono. Ser capaz de acender uma luz azul do espectro diurno a qualquer momento, no entanto, é um fenômeno totalmente novo, para o qual estamos muito menos adaptados.

A ciência empírica começou a revelar exatamente isso: a luz do espectro azul não é saudável à noite.[9] Recentemente, o mercado respondeu com uma abundância de filtros vermelhos e softwares que alteram o espectro emitido pelas telas à noite. Poderíamos ter descoberto isso muito antes se tivéssemos aplicado a devida precaução a uma façanha tão grande. É óbvio que a capacidade de gerar luz na ponta de um fio tem um potencial transformador. As chances de que isso fosse algo inofensivo eram praticamente nulas.

E agora estamos cometendo o mesmo erro novamente. A transição das lâmpadas à base de tungstênio para as fluorescentes e para o LED empurra-nos novamente na direção de luzes mais frias e azuis, caracteristicamente diurnas. Pior ainda, para muitas pessoas do mundo WEIRD no século XXI, pequenos LEDs azuis brilham ou piscam em todos os cômodos de nossas casas (a menos que estejam cobertos ou obscurecidos — o que recomendamos). Nossos cérebros evoluíram sendo capazes de intuir a hora do dia pelo espectro de luz que entra em nossos olhos. Atualmente, todavia, temos o azul do meio-dia

## A EVOLUÇÃO E OS DESAFIOS DA VIDA MODERNA

brilhando a qualquer momento; não é de admirar que o sono tenha se tornado fugaz para muitos.

Se realmente entendêssemos os custos e benefícios envolvidos, nós, enquanto civilização, regularíamos rigidamente os espectros de luz para manter nossos ciclos de sono e vigília intactos. Muitos sofrem de insônia em seus lares, mas a veem desaparecer quando vão acampar, pois o ciclo orientado pelas luzes solar e lunar nos coloca em um estado mais ancestral. Nossa hipótese é que erradicar a luz em seu espectro diurno do período da noite pode ter um impacto curativo em algumas pessoas que sofrem de distúrbios psicológicos debilitantes, como delírios diurnos, paranoia, alucinações — aquelas que estão, de certa forma, tendo seu estado onírico intrometendo-se em seu período de vigília.

Como se isso não bastasse para nos preocupar, dificilmente somos os únicos organismos que demonstraram uma sensibilidade mortal à luz elétrica.

Todo mundo já viu mariposas desnecessariamente cativadas por uma lâmpada. Elas fazem isso porque estão conectadas a um mundo não tecnológico. Elas podem estar vagando com base no ângulo em que estão voando em relação à lua, que até recentemente seria o único objeto grande e brilhante na escuridão da noite; ou podem estar tentando escapar da luz e falhando terrivelmente.[10] Seja qual for a razão, quando colocamos outros objetos brilhantes em seu mundo, isso tem um efeito devastador — elas voam, mantendo esses objetos em um ângulo fixo e circundando-os até a exaustão.

Os ciclos de sono-vigília na vida selvagem também são alterados onde ocorre a poluição luminosa, e muitos ritmos e comportamentos biológicos se dessincronizam quando expostos à luz na "hora errada" do dia.[11] Muitos organismos, especialmente aqueles mais afastados da linha do equador, utilizam o fotoperíodo como relógio. Ele é usado para programar coisas como a germinação e formação de botões nas plantas, ou a época de acasalamento, muda e desenvolvimento embrionário em muitos animais.[12] E animais tão distintos quanto corvos, enguias e borboletas têm dificuldade em migrar quando a luz artificial está presente.[13]

As luzes elétricas alteram drasticamente o *quando, onde* e o *que* dos espectros de luz historicamente disponíveis para nós. Não apenas estamos confundindo nossos próprios cérebros e padecendo com luzes elétricas, como também estamos confundindo muitos outros organismos neste processo.

Os últimos quatro capítulos se concentraram na sobrevivência de nossos corpos individuais nos domínios da saúde e medicina, alimentação e sono — em um mundo no qual isso está se tornando cada vez mais difícil. No entanto, a história evolutiva dos humanos não é primariamente sobre os indivíduos sobreviventes; é sobre as pessoas se reunindo. De fato, a extensão da nossa interconexão pode desconcertar e desafiar a imaginação moderna. Na próxima seção, passaremos para coisas que excedem o indivíduo — sexo e gênero, parentalidade e relacionamento.

## A Lente Corretiva

→ **Permita que os corpos celestes definam seu padrão de sono-vigília.** Levante-se com o sol. Conheça as fases da lua. Caminhe sob a lua cheia. Ocasionalmente, caminhe ao amanhecer ou ao anoitecer, prestando atenção às mudanças em seus sentidos à medida que a luz se torna mais ou menos intensa. Passe algum tempo ao ar livre, permitindo que seu corpo receba pistas da luz solar, em vez do interruptor de luz na parede ou da tela para a qual você olha.

→ **Aproxime-se da linha do equador em algum momento durante o inverno.** Atravesse-a e continue buscando cada vez mais luz durante os dias escuros em seu hemisfério natal. Se você for suscetível à depressão sazonal, é provável que viva relativamente longe da linha do equador, de modo que o inverno traz meses escuros na forma de dias curtos e de um ângulo mais baixo do sol. Este conselho, é claro, abrange uma oportunidade nova (a viagem global) que é, por si só, uma resposta direta à novidade de se viver em ambientes fechados com luz elétrica. Quando estávamos na pós-graduação em Michigan, Heather tinha boas razões científicas para realizar pesquisas de campo em Madagascar — que fica no Hemisfério Sul, na costa leste da África — entre janeiro e abril. Um agradável benefício colateral desse trabalho de campo foi que ela efetivamente driblou seu fotoperíodo habitual, indo para o verão do hemisfério sul quando o inverno do norte estava em seu momento mais escuro.

→ **Evite cafeína nas 8 horas que precedem o sono.** Para crianças e adolescentes, o melhor é a ausência de cafeína, devido aos seus fortes efeitos perturbadores do sono e aos irreversíveis efeitos da privação do sono nos cérebros em desenvolvimento.[14] Da mesma forma, evite produtos farmacêuticos como os remédios para dormir — nós não sabemos o que eles podem fazer em longo prazo, e sabemos que muitas vezes perturbam o sono real.

→ **Vá dormir cedo o suficiente para conseguir acordar sem ajuda artificial** — com o sol entrando pela janela, por exemplo, em vez de um alarme que irrompe em sua consciência e interrompe seus sonhos.

→ **Desenvolva um ritual pré-sono,** assim como os macacos-aranha fazem em Tikal. Pode ser algo simples, como diminuir as luzes à medida que a hora de dormir se aproxima, ou mais elaborado, mas uma série regular de comportamentos pode sinalizar ao seu corpo que está chegando a hora de dormir.

→ **Passe algum tempo ao ar livre todos os dias** — a luz do sol calibra seu ciclo sono-vigília muito melhor do que a luz artificial.[15]

→ **Mantenha seu quarto escuro enquanto você dorme.**[16] Isso inclui remover, desligar ou cobrir todas as luzes indicadoras azuis dos dispositivos.

→ **Utilize uma luz vermelha, ao invés de uma padrão, se for ler antes de dormir.** Se você for ou não altamente suscetível à interrupção circadiana proveniente de luzes azuis de intensidade média à noite, há uma boa chance de que alguém em sua casa seja.

→ **Restrinja luzes do espectro azul ao ar livre a um nível social,** principalmente aquelas que brilham para cima e para fora em todas as horas da noite. A escuridão noturna é saudável; a luz onipresente, 24 horas por dia, não é, e está envolvida com taxas mais altas de doenças.[17] Além disso, os humanos merecem um céu noturno, vasto e repleto de possibilidades — às vezes nebuloso, mas quase sempre com a lua brilhante à vista, com planetas aqui e ali, além das estrelas aparentemente infinitas e, dependendo de onde você estiver, a própria Via Láctea, que nos abriga a todos. Além do sono, que é essencial para nós, o que mais podemos perder quando fizermos desaparecer o nosso próprio céu noturno?

Capítulo 7

# Sexo e Gênero

**MANÁGUA, 1991. VIAJAMOS PELA AMÉRICA CENTRAL DURANTE TODO O VERÃO, PERDENDO POR** pouco um eclipse completo no sul do México depois de dirigir a noite toda para vê-lo; observando aqueles macacos se preparando para dormir na noite de Tikal; mergulhando e dormindo em redes em uma pequena ilhota que tivemos só para nós por 3 dias na costa caribenha de Honduras. Em um dado momento, estivemos na Nicarágua, vagando por um grande mercado ao ar livre, perambulando sempre que uma fruta que Bret não havia visto antes chamava sua atenção, ou quando o cheiro de produtos recém-assados atraía Heather. Nós dois nos sentimos confortáveis estando sozinhos; nenhum de nós pôde prever o que aconteceria a seguir.

Heather se viu subitamente cercada por uma multidão de rapazes, que mais parecia um mar de mãos e braços estendidos, que, no entanto, nunca a agarravam ou apalpavam. Haviam oito ou dez deles, e todos começaram a se mover na mesma direção, carregando Heather junto em direção ao final do mercado. Heather começou a gritar, mas os jovens continuaram a carregá-la, até que Bret apareceu e gritou com eles. Então, eles pararam. Ela conseguiu escapar da multidão e manter distância, ofegante.

Todos os jovens, então, fizeram uma fila; um a um, eles pediram desculpas a Bret.

Ambos estávamos furiosos, e também surpresos; por mais que a cultura machista seja real, nunca tínhamos visto nada parecido. Naquele instante, testemunhamos algumas normas tradicionais de gênero, dentro das quais

# A EVOLUÇÃO E OS DESAFIOS DA VIDA MODERNA

as mulheres são vistas como propriedade dos homens. As desculpas foram por tentar tomar a propriedade de alguém; não foram direcionadas a essa suposta "propriedade".

Desde então, nosso trabalho em biologia evolutiva revelou que os papéis de homens e mulheres foram distintos durante a maior parte da história humana; mas aquela foi a primeira vez que qualquer um de nós se deparou com algumas de suas manifestações mais infelizes. Comportamentos regressivos como esse são comuns na história e na literatura, o que leva muitas pessoas a acreditarem que todas as normas tradicionais de gênero são regressivas. Isso, no entanto, é um equívoco.

Quando o sexo era escasso — ou menos generalizado do que é atualmente — os homens moveriam montanhas pela mulher certa, o que por sua vez trazia consequências sociais imensas. O Taj Mahal foi construído em memória da esposa favorita do imperador mongol. Ulisses, retornando após 20 anos de guerras e viagens, reconquistou o amor de Penélope ao passar em testes de habilidades (e matar seus outros pretendentes). E, claro, temos a história de Helena de Troia.

Nenhum grupo de moças cercaria um rapaz da mesma forma que os homens cercaram Heather naquele mercado nicaraguense. E a verdade é que, se o fizessem, um número considerável de rapazes apreciaria a situação. Guerras não são iniciadas por amor a um homem; templos geralmente não são construídos para impressionar maridos. Nenhuma dessas histórias aconteceria se os sexos fossem invertidos. O que aconteceu naquele mercado é ofensivo aos costumes modernos porque revela uma crença nas mulheres como recursos a serem trocados, e não como entidades completas com seus próprios desejos e aspirações. A modernidade não tolera isso, e nem deveria. Mas algumas normas tradicionais de gênero persistem mais do que outras.

Hoje, homens e mulheres trabalham lado a lado em quase todos os domínios. Ambos os sexos romperam fronteiras antes consideradas impossíveis de serem quebradas, tanto para o benefício dos indivíduos quanto da própria sociedade. Algumas das diferenças populacionais há muito atribuídas a homens e mulheres se revelaram mutáveis — mulheres não devem se limitar a profissões de cura ou ensino, por exemplo, e nem os homens àquelas que exigem força bruta ou ambição.

Reconhecer essas coisas não significa, no entanto, que sejamos iguais a nível populacional. Por exemplo, "Os homens são mais altos que as mulheres" é uma média verdadeira. Uma diferença média *não* implica que todos os membros da população Y (homens) sejam mais altos do que todos os membros da população Z (mulheres). Em outras palavras, afirmações verdadeiras sobre as populações não se manifestam em todos os indivíduos pertencentes a elas; acreditar no contrário é cair na "falácia da divisão" (descrita pela primeira vez por Aristóteles). Em populações nas quais a sobreposição de uma característica é significativa, pode ser difícil analisar padrões a nível populacional a partir de experiências individuais. Se você, como indivíduo, não se encaixar em um determinado padrão, a discrepância pode parecer uma evidência de que o padrão é falso, mas tal sentimento não quer dizer que as coisas sejam assim.

Em profissões como medicina, vendas e carreira militar, homens e mulheres trabalham juntos; mas será que estão realmente fazendo a mesma coisa? Mulheres médicas são mais propensas a irem para a área da pediatria; já os homens são mais propensos a se tornarem cirurgiões.[1] No varejo, os homens são mais propensos a vender carros, e as mulheres a vender flores.[2] E enquanto os empregos no varejo nos EUA foram divididos quase igualmente entre homens e mulheres em 2019, os empregos no atacado eram majoritariamente masculinos.[3] Para tarefas que demandam força física, os homens, em média, são simplesmente mais fortes. Uma mulher provavelmente não venceria um homem em um combate corpo a corpo; fingir o contrário seria tolice.

Trabalhamos lado a lado, mas alguns imaginam que, por sermos iguais perante a lei, também somos iguais de uma forma generalizada. Nós somos, ou deveríamos ser iguais perante a lei. Mas — apesar das afirmações de alguns ativistas, políticos, jornalistas e acadêmicos — não somos iguais de fato. A ideia de uniformidade parece trazer algum conforto para certas pessoas, mas trata-se, na melhor das hipóteses, de um conforto superficial. E se o melhor cirurgião do mundo fosse uma mulher, mas também fosse verdadeiro que a maioria dos melhores cirurgiões fosse do sexo masculino? E se os dez melhores pediatras fossem mulheres? Nenhum dos cenários fornece evidências de preconceito ou sexismo, embora essas sejam explicações possíveis para os padrões observados. Para assegurar que o preconceito ou o sexismo não sejam preditivos de quem realiza qual trabalho, devemos remover o maior número possível de barreiras para o sucesso. Também não devemos esperar que homens e mulheres façam escolhas idênticas, ou sejam levados a se destacar em coisas idênticas, ou mesmo que sejam motivados pelos mesmos objetivos. Ignorar nossas diferenças e exigir uniformidade é apenas uma outra forma de sexismo. As diferenças entre os sexos são uma realidade e, embora possam ser motivo de preocupação, muitas vezes também são uma força que ignoramos por nossa própria conta e risco.

## Sexo: A História Profunda

Somos seres sexuados há pelo menos 500 milhões de anos, desde muito antes de sermos humanos, propriamente. Esse número também pode ser uma subestimativa — é bem possível que tenhamos sido sexuados desde que nos tornamos eucariontes, algo entre 1 e 2 bilhões de anos atrás.[4] Isso é muito tempo. Sem interrupções, nossos ancestrais se reproduzem sexualmente, não há milhões, ou dezenas de milhões, mas muitas centenas de milhões de anos.

A reprodução sexual sempre foi uma operação complicada e custosa. Você tem que encontrar um companheiro apropriado e convencê-lo de que é uma boa aposta. Talvez haja uma época certa do ano para isso — o período de acasalamento — ou então seja possível que suas gônadas tenham sido reabsorvidas para diminuir seu peso, de forma a utilizar esses recursos para outra coisa (muitas aves migratórias fazem isso — essencialmente, os pardais machos não têm testículos enquanto estão migrando por longas distâncias, e (re)cresce um par quando pousam em seus locais de acasalamento). Se você conseguir encontrar e convencer outro indivíduo da espécie e do status reprodutivo certos para acasalar com você, poderá então ter que cuidar do óvulo ou feto em desenvolvimento. E, no caso da prole, as responsabilidades resultantes da reprodução sexual podem se estender por anos a fio — até mesmo décadas.

Compare tudo isso com o maior custo de todos: em termos de adaptabilidade genética, quando você se reproduz sexualmente, está gerando um impacto de 50%. Se você clonasse a si mesmo, estaria 100% relacionado a todos os seus descendentes, espalhando seus genes com perfeita precisão. Por meio do sexo, apenas metade de seus genes estão presentes em cada um de seus filhos.

Dados todos esses custos, por que diabos a reprodução sexuada evoluiu? Além disso, por que ela permaneceu?

Embora ainda seja ativamente discutida entre os cientistas, a resposta geral é que a reprodução *assexuada* só é uma vitória para a sua prole se o futuro for exatamente igual ao passado.[5]

Enquanto as condições permanecerem as mesmas, se a vida correu bem para você, é provável que o mesmo aconteça com seus clones.

Mas as condições não permanecem as mesmas, não é? Algumas mudanças são previsíveis, como a sazonalidade; a maioria, entretanto, não — você consegue prever quando e quão grave será a próxima inundação, ou a próxima colheita ruim? Misturar seu genótipo com o de outra pessoa, possivelmente quebrando algumas associações genéticas negativas que estavam circulando em você, quiçá descobrindo novas associações melhores e dando à sua prole a oportunidade de se encaixar melhor em um ambiente ainda inexistente — tais são os benefícios da reprodução sexuada.

Nos jacarés, a temperatura de um ovo em desenvolvimento determina o sexo de seu habitante: baixas temperaturas geram fêmeas, altas temperaturas geram machos. O mesmo vale para as tartarugas, mas com resultados inversos — ovos frios produzem machos, ovos quentes produzem fêmeas. Já em crocodilos e tartarugas-mordedoras, temperaturas intermediárias produzem machos, enquanto as extremas produzem fêmeas.

Em comparação, nos mamíferos, pássaros e em um punhado de outros animais, o sexo é determinado cromossomicamente. Em algumas poucas espécies de mamíferos,[6] os cromossomos sexuais são XX para fêmeas, e XY para machos.[7] Ao contrário de alguns organismos com determinação do sexo por intermédio do ambiente — notoriamente, o peixe-palhaço — nenhum mamífero (ou pássaro) jamais mudou de sexo. Quando o esperma humano fertiliza um óvulo, todos os genes do zigoto que não estão no cromossomo Y descobrem o sexo do indivíduo que se tornarão. Proporcionalmente, nosso genoma é predominantemente assexuado, com a presença ou ausência de um único cromossomo sendo o fator determinante. Mas o fato de nosso genoma ser predominantemente assexuado não implica que as distinções entre os sexos sejam pequenas ou arbitrárias.

Nossos cromossomos nos iniciam em um caminho em direção à feminilidade e à masculinidade. Um dos genes do cromossomo Y, por exemplo, é o *SRY*, que, quando se manifesta, controla a regulação de toda uma série de ações masculinizantes, incluindo a formação daquilo que se tornará o testículo, onde os espermatozoides são produzidos. As cascatas hormonais masculinizam ainda mais um corpo (com testosterona e outros andrógenos), ou feminilizam-no (com estrógeno e progesterona). Mesmo quando a quantidade de hormônios gonadais é controlada, porém, *os próprios* cromossomos sexuais afetam diferenças tão variadas entre homens e mulheres como percepção e resposta à dor, a anatomia de neurônios individuais e o tamanho de várias regiões do cérebro, incluindo partes do córtex cerebral e do corpo caloso.[8]

Tudo isso é factual. Todas essas explicações são verdadeiras, mecanicistas e aproximadas de como os indivíduos vêm a se tornar fêmeas ou machos, no caso dos mamíferos. No entanto, elas não chegam nem perto de explicar a existência de machos e fêmeas. Para isso, precisamos de explicações de último nível. Explicações evolutivas. Explicações que começam com a pergunta: *por quê?*

Por que existem dois sexos em quase todos os organismos de reprodução sexuada do planeta, e não em apenas 3, 8 ou 79? Os fungos fazem as coisas de maneira bem diferente; entre plantas e animais, no entanto, existem apenas dois tipos de gametas (células reprodutivas).

Para se reproduzir sexualmente, você precisa de duas coisas: o DNA de vários indivíduos e uma célula. A maquinaria da célula — por exemplo, mitocôndrias e ribossomos — é grande e volumosa, pelo menos em comparação com o DNA, mas também é necessária para a vida. Portanto, se você quiser se reproduzir sexualmente, pelo menos um parceiro precisaria contribuir com essa maquinaria celular, conhecida como citoplasma. Essa célula — que chamamos de ovo — é, portanto, grande (para uma célula). E sendo os trade-offs o que são, essa grande célula também é basicamente séssil — ela não se move.

O próximo problema na reprodução sexual é como os gametas se encontrarão. Como alguns gametas são sésseis, outros precisam ser ligeiros, o que é facilitado pela remoção de boa parte do maquinário celular que seria necessário para produzir um zigoto. Esses gametas são chamados de espermatozoides nos animais, e de pólen nas plantas. Eles se movem em torno de seu ambiente, "procurando" por ovos. Os gametas intermediários — aqueles com algum citoplasma e alguma habilidade de se locomover — seriam piores em ambos os casos: seu citoplasma seria insuficiente para criar um zigoto por conta própria (além disso, ao encontrar um gameta que também tivesse citoplasma, haveria desacordos sobre qual deles utilizar para gerar uma vida totalmente nova), e eles seriam lentos para encontrar outros gametas com os quais se conectar.

A anisogamia, ou seja, a evolução de dois tamanhos (*gamia*) de gametas diferentes (*aniso*), ocorre, portanto, devido ao baixo desempenho dos gametas intermediários.

Avancemos muitas centenas de milhões de anos, e as diferenças entre os sexos são abundantes. Os seres humanos são sexualmente dimórficos em muitos domínios, indo muito além da reprodução. Homens e mulheres têm diferentes riscos de doença, etiologia e progressão, em condições que vão desde o Alzheimer[9] até enxaquecas,[10] da dependência de drogas[11] à doença de Parkinson.[12] Nossos cérebros são estruturados de forma diferente.[13] Tendemos a ter traços de personalidade diferentes, e eles são mediados por nossos ambientes: tais diferenças são maiores, por exemplo, em países que têm abundância de alimentos e uma baixa prevalência de patógenos.[14] Em geral, as mulheres são mais altruístas, confiantes e complacentes, bem como mais propensas à depressão do que os homens.[15] Os homens têm mais probabilidades de serem diagnosticados com TDAH (Transtorno do Déficit de Atenção com Hiperatividade),[16] enquanto as mulheres são mais propensas a desenvolver transtornos de ansiedade.[17] Por fim, na média, os homens preferem trabalhar com coisas, enquanto as mulheres preferem trabalhar com pessoas.[18]

Não é por acaso que, em todas as culturas humanas conhecidas, há uma distinção linguística entre masculino e feminino.[19] Trata-se de um universal humano.

## Mudanças e Papéis Sexuais

Às vezes, as condições são tão extremas que os indivíduos que normalmente se reproduzem sexualmente tornam-se assexuados para poderem fazê-lo. Entre os vertebrados, isso foi observado em algumas cobras e em um tubarão-martelo.[20] Dragões-de-komodo fêmeas — que, estritamente falando, não são dragões de verdade, mas lagartos enormes que vivem em pequenas ilhas no leste da Indonésia — também são conhecidas por produzir ovos viáveis, a despeito de não terem tido contato com nenhum outro dragão-de-komodo.[21] Isso, presumivelmente, é uma adaptação, uma resposta de última hora para quando você se percebe sozinho em uma ilha, sem qualquer outro membro de sua espécie por perto. Não é o ideal, mas é melhor que nada.

De forma similar, às vezes as condições são tais que é evolutivamente apropriado mudar de sexo. Em algumas espécies de plantas, muitas espécies de

## A EVOLUÇÃO E OS DESAFIOS DA VIDA MODERNA

insetos e vários clados de peixes de recife, o hermafroditismo sequencial — ou dicogamia — no qual um indivíduo começa com um sexo e muda para o outro em algum momento de sua vida, é bastante comum. Os bodiões-de-fogo,[22] por exemplo, podem começar a vida como fêmeas, mas transitar, na fase adulta, para machos notavelmente coloridos que atraem a atenção sexual das fêmeas. Entre os tetrápodes, no entanto — os vertebrados que migraram para a terra no Período Devoniano — há apenas um punhado de espécies conhecidas que trocaram de sexo,[23] e apenas uma que o faz regularmente, a saber, o sapo da espécie *Hyperolius viridiflavus*.[24]

Entre os hermafroditas sequenciais como os bodiões-de-chama, depois que uma fêmea se transforma em macho, ele muda não apenas seu sexo — a gameta que produz: antes óvulos, depois espermatozoides — mas também seu "papel sexual", que é a expressão comportamental de seu (novo) sexo. Nos humanos, chamamos isso de gênero ou, às vezes, expressão de gênero.

Nos alces, o papel sexual (expressão de gênero) dos machos inclui o envolvimento em combates intensos, e lesões não são incomuns. Nos manakins de colarinho dourado — aves neotropicais — o papel sexual dos machos inclui limpar uma área no solo da floresta e dançar sobre ela. Em pássaros jardinei-ros, o papel sexual dos machos inclui a construção de pavilhões elaborados — templos, se preferir — que não apenas contêm uma variedade de itens cuida-dosamente selecionados, mas também evocam, como verdadeiros artistas, uma perspectiva forçada, que faz com que os pavilhões pareçam maiores do que realmente são considerando a direção em que as fêmeas se aproximam.[25] Em todas essas espécies, o papel sexual das fêmeas inclui escolher entre os machos — os combatentes, os dançarinos, os construtores — e criar os filhotes, sejam eles embriões de alces ou bezerros, ovos de aves ou pintinhos.

As regras habituais dos papéis sexuais, portanto, são as da exibição mas-culina e da escolha feminina. Isso decorre daquela antiga diferença de inves-timento entre os sexos — o grande óvulo rico em recursos e o pequeno e ágil espermatozoide. Além disso, naquelas espécies em que o cuidado parental é necessário para a sobrevivência da prole — a saber, todos os mamíferos e aves, e uma proporção alta de répteis, anfíbios, peixes e insetos — os machos tendem a se esforçar mais naquilo que precede o sexo, e as mulheres em tudo aquilo que o sucede.[26]

Para colocar em termos estritamente evolutivos, na grande maioria das espécies, as fêmeas são o sexo restritivo. Como elas investem mais na prole

— desde os óvulos maiores que os espermatozoides até o cuidado parental tipicamente (embora nem sempre) recaindo mais para as fêmeas do que para os machos – os machos devem competir pelo acesso às fêmeas; estas, por sua vez, podem escolher entre seus pretendentes. Os machos, portanto, tendem a ser maiores (pense em elefantes-marinhos), mais agressivos (macacos-barrigudos, por exemplo), mais vistosos (pavões), mais barulhentos (quase todos os sapos) ou mais melodiosos (rouxinóis) do que as fêmeas de suas respectivas espécies.

Existem algumas espécies raras que possuem os chamados "papéis sexuais invertidos"; nelas, os papéis habituais de exibição masculina e escolha feminina são invertidos. Espécies com papéis sexuais invertidos também mudam qual sexo investe mais, e quando: o macho torna-se o sexo restritivo. Muitas aves aquáticas poliândricas fazem isso, incluindo as jacanas do norte. Entre elas, encontramos fêmeas dominantes defendendo territórios dentro dos quais muitos machos constroem ninhos, incubam ovos e cuidam dos filhotes. Embora não seja do feitio humano travar guerras por amor a homens ou construir templos para homenagear maridos, em espécies de pássaros cujos papéis sexuais são invertidos, essas coisas podem vir a acontecer.

Ainda assim, a inversão dos papéis sexuais — o que podemos chamar de mudança de gênero em humanos — não é o mesmo que mudar de sexo. Em mamíferos e pássaros, com nossa determinação genética dos sexos, não é possível fazer essa mudança — nenhum porco ou papagaio, cavalo ou humano jamais mudou seu próprio sexo. Os *comportamentos*, no entanto — chame-os de papéis sexuais, ou gêneros — são altamente variáveis e propícios a mudanças. Comportamentalmente, nós, humanos, somos os *mais* maleáveis entre todos os animais. Não é de surpreender que muitos de nós estejam abandonando, portanto, algumas velhas normas de gênero — comportamentos que, no passado, estavam fortemente ligados ao sexo — e configurando novas.

Seria tolice — e muitas pessoas do mundo WEIRD no século XXI estão fazendo exatamente isso — fingir que sexo e gênero são a mesma coisa, ou que um não tem relação com o outro, ou que nenhum dos dois é totalmente evolutivo. Lembre-se do princípio Ômega, que nos diz que os elementos adaptativos de nosso software (por exemplo, gênero) são tão independentes de nosso hardware (por exemplo, sexo) quanto o diâmetro de um círculo é independente de sua circunferência. O gênero é mais fluido que o sexo, e possui muito mais manifestações, mas "agir de forma afeminada" (gênero) não equivale a "ser mulher" (sexo).

Se você desejar, pode ser uma mulher que entra em brigas de bar ou um homem que usa maquiagem, mas não pense que entrar em brigas de bar faz de você um homem, ou que usar maquiagem faz de você uma mulher. Brigas de bar e maquiagens são como sinais para o mundo exterior — representações que não caracterizam a coisa em si, e que, além disso, estão desatualizadas e muitas vezes são regressivas. Algumas questões de gênero, no entanto, não o são: as mulheres, em média, são mais propensas a aninhar e cuidar, e os homens a defender e explorar. Tal observação não significa dizer que os homens não cuidem ou que as mulheres não explorem; essas diferenças a nível populacional evoluíram devido às diferenças subjacentes entre os sexos. Fingir o contrário coloca todos nós em risco — peça às pessoas para acreditarem em coisas patentemente falsas e elas terão cada vez menos probabilidades de formar uma visão de mundo coerente, baseada na observação e na realidade, em vez da fantasia. Os homens nunca irão ovular, gestar, amamentar, menstruar ou passar pela menopausa. Já as mulheres que se identificam como homens, sim. São coisas completamente diferentes.

## Seleção Sexual em Humanos

Os chifres do alce, as brigas entre eles e a questão da escolha feminina — estas são características selecionadas sexualmente. O mesmo se aplica ao comportamento de incubação de ovos de jacanas-americanos machos.[27] A variação de tamanho entre elefantes-marinhos machos e fêmeas, o fato de que apenas os sapos machos cantam e o fato de que os pavões, quetzais e patos-reais machos têm uma plumagem muito mais vistosa do que as fêmeas — tudo isso implica a seleção sexual. No próximo capítulo, consideraremos como o sistema de acasalamento — principalmente a diferença entre monogamia e poliginia — afeta as características sexualmente selecionadas; mas, por enquanto, vamos considerar algumas maneiras pelas quais homens e mulheres revelam os efeitos da seleção sexual.

As mulheres desenvolvem seios na puberdade, e eles persistem por toda a vida. Os seios são, é claro, funcionais enquanto glândulas mamárias para alimentar os bebês. Em nenhuma outra espécie de primata os seios persistem quando não há bebês para se beneficiar deles. Os seios humanos são selecionados sexualmente e estão fazendo mais do que alimentar bebês. Também operam como atrativos para os homens — assim como o canto de um pássaro lira, o cheiro de um javali no cio[28] ou a dança de um manakin de tampa vermelha são atrativos para as fêmeas dessas espécies.

A ocultação da ovulação em humanos também é selecionada sexualmente. Enquanto quase todos os mamíferos anunciam sua fertilidade por meios fisiológicos, nós, humanos, não fazemos isso — ou fazemos muito menos do que outras espécies. Também nos tornamos sexualmente receptivos ao longo do ano, em vez de apenas sazonalmente. A ocultação da ovulação serve a alguns fins reprodutivos, mas também incentiva algo com o qual nos envolvemos muito: sexo não reprodutivo — sexo por prazer e por vínculo.

O que mais é selecionado sexualmente em humanos? Flores para o aniversário dela. Gravatas. Carros velozes. Maquiagem, saltos e joias.[29] De fato, a ornamentação física das mulheres — incluindo não apenas maquiagem, saltos e joias, mas também seios que ficam inchados ao longo dos ciclos reprodutivos — é um indicador de inversão parcial dos papéis sexuais em humanos. O que isso quer dizer? Enquanto a maioria das espécies animais exibe competição entre machos e escolha feminina dos parceiros, uma espécie com inversão parcial dos papéis sexuais, como a nossa, também apresentará competição entre fêmeas e escolha masculina de parceiras. Isso pode se manifestar de diversas formas, desde mulheres usando seus charmes para atrair a atenção dos homens até brigas diretas entre mulheres. Não por coincidência, os homens também estarão mais propensos a escolher suas parceiras.

## Divisão do Trabalho

Em muitos lares modernos, as mulheres limpam o chão e os homens tiram o lixo. Em certos lares, esses papéis podem ser invertidos, com ambos dedicando o mesmo tempo para as tarefas domésticas; mas é bastante raro que ambos os parceiros realizem todas as tarefas na mesma medida. Isso caracteriza a divisão do trabalho.

Por vários ângulos, a divisão do trabalho faz sentido. Chegou-se a argumentar que essa divisão pelos sexos foi o que nos tornou propriamente humanos.[30] Mesmo que não concordemos com isso, podemos concordar que se trata de algo eficiente e que implica um bom uso do tempo de todos — economizar tempo dividindo o trabalho libera tempo para outras coisas que preferiríamos estar fazendo, como brincar ou fazer sexo. A divisão do trabalho pode e tem estabelecido papéis rígidos, muitos dos quais foram ultrapassados no século XXI. É útil compreender as origens de alguns desses papéis para determinar quais deles provavelmente não mudarão e quais poderão fazê-lo.

Desde as primeiras desigualdades no investimento em gametas, fêmeas e machos se engajaram entre si e com o mundo de formas diferentes. Entre os caçadores-coletores, os homens eram muito mais propensos à caça, enquanto as mulheres eram mais propensas à coleta de alimentos vegetais e à captura de animais menores. As caçadoras-coletoras provavelmente passaram a maior parte de suas vidas adultas pré-menopausa grávidas ou amamentando bebês e crianças pequenas. Quando o leite materno é toda ou a maior parte da dieta de uma criança, a mãe está efetivamente sob controle da natalidade, pois experimenta uma amenorreia fisiologicamente induzida — ou seja, ela não pode engravidar em períodos de amamentação contínua. Isso mantém os intervalos entre nascimentos relativamente longos e a taxa de natalidade significativamente baixa.

Avancemos para a transformação humana das paisagens por meio da agricultura, quando os papéis de gênero se tornaram ainda mais restritos. Por ficarmos ligados a um determinado pedaço de terra, nos tornamos mais sedentários e passamos a ter amplos depósitos de grãos para complementar a nossa dieta e a de nossos filhos a qualquer momento. Com isso, as mulheres agricultoras experimentaram uma diminuição no intervalo entre nascimentos — os bebês passaram a vir mais rapidamente — e, assim, a taxa de natalidade subiu.[31] Esse aumento na fertilidade estabeleceu um vínculo entre as mulheres e o lar, e houve uma diminuição concomitante do papel das mulheres nos domínios econômicos, religiosos e outros culturalmente relevantes.

Homens e mulheres apresentam tantas diferenças entre si que seria impossível catalogar todas elas aqui. Antes de mencionarmos mais algumas, um lembrete sobre as populações: quando dizemos que os homens são mais altos que as mulheres, as palavras *em média* estão sempre implícitas. Ou seja, comentar sobre sua amiga Rhonda, que é muito alta, não anula a verdade estatística de que, em média, os homens são mais altos do que as mulheres.

Algumas das diferenças médias entre os sexos incluem os homens terem mais interesses "investigativos", enquanto as mulheres têm mais interesses "artísticos" e "sociais".[32] Os homens também têm, em média, um interesse maior em matemática, ciências e engenharia.[33] Em testes, as meninas costumam ter notas mais altas em línguas, e os meninos em matemática.[34] E embora a inteligência média seja a mesma entre meninos e meninas, a variabilidade na inteligência não é: há mais meninos que podem ser caracterizados como geniais ou estúpidos do que meninas.[35]

Uma parte interessante da neurociência revela que, em diversos domínios — incluindo memória emocional e habilidades espaciais — as mulheres são mais detalhistas, enquanto os homens são mais "sintéticos". Essa descoberta se manifesta, por exemplo, na capacidade superior média dos homens em lembrar uma rota e na capacidade superior média das mulheres em lembrar a localização das chaves, da xícara de café ou de um documento que precisa ser assinado.[36]

As diferenças entre os sexos são encontradas em bebês, e também entre culturas — não se trata, portanto, de um fenômeno estranho do mundo WEIRD. Se tiverem escolha, as meninas recém-nascidas passam mais tempo olhando para rostos, enquanto os meninos preferem olhar para coisas.[37]

Em culturas variadas, o trabalho é genderizado já no início da vida.[38] Além disso, em uma análise de 185 culturas, algumas tarefas sempre são genderizadas da mesma forma — para homens a fundição do ferro, a caça de grandes mamíferos marinhos e a metalurgia (em culturas que possuam tais características). Mais interessantes são as tarefas altamente genderizadas em diferentes culturas, mas para as quais algumas culturas restringem o envolvimento feminino, enquanto outras restringem o envolvimento masculino. Estas incluem, entre outras, a tecelagem, a preparação de peles e a coleta de combustível.[39] Isso sugere que há um valor na divisão do trabalho, mesmo quando nenhum dos sexos é inerentemente melhor na tarefa.

Tomemos o povo Pueblo, de tradição ceramista. Supunha-se, segundo os padrões contemporâneos, que a fabricação de cerâmicas era um domínio feminino. No Parque Histórico Nacional da Cultura Chaco, localizado na região dos Quatro Cantos do sudoeste dos EUA, uma história diferente vem sendo narrada. Quando o local era um centro religioso e político em rápida ascensão, há cerca de mil anos, a população estava se expandindo e, com ela, a demanda por cerâmicas. Cada vez mais embarcações eram necessárias para o transporte e o armazenamento de grãos e água; como consequência, as normas de gênero foram flexibilizadas, e os homens começaram a realizar esse trabalho antes altamente genderizado.[40]

O que podemos aprender com esses fatos? Ora, que os papéis de gênero podem ser reavaliados para a modernidade: alguns homens preferem o lar a uma carreira extenuante facilitada por um cônjuge cuidando das tarefas domésticas; ao mesmo tempo, algumas mulheres preferem a segunda opção. Mas nós somos da opinião de que muitos homens e mulheres preferirão não ficar restritos a nenhum dos domínios — sem se encaixar em papéis preconcebidos, muitas pessoas de ambos os sexos preferirão um parceiro que seja igual a eles, mas sem ser idêntico. Podemos aprender, a partir de uma compreensão mais sutil do "trabalho genderizado", que os apelos tradicionalistas para que as mulheres não trabalhem fora de casa, ou para que os homens sejam dominantes em questões econômicas e comerciais, são regressivos, e não possuem qualquer sombra de verdade. Historicamente, a divisão do trabalho foi estabelecida entre mulheres e homens, tanto em unidades familiares quanto em sociedades, propriamente. Contudo, para além daquelas determinadas anatômica e fisiologicamente (gestação e lactação, por exemplo), há poucas tarefas no mundo moderno que as mulheres não podem optar por fazer. Da mesma forma, os homens são cada vez mais bem-vindos em campos tradicionalmente femininos, como enfermagem e ensino, embora não devamos esperar nenhum tipo de paridade. Diferentes preferências levam a diferentes escolhas. Fingir que somos idênticos, em vez de assegurar nossa igualdade perante a lei, é, portanto, uma tolice.

## Estratégias Sexuais

Trazer um bebê ao mundo não é tarefa simples. Embora a maioria dos leitores deste livro provavelmente viva em uma cultura que pressupõe monogamia e cuidados biparentais, sem essas restrições, os homens não contribuem muito para a produção de bebês. Também é verdade que essa produção não termina no nascimento, pois uma vez que um bebê tenha sido gestado com sucesso por 9 meses, o leite materno pode nutri-lo por 6 meses, 2 anos ou até mais, dependendo das normas culturais. Além de obrigatório, o investimento materno na prole é alto; o investimento paterno, é claro, também pode ser alto, mas é negociável. Ao longo da história, existiram — e ainda existem — muitos que nunca conheceram seus pais.

Em várias culturas, homens e mulheres relatam preferências e prioridades diferentes em relação a seus parceiros. Em um estudo transcultural agora clássico, as preferências de parceiros foram investigadas em 37 culturas. Em todas elas, as mulheres estavam mais interessadas em parceiros com alto potencial de ganhos do que os homens. Além disso, os homens estavam mais interessados em potenciais parceiros jovens e fisicamente atraentes do que as mulheres.[41] Mas por quê?

As mulheres que podem engravidar terão mais facilidade se essa criança tiver um pai que contribua para o bem-estar de seu filho e sua companheira. Assim, elas serão selecionadas para preferir homens com a capacidade de prover. Como a fertilidade feminina atinge seu ápice mais cedo e é reduzida muito mais acentuadamente do que a masculina, os homens que podem ter filhos são mais propensos a se interessar pela juventude e pela beleza de suas parceiras – características que podem ser entendidas como agentes da fertilidade.

Além disso, uma mulher que deu à luz está segura de sua maternidade – ela sabe que é a mãe daquela criança. A certeza da paternidade é mais complicada, porém importante de uma perspectiva evolucionária não muito interessante, mas fundamental. Como os pais nunca tiveram certeza de sua paternidade até os recentes avanços tecnológicos possibilitarem isso, a evolução do ciúme e da superproteção do parceiro é muito mais prevalente em homens do que em mulheres. Nas mais variadas culturas, os homens tentaram controlar as atividades reprodutivas das mulheres, de tal forma que pudessem reforçar sua própria certeza de paternidade. Entre as mais evidentemente divisivas e destrutivas estão as cabanas menstruais, que isolam as mulheres durante a menstruação (permitindo aos homens saberem em que etapa do ciclo elas estão) e a mutilação genital feminina (que reduz ou erradica a possibilidade de prazer sexual). Não confunda as coisas, no entanto: não estamos justificando tais medidas de controle, apenas investigando-as por meio de uma lente evolutiva para podermos compreendê-las melhor.

Outra possível resposta à alta incerteza da paternidade é a seguinte: existem algumas culturas nas quais os irmãos das mães atuam como modelos masculinos para os filhos de suas irmãs,[42] como verdadeiros pais em condições nas quais eles podem não ter certeza de quais crianças geraram. Entre os Nayar, no sudoeste da Índia, por exemplo, esposas e maridos não vivem juntos, compartilhando pouco além da atividade sexual, e as mulheres podem ter vários maridos. Com tamanha incerteza da paternidade, os pais não exercem cuidados parentais, enquanto os irmãos das mães têm direitos e responsabilidades para com suas sobrinhas e sobrinhos que são, aos nossos olhos WEIRD, bastante paternos. Em geral, no entanto, um homem que é induzido a criar os filhos de outra pessoa é ridicularizado.

Os últimos parágrafos refletirão a teoria evolucionária estabelecida.[43] A parte realmente interessante, na nossa opinião, é o que isso prevê acerca das estratégias reprodutivas — e, portanto, sociais — empregada por homens e mulheres. Nós a introduziremos aqui, e exploraremos suas implicações no próximo capítulo.

## De um modo geral, existem três estratégias reprodutivas possíveis:

1. Fazer parcerias e investir em longo prazo — reprodutiva, social e emocionalmente.
2. Forçar a reprodução contra a vontade de um parceiro.
3. Não forçar ninguém, mas também investir pouco além das atividades sexuais em curto prazo.

As mulheres, limitadas tanto pela gestação quanto pela lactação — e com a escolha do companheiro estando historicamente a serviço da produção de uma prole — não tiveram muita flexibilidade em termos de estratégia. Elas estavam em grande parte ligadas à estratégia nº 1. Até muito recentemente, prefeririam parceiros de longo prazo a encontros casuais, e eram muito mais propensas do que os homens a serem sexualmente reticentes ("retraídas", por assim dizer).[44] As mulheres, portanto, tendem a se envolver em um esquema em longo prazo, procurando por alguém com quem estabelecer parceria, ser coparental e envelhecer junto.

Esta é a melhor estratégia para as mulheres, caso queiram deixar sua marca genética para a geração seguinte. A gestação e a lactação são características anatômicas e fisiologicamente obrigatórias em um mamífero fêmea. Assim, dado que as mulheres são forçadas por natureza a dedicar-se aos seus filhos, elas terão mais chances de serem bem-sucedidas na sua criação se tiverem um parceiro que faça o mesmo.

Essa estratégia — de buscar e ficar com um companheiro em longo prazo, com quem você possa criar seus filhos e construir uma vida juntos — também é uma estratégia reprodutiva possível para os homens. Na verdade, as três estratégias estão abertas aos homens, mas a primeira delas é a mais positiva para a sociedade, as crianças, as mulheres e, sinceramente, para todos, exceto alguns homens – uma posição que iremos defender em mais detalhes no próximo capítulo. A estratégia nº 1 é a de longo prazo, aquela que envolve dedicação emocional. Isso deixa duas estratégias que, historicamente, têm sido domínio exclusivo dos homens.

Uma dessas, evidentemente, é moralmente repreensível. O estupro permitiu que muitos homens se reproduzissem com sucesso, especialmente em tempos de guerra. Ninguém defenderá o estupro – a estratégia reprodutiva nº 2 – como algo honroso ou desejável para os indivíduos, ou para a sociedade.

A terceira e última estratégia masculina, no entanto, também não é honrosa ou desejável para a sociedade, e ainda assim tem sido incentivada por mulheres ativistas "pró-sexo" como sinal de liberdade e fuga ao puritanismo. Essa é a estratégia reprodutiva dos encontros casuais; do sexo com estranhos, sem compromisso ou expectativas. Ela não é necessariamente opressora — muitas mulheres costumam dormir de bom grado com um cara que acabaram de conhecer. Tais relações sexuais, no entanto, tendem a vir com algum tipo de decepção, muitas vezes por ambas as partes. Se mulheres adotando alguns dos piores traços da masculinidade são a nossa evidência de igualdade e liberdade, precisamos reinvestigar nossos valores. Estratégia reprodutiva nº 3, portanto: sexo em curto prazo, com consentimento, porém sem dedicação.

À medida que as mulheres se envolvem cada vez mais com a estratégia nº 3, o sexo torna-se mais mundano e casual. Ao contrário do que afirmam as feministas "pró-sexo", contudo, envolver-se neste jogo em curto prazo diminui o poder sexual das mulheres. Quando pessoas de ambos os sexos procuram rotineiramente por sexo leviano, ou sem conexão emocional, elas estão criando condições nas quais todos se comportam como homens em seu (segundo) pior estado. Obviamente, essa abordagem não se compara ao estupro. Mas também não é tão boa quanto a estratégia nº 1. A sociedade que assume essa terceira estratégia reprodutiva para homens e mulheres é uma variação da Loucura dos Tolos — a tendência de benefícios concentrados de curto prazo (prazer sexual) não apenas obscurecerem riscos e custos de longo prazo, mas também impulsionarem a aceitação mesmo quando a análise líquida é negativa (reduzindo as chances de encontrar um amor e tudo o que dele decorre). Além disso, as mulheres muitas vezes não intuem que existem duas estratégias masculinas distintas (além do estupro); assim, muitas vezes seduzem homens engajados na estratégia nº 3, quando, na verdade, almejam homens interessados na estratégia nº 1. A sensualidade é uma manifestação da primazia da estratégia sexual nº 3.

A beleza, em comparação, é uma manifestação da estratégia sexual n° 1, que opera no longo prazo. A sensualidade desaparece rapidamente com o potencial reprodutivo, enquanto a beleza desaparece muito mais lentamente.

Devemos fazer uma grande renegociação do acordo entre os sexos. Não podemos voltar, e não devemos ficar aqui.

## Falhas do Reducionismo: Pornografia

Por fim, uma nota de advertência sobre pornografia.

Não existe um "fazer sexo" em si. Não é como "assistir Netflix" ou "tocar guitarra". O sexo é interacional e emergente, de modo que "fazer sexo" com a pessoa A não é o mesmo que "fazer sexo" com a pessoa B.

Isto caracteriza, novamente, o erro do reducionismo: imaginar que a representação de uma coisa *é* a própria coisa (completa). Imaginar que, se podemos contá-la e registrá-la, então contamos e registramos o seu centro vital. O desequilíbrio químico *é* o mesmo que doença mental. Bebidas energéticas *são* alimentos. Pornografia *é* sexo.

Equívocos em todos os aspectos.

É claro que as pessoas são fascinadas pela sexualidade humana. Observar outras pessoas em um ato sexual traz diversas informações sobre riscos e oportunidades, tanto evolutivas quanto pessoais. Além disso, desencadeia aquela terceira estratégia sexual, casual e imediatista, em que não importa tanto a pessoa com quem se está fazendo sexo.

Assim como o ciúme varia de acordo com o sexo — os homens são mais propensos a sentir ciúmes por infidelidade física, e as mulheres por infidelidade emocional[45] — os públicos-alvo da pornografia e do erotismo também variam. Em geral, as mulheres preferem o erotismo,[46] que, por assim dizer, traz consigo uma história de fundo. A pornografia, direcionada a essa terceira estratégia sexual, reduz os corpos humanos a nossas partes constituintes e enaltece atos sexuais extremos como resultado da competição econômica por atenção. Entre populações que atingiram a maioridade com um consumo constante de pornografia, é muito mais provável que as mulheres relatem terem sido solicitadas a se envolver em sexo anal, estrangulamento e outros "jogos" violentos que são representados nas telas,[47] embora poucas entre elas realmente desejem essas coisas.

Propomos aqui que a pornografia produz o que chamaremos de *autismo sexual*.

Claro, usamos a palavra *autismo* de forma metafórica. Naturalmente, não queremos ofender aqueles que foram diagnosticados clinicamente com autismo, nem estamos argumentando que as pessoas com autismo não desejam conexão verdadeira, amor e relacionamentos como todos nós. Aqui, tomamos os critérios diagnósticos para o autismo, e sugerimos que a pornografia produz, naqueles que lhe são adeptos, algo semelhante no que diz respeito à sexualidade: os dados sensoriais recebidos são de importância primordial, e a comunicação emocional e social encontra-se em segundo plano, se é que está sendo levada em consideração.

Aqueles que aprendem sobre comportamentos sexuais via pornografia tendem a exibir comportamentos repetitivos e uma sensibilidade atípica a estímulos sensoriais. A comunicação sexual é difícil para eles — provavelmente porque a comunicação é uma via de mão dupla e a outra pessoa não pode ser totalmente prevista ou controlada com antecedência. As pessoas que aprenderam a respeito do sexo por meio da pornografia têm dificuldades em desenvolver, manter e compreender as relações sexuais; além disso, elas insistem em uma adesão inflexível à rotina e mostram intensa fixação em interesses específicos. É, em suma, difícil para elas lidar com novidades e surpresas, com a descoberta ("Eu não sabia que podia me sentir assim") e com a emergência ("Eu não sabia que *nós* poderíamos nos sentir assim").

Se a sexualidade humana mais completa é, como argumentamos, uma propriedade emergente entre indivíduos inteiros — corpos e cérebros, corações e psiques — a pornografia reduz o sexo a uma mercadoria, a atos, a meros corpos. Selecionando em um menu restrito de opções, o sexo aprendido com a pornografia será repetitivo e inflexível, com um foco restrito ao orgasmo. Aqueles que aprendem sobre sexo por meio da pornografia tendem a ser insensíveis ao feedback de qualquer coisa que não seja seu próprio corpo. Comunicação e feedback não serão prioridades, e talvez nem sejam entendidos como valores. Os relacionamentos serão difíceis de formar, e mais difíceis ainda de compreender. Descoberta e serendipidade nunca acontecem quando se escolhe em um menu. De certa forma, é mais seguro – ao mesmo tempo que você corre o risco de não descobrir os pontos altos de um relacionamento e da conexão humana, você também está protegido de alguns pontos baixos. O sexo aprendido com pornografia pode, assim, efetivamente achatar a sexualidade humana.

O mundo das descobertas emocionais, profundas e humanas só é acessível quando se estabelece uma conexão entre as pessoas.

## A Lente Corretiva

→ **Procure evitar sexo sem compromisso,** incluindo aí o sexo pago. Depreciar o sexo procurando-o em todos os lugares e a todo tempo torna mais difícil formar um vínculo estável com um indivíduo, que é o melhor preditor de uma relação igualitária, na qual nenhum dos parceiros se sente cronicamente subserviente ou desvalorizado. Em vez disso, busque o êxtase e a paixão, que são mais consistentes com alguém que você conhece bem e vice-versa.

→ Para mulheres heterossexuais: **Não sucumba ao sexo fácil por causa de pressões sociais.** Se você não está interessada em dormir com um cara horas ou dias depois de conhecê-lo, e ele trocá-la por alguém que está, o que você perdeu? O acesso a um cara dedicado à estratégia nº 3. Seria melhor se você procurasse por um cara bacana, que não estivesse interessado em agir apenas segundo seus impulsos mais básicos.

→ **Mantenha as crianças longe da pornografia.** O mesmo vale para você. O mercado não deveria se intrometer em muitas coisas, incluindo, mas não se limitando a, amor, sexo, música e humor.

→ **Não interfira no desenvolvimento das crianças tentando bloquear, pausar ou alterar radicalmente seu desenvolvimento.** O gênero é a expressão comportamental do sexo e, portanto, é um produto da evolução, além de ser mais fluido do que o sexo. A infância é um momento de exploração e formação da identidade. As alegações das crianças de pertencerem ao sexo que não pertencem, portanto, não devem ser consideradas como algo além do normal, ou da busca pelos próprios limites. Embora os indivíduos intersexuais sejam reais e incrivelmente raros, e as pessoas transgênero também sejam reais, grande parte da "ideologia de gênero" moderna é perigosa e contagiosa,[48] e muitas das intervenções (hormonais, cirúrgicas) dela decorrentes são irreversíveis.

→ **Mantenha os contaminantes longe de fetos e crianças.** Em diversas espécies de rãs, existe uma relação estabelecida entre a exposição a contaminantes ambientais comuns, como a atrazina (um herbicida), e o aumento de indivíduos hermafroditas. Embora a determinação sexual dos sapos seja diferente da dos humanos, não ficaríamos surpresos se fosse descoberto que parte da confusão moderna em torno de sexo e gênero pode ser atribuída a desreguladores endócrinos disseminados em nosso ambiente.[49]

→ **Reconheça que nossas diferenças contribuem para a nossa força coletiva.** Se valorizássemos mais os trabalhos para os quais as mulheres são mais propensas a se sentirem atraídas (por exemplo, ensino, serviço social, enfermagem), talvez pudéssemos parar de exigir representações iguais para homens e mulheres em áreas nas quais as mulheres simplesmente não têm tanta chance de se interessar. Reconhecer que somos, em média, diferentes, é o primeiro passo crítico para a construção de uma sociedade em que todas as oportunidades sejam verdadeiramente abertas a todos. A igualdade de oportunidades é uma meta honrosa e em sintonia com a realidade, ao passo que almejar resultados iguais — em que todas as profissões, de funcionárias de creches a catadores de lixo, tenham igual representação entre os sexos — decepcionará todos os envolvidos.

Capítulo 8

# Parentalidade e Relacionamentos

O INDIVÍDUO — O EU COM CORPO E CÉREBRO, COM PERNAS, SANGUE, PENSAMENTOS E EMOÇÕES — é um fenômeno complexo, no qual temos nos concentrado até aqui. Quando você agrupa indivíduos, estabelecendo relações, essa complexidade então cresce exponencialmente. Em muitos animais, a interação entre indivíduos, com todas as suas complexidades, resultou em uma força cujo poder pode ser considerado transcendente: o amor. Nos humanos, em particular, essa força pode atingir vastas profundezas.

Todo amor tem uma história de origem comum, embora suas formas possam parecer diferentes — o amor por um filho, um cônjuge, uma causa etc. Todas elas possuem sua beleza particular, e partilham do poder de perturbar o curso normal dos acontecimentos. Nossa persistência enquanto espécie foi possível, em parte, por causa do amor. O que levanta a seguinte questão: o que é o amor?

O amor é um estado emocional da mente que faz com que a pessoa priorize alguém ou algo externo como uma extensão de si mesmo. O amor, o artigo genuíno, diz respeito à integração e inclusão. Quando é verdadeiro, poucas forças são mais poderosas.

O amor começou a evoluir nas relações entre mãe e filho, mas depois abriu suas asas e expandiu seu alcance. Em algum tempo, os adultos passaram a experimentar com segurança o amor entre parceiros, e então outras formas

###### 136 A EVOLUÇÃO E OS DESAFIOS DA VIDA MODERNA

começaram a florescer — entre pais e filhos, avós e netos, entre irmãos. O amor então passou a encontrar um lugar entre amigos e entre soldados, entre aqueles que compartilharam experiências intensas, fossem elas boas ou ruins. Grande parte da mitologia humana está centrada em induzir as pessoas a estender seu conceito de si mesmo (*self*) e a moldar o grupo ao qual essa noção se aplica — a história do Bom Samaritano revela a capacidade amorosa mesmo entre aqueles que deveriam ser inimigos. Eventualmente, o amor evolui para incluir abstrações — amor ao país, amor a Deus, amor à honra e ao serviço, à verdade e à justiça.

O amor tal como o experimentamos hoje evoluiu há quase 200 milhões de anos, quando os mamíferos divergiram dos répteis. Tal como na evolução do sexo, o ovo é fundamental para a nossa compreensão da evolução do amor. O ancestral comum mais recente dos mamíferos e répteis colocava ovos. Em espécies ovíparas, o ovo deve conter nutrição suficiente para alimentar o embrião por meio da eclosão. E em espécies nas quais ambos os pais vão embora sem nunca encontrar ou cuidar de sua prole, o filhote também deve ser capaz de alimentar-se imediatamente. A mãe pode favorecer a situação para sua ninhada: uma borboleta pode botar seus ovos em uma planta que suas lagartas estejam equipadas para comer; uma vespa pode botar ovos dentro do corpo paralisado de uma aranha, do qual seus filhotes vão então se alimentando quando eclodirem; um polvo pode morrer ao entrar em contato com seus ovos incubados, entregando assim a nutrição de seu próprio corpo à sua prole faminta. Sem o cuidado parental, no entanto, os filhotes ficam sozinhos.

Os primeiros mamíferos eram ovíparos, e ovos eclodidos não requerem amor, embora em muitas espécies eles se beneficiem da vigilância dos pais. Mas as cinco espécies remanescentes de mamíferos que põem ovos — quatro espécies de equidnas e o ornitorrinco — são substancialmente diferentes de todas as outras que põem ovos. Afinal, os mamíferos, mesmo aqueles que são ovíparos, produzem leite. No início, tratava-se de uma operação grosseira: glândulas sudoríparas modificadas secretavam um líquido nutritivo que era absorvido na superfície da pele da mãe. Mais tarde, a evolução trouxe uma solução mais elegante: o mamilo. Em todos os mamíferos, com ou sem mamilos, o leite soluciona um problema.

Uma mãe mamífera pode deixar seus bebês em um lugar seguro enquanto ela forrageia, liberando-a de ter que fornecer toda a comida com antecedência ou de ter que transportar pedaços de volta para sua toca. O leite também permite que a alimentação do bebê seja ajustada química e nutricionalmente de várias maneiras que facilitam o seu desenvolvimento. A princípio, é isso. O leite materno é apenas uma das muitas respostas evolutivas para problemas nutricionais e imunológicos. Mas é também a porta de entrada para muito mais.

Uma vez que as glândulas lácteas se tornam parte integrante do amadurecimento da prole, os bebês passam obrigatoriamente a conhecer e passar tempo com suas mães. Até recentemente na história humana, o contato direto entre mãe e bebê era a única maneira de a transferência ocorrer. O amor não é necessário para isso. Mães e bebês podem ser programados para fazer sua parte sem qualquer envolvimento emocional. No entanto, tal como a sociabilidade complexa e as infâncias prolongadas, o envolvimento emocional é adaptativo. Acrescente a isso o fato de que praticamente qualquer predador grande o suficiente para devorar bebês os verá como uma iguaria — indefesa, macia e provavelmente livre de patógenos. Praticamente o alimento perfeito, portanto. Isso significa que uma mãe mamífera será frequentemente confrontada com a seguinte questão: quanto risco devo correr para proteger meus bebês quando estiverem sob alguma ameaça?

Cada mãe e cada situação são diferentes, e o cálculo exige que a mãe tenha informações sobre uma série de coisas. Quanto de sua vida reprodutiva ela tem pela frente? Quão perigoso é o predador e quão bem equipada ela está para tal confronto? Se ela morrer salvando uma prole, ela condenará as outras à fome? E quando todas essas considerações forem feitas, ainda há um cálculo final: é mais provável que sua adaptabilidade seja aumentada por um determinado confronto, ou diminuída? Tudo o mais sendo equivalente, as linhagens nas quais as mães calculam com mais precisão superarão suas rivais menos informadas, e os cálculos serão aprimorados e ajustados por esse processo ao longo do tempo. Os animais, obviamente, não fazem cálculos em nenhum sentido explícito, nem têm acesso a dados sobre tempo de vida reprodutiva, perigos ou oportunidades. O que eles têm é uma arquitetura interna que foi ajustada por seleção para intuir essas coisas e ajustar seu comportamento de acordo com isso. A linguagem por meio da qual esses cálculos intuitivos se manifestam — a maneira pela qual motivam comportamentos — são as emoções. E o amor é um poderoso amálgama dessas emoções.

Neste capítulo, exploraremos as maneiras pelas quais o amor evoluiu para impulsionar nossas dinâmicas familiares, afetar como e com quem acasalamos, como envelhecemos, por que sofremos e muito mais.

## Cuidados Parentais: Mães, Pais e Outros

Todos os mamíferos recebem cuidados de suas mães, e nós consideramos o amor materno como a forma mais antiga e fundamental de amor, da qual todo tipo de amor verdadeiro é uma elaboração. Mas os mamíferos não são as únicas criaturas que amam. Há outra espécie na qual esse padrão floresce por intermédio de uma evolução totalmente distinta: as aves.

Há muitas espécies de aves nas quais pais e filhos nunca se encontram. Os perus-do-mato põem ovos em um montículo, de onde seus filhotes eclodem e se dispersam, já autossuficientes. Cucos, chupins e outros "parasitas de ninhada" põem ovos em ninhos mantidos por aves de outras espécies e, em cada caso, os filhotes devem ser pré-programados, pois seus padrastos involuntários não estão em uma posição melhor para transmitir lições aos filhotes de cucos do que você, caro leitor, estaria para ensinar a um sagui como viver nas árvores. Essas aves pré-programadas são exceções, no entanto. Na grande maioria das espécies, os pais cuidam de seus filhotes, e enfrentam exatamente as mesmas considerações sobre adaptabilidade e risco que as mães mamíferas. Provavelmente você já viu aves menores atacando aves maiores e predadoras para afastá-las de seus ninhos. Isso não deixa de ser um ato de amor.

Em todos os mamíferos, e na maioria das aves em que o cuidado parental é a regra, a prole é alimentada e protegida pelos pais. Isso deixa os filhotes livres para desenvolver sua própria impotência — afinal, eles não precisam se defender ou se alimentar se um pai ou mãe estiver lá para fazer isso por eles.

A impotência apresentada por filhotes e recém-nascidos, chamada de *altricialidade*, não é em si um ativo, mas abre caminho para coisas extraordinárias. A programação principal do cérebro pode ocorrer por meio da transmissão cultural quando os filhos estão em contato estreito com seus pais. Este é um processo muito mais rápido do que a mudança genética, e permite não apenas uma rápida evolução comportamental, mas também a adaptação de padrões comportamentais ao ambiente local — físico, químico, biológico e social.

Em aves e mamíferos, a altricialidade[1] é o lado negativo da flexibilidade comportamental, que por sua vez é vantajosa. A flexibilidade comportamental — a *plasticidade*, à qual voltaremos no próximo capítulo — surge em organismos que não são totalmente programados pelo genoma. De forma geral, a plasticidade aumenta tanto em espécies que têm interação entre as gerações quanto naquelas em que se verifica uma impotência nos filhotes e recém-nascidos.

Entre as espécies animais que recebem cuidados parentais, as mães são as principais cuidadoras, embora existam exceções: jacanas e cavalos-marinhos revelam que, sob determinadas condições ecológicas, a inversão de papéis sexuais nos cuidados pode evoluir. Exemplos de cuidados parentais que não envolvem cuidados maternos são, portanto, raros, mas não desconhecidos. O cuidado biparental, no qual ambos os pais ajudam a criar a prole, é mais comum, sendo característico da monogamia em organismos tão variados quanto cisnes e andorinhas do ártico, macacos-titi e gibões. Em diversas outras espécies, de *Malurus cyaneus* a suricatas, irmãos e até conhecidos sem parentesco ajudam a criar os filhotes, em um sistema conhecido como reprodução cooperativa.

Os calitriquídeos são um clado de Macacos do Novo Mundo que inclui saguis e micos, nos quais a reprodução cooperativa é comum. As mães tendem a ter gêmeos, e a amamentação e o forrageamento ocupam todo o seu tempo. Por isso, os bebês precisam ser carregados constantemente, e os jovens requerem vigilância constante, para que não caiam das árvores nas selvas onde vivem. E quem fará essas coisas — carregar os bebês, cuidar dos jovens — senão as mães? Enquanto só as mães podem amamentar, em muitas espécies de calitriquídeos, todos os outros cuidados para com os filhotes são feitos por membros do grupo que não a mãe — o pai, às vezes seu irmão, irmãos mais velhos e fêmeas temporariamente não reprodutivas que se juntam ao grupo na chance de um dia conseguirem herdá-los. Da mesma forma, a reprodução cooperativa é exibida em filhotes de ratos-toupeira-pelados, que, após o desmame, são cuidados por colaboradores em vez de parentes.

O que causa a transição da criação independente, na qual os indivíduos estão simplesmente buscando interesses egoístas, para a reprodução cooperativa, um sistema de maior complexidade e colaboração? Em parte, a reprodução cooperativa, que também é exibida em muitas sociedades humanas, é mais provável de evoluir quando as taxas de promiscuidade são baixas[2] e os recursos encontram-se distribuídos pela paisagem de tal forma que um único indivíduo não possa monopolizá-los. A monopolização de recursos abre o caminho para a monopolização de parceiros — de fato, a distribuição de recursos no espaço e no tempo tem efeitos de longo alcance nos sistemas de acasalamento.[3]

## Sistemas de Acasalamento

Imagine um par de cisnes acasalados, nadando juntos. O macho pode ser um pouco maior, mas eles são tão parecidos que é difícil distingui-los.[4] Nas espécies monogâmicas, machos e fêmeas se assemelham muito em cor, tamanho e forma. Compare isso com elefantes-marinhos, que são decididamente poligínicos — um único macho pode monopolizar a atividade reprodutiva de dezenas de fêmeas. Os machos têm narizes enormes e são três vezes maiores que as fêmeas. O dimorfismo sexual de tamanho é um forte indicador de poliginia entre espécies de vertebrados.

Os humanos estão muito mais próximos dos cisnes do que dos elefantes marinhos quando se trata do dimorfismo sexual de tamanho. Os homens são, em média, cerca de 15% maiores que as mulheres,[5] e significativamente mais fortes. Isso nos revela que nossos ancestrais eram relativamente polígamos ou promíscuos.

A poliginia presente em nosso passado evolutivo não deveria nos surpreender — nenhuma outra espécie de grandes símios é monogâmica. O *Homo sapiens*, no entanto, aparentemente tem evoluído na direção da monogamia desde nossa divergência dos chimpanzés e bonobos — sexualmente, somos menos dimórficos do que qualquer uma dessas espécies. E embora a maioria das culturas humanas tenha sido poligínica em algum momento, a maioria das pessoas vivas hoje pertence a culturas nas quais a monogamia é a norma.

A monogamia é delicada, e muitas vezes transforma-se facilmente em poliginia nos mamíferos. Apesar disso, no entanto, é um sistema superior.

### Tipos de Sistemas de Acasalamento

Os *sistemas de acasalamento* referem-se ao número de companheiros que os membros de cada sexo normalmente têm. Em linhas gerais, os tipos são:

→ **Monogamia:** indivíduos de ambos os sexos têm apenas um parceiro por vez.

→ **Poligamia:** indivíduos de um sexo têm apenas um parceiro reprodutivo, mas os do outro sexo têm múltiplos parceiros. Seus subtipos incluem:

→ **Poliginia:** (*polýs* – muitos, *gyné* – mulher): Um macho e múltiplas fêmeas.

→ **Poliandria:** (*polýs* – muitos, *andrós* – homem): Uma fêmea e múltiplos machos.

→ **Promiscuidade:** membros de ambos os sexos têm múltiplos parceiros (nos humanos, isso às vezes é chamado de "poliamor").

Para defender a afirmação ousada de que a monogamia é o sistema superior, devemos começar por aqui: a monogamia é o sistema de acasalamento com maior potencial de cooperação e equidade, a começar pela criação dos filhos. Nos primatas, a monogamia também está correlacionada com um maior tamanho relativo do cérebro.[6] Em toda a biota, as fêmeas são o sexo limitante, o que lhes permite escolher seus parceiros. Em um sistema polígino, os parceiros sexuais são abundantes para as mulheres, porém escassos para os homens; além disso, na ausência de intenção de investir além do ato sexual, os homens tendem a ter padrões incrivelmente baixos para seus parceiros sexuais. Se não houver sinais óbvios de uma doença transmissível, é provável que um macho aceite praticamente qualquer fêmea disposta, mesmo que ela não seja da espécie certa. Uma pequena chance de produzir descendentes — até mesmo híbridos — é evolutivamente melhor do que nenhuma chance.

Sem a monogamia, a sexualidade se reduz a isso: fêmeas sobrecarregadas com todas as tarefas da reprodução, e machos sem discernimento sempre à procura de sexo.

Quando surge a monogamia — quando fêmeas e machos estão perseguindo o que chamamos de estratégia nº 1 — os machos tornam-se mais parecidos com as fêmeas, tanto em sua perspectiva sexual quanto em sua morfologia. Como os machos monogâmicos selecionam uma fêmea e abrem mão de oportunidades sexuais com outras, eles têm tantas razões quanto elas para serem exigentes quanto aos seus parceiros sexuais, o que por sua vez reduz sua tendência à violência. Eles ainda podem brigar pelas fêmeas, mas não precisam mais aspirar à aquisição e defesa de "haréns", que estão intimamente associados à agressão e a características físicas como chifres e dentes perfurantes. Se compararmos os gibões, que são monogâmicos, com os babuínos, que não são, podemos observar que os babuínos têm um dimorfismo de tamanho sexual acentuado e caninos aumentados. A poliginia — associada às estratégias nº 2 e nº 3 do capítulo anterior — leva inexoravelmente tanto à violência masculina quanto à morfologia que a possibilita.

A monogamia também cria um sistema em que quase todos têm um parceiro, já que as proporções sexuais tendem a ser de um para um dentro das populações, independentemente do sistema de acasalamento. Isso evita o acúmulo de machos sexualmente frustrados, para os quais a violência pode ser o único meio para a reprodução, seja pela derrubada dos "donos" de haréns — como fazem os leões e elefantes marinhos — ou por estupro — como é o caso dos patos e golfinhos. Voltaremos em breve a algumas das implicações mais profundas da monogamia para as sociedades humanas.

Aves e mamíferos, apesar de todas as suas semelhanças evoluídas separadamente, diferem muito no que diz respeito aos seus sistemas de acasalamento. Poucas espécies de mamíferos são monogâmicas, enquanto a maioria das espécies de aves o são. Ou seja, a maioria das aves experiencia longos períodos de exclusividade sexual — um macho para uma fêmea. Alguns pares ficam junto durante um período de reprodução, enquanto outros acasalam para a vida toda. Por que essa diferença?

Todas as espécies de aves põem ovos, os quais, por mais estranho que possa parecer, são um poderoso antídoto para o ciúme sexual dos machos. Isso porque os ovos das aves são fertilizados logo antes de a casca se formar e pouco antes de serem chocados. Dessa forma, uma ave macho só precisa proteger uma fêmea contra seus rivais por um breve período antes e depois do acasalamento para ter certeza de que é o pai genético de sua ninhada.

Mamíferos vivíparos, por outro lado, têm um longo período entre a fertilização e o nascimento, e a maioria dos machos não pode, portanto, ter certeza de que a fêmea não acasalou com outro macho na época da concepção. É improvável que os machos sem uma "certeza de paternidade" formem par com uma fêmea e ajudem a criar seus filhos. Aves machos tendem a estar seguros de sua paternidade; já os mamíferos machos raramente têm essa segurança. Como resultado, estes últimos tendem a abandonar as parceiras e os filhotes quando a seleção claramente favoreceria sua permanência — ah, se eles apenas pudessem ter certeza de sua paternidade... Os mamíferos têm mais dificuldade em desenvolver uma monogamia estável, embora este seja, em muitos aspectos, o sistema de acasalamento superior.

Uma vez com seu par, o macho se depara com uma escolha. Ele pode proteger a fêmea de sua escolha contra possíveis rivais, ou pode contribuir de alguma forma com as provisões e cuidado de sua prole. O cuidado paterno não é universal em espécies monogâmicas, mas é comum; além de aumentar as chances de que a prole viva para ser reprodutivamente viável, aumenta também o número de descendentes viáveis que podem ser produzidos – ambos os fatores contribuem para a adaptabilidade do macho e da fêmea.

Assim, a monogamia expande o alcance do amor para além daquele entre mãe e filho, rumo àquele amor entre parceiros, e muitas vezes também entre pai e filho. Amizades também podem ser facilitadas com a prevalência da monogamia. As gralhas, por exemplo, que são parentes dos corvos, formam uniões para a vida toda, e, à medida que emplumam, fazem amizade com gralhas de idade semelhante, chegando a presentear umas às outras com alimentos, o que as ajuda a formar fortes vínculos.[7]

A união de pares também cria oportunidade para uma divisão útil do trabalho. Em um sistema uniparental, o parente solteiro — geralmente a mãe — tem que fazer tudo; a união está aí para cortar seu trabalho pela metade. Entre os maçaricos ocidentais, as mães incubam os ovos em seus locais de reprodução no Ártico durante a noite, e os pais assumem o controle durante o dia.[8] Já os peixes monogâmicos de água doce conhecidos como ciclídeos Midas têm pais que se concentram na proteção territorial e mães que se concentram em nutrir seus filhotes.[9] Saguis-pigmeus, cujas mães passam todo o tempo procurando alimentos suficientes para atender às suas necessidades e às de seus bebês, têm pais que realizam todo o restante dos cuidados infantis.[10]

Nos humanos, parece ter havido um ciclo de feedback positivo: à medida que os bebês ficavam cada vez mais indefesos, com infâncias cada vez mais longas, o vínculo entre os pais ficava cada vez mais forte. O amor é uma manifestação da firmeza desse vínculo.

À medida que as famílias evoluíram, evoluiu também o amor entre irmãos, que traz consigo uma poderosa rivalidade observada em todas as espécies nas quais estes se conhecem. Quando os pais são unidos, seus filhos são irmãos genéticos completos. Por outro lado, nas espécies em que as mães realizam todos os cuidados — e os machos se engajam inteiramente nas estratégias sexuais nº 2 e 3 — os filhos podem ser meios-irmãos, ou seja, apenas meio relacionados um com o outro. De um ponto de vista puramente genético, os irmãos completos têm duas vezes a base genética para a cooperação quando comparados aos meio-irmãos. Dado que a monogamia é o melhor caminho para gerar irmãos completos, ela aumenta a cooperação entre a prole e reduz a tendência de conflitos em uma mesma ninhada. Um caso notório dessa cooperação é observado nos ratos-toupeira-pelados, que desenvolveram uma eussocialidade análoga àquela observada em formigas, abelhas, vespas e cupins.

Nos mamíferos, o parentesco entre irmãos traz outra implicação bastante bizarra. As doenças enfrentadas pelas mães durante a gravidez resultam muitas vezes de um conflito de interesses entre a mãe e o feto — um cabo de guerra gentil, porém real, por recursos.[11] Uma mãe tem forte interesse em dividir os recursos entre seus vários descendentes ao longo de toda a sua vida reprodutiva, enquanto um feto em desenvolvimento — que tem acesso hormonal à corrente sanguínea de sua mãe e está apenas 50% relacionado com ela — tem interesse em tomar mais do que a parte que lhe é devida, desde que isso não coloque a vida de sua mãe em risco. Esse conflito de interesses é mitigado em populações monogâmicas, nas quais o feto tem o dobro de interesse na sobrevivência de seus futuros irmãos completos quando comparados com populações em que futuros irmãos serão gerados por pais diferentes. Da perspectiva de um pai em uma espécie não monogâmica, outra maneira de colocar isso é que os machos se aproveitam do comportamento materno das fêmeas e seus genes dão continuidade a esse parasitismo durante a gravidez.

## Implicações da Monogamia em Humanos

Sexo, gênero, relacionamentos e sistemas de acasalamento: quatro tópicos intimamente entrelaçados e permeados por complexidades e significados. Poucas coisas são mais centrais para a experiência humana. Discutimos esses tópicos no capítulo anterior, mas aqui os retomamos com um pouco mais de contexto e nuances.

Os sistemas de acasalamento mudam conforme as condições ecológicas.[12] Quando há recursos em abundância, a monogamia é mais provável. Ela oferece uma vantagem clara no nível da linhagem/população, trazendo todos os adultos capacitados para a criação dos filhos, o que permite que a população capture recursos em um ritmo mais rápido. Quando uma população atinge sua capacidade de carga, porém, e a dinâmica de soma zero está novamente em jogo, os incentivos dos machos tendem a ir na direção da poliginia. A competição entre homens torna-se uma força motriz, visto que homens abastados e poderosos procuram dominar a produção reprodutiva de várias mulheres. Em países WEIRD, esse padrão pode ser ocultado, porque quando um homem deixa sua família para criar uma nova com outra mulher (geralmente mais jovem), nós o chamamos de "monogâmico serial"; isso, no entanto, é claramente uma forma de poliginia.

Quando a poliginia está em ascensão em uma sociedade, vemos um aumento de homens jovens sexualmente frustrados e dispostos a correr grandes riscos pela possibilidade de conseguir um par. As linhagens dos relativamente poucos homens poderosos que se beneficiam da poliginia também são beneficiadas ao armar jovens frustrados e enviá-los para o exterior com sonhos de retornar comprometidos, ou pelo menos como heróis de guerra casáveis. A possibilidade de ganhar territórios e tesouros por meio do aventureirismo militar tem claras implicações evolutivas, expandindo os recursos disponíveis para a população conquistadora e aumentando o seu tamanho. Esse aventureirismo militar é também uma espécie de "transferência de recursos", que, como discutiremos no capítulo final, é apenas uma forma de roubo.

Os custos da poliginia ainda podem estar obscuros, então seguem aqui mais alguns, coletados de pesquisas que modelam os efeitos do sistema de acasalamento (monogamia versus poliginia) na fertilidade e status econômico, comparando esse modelo com dados empíricos existentes. Se não houver complicações, as pessoas que pertencem a culturas monogâmicas devem experimentar taxas de natalidade mais baixas e status socioeconômicos mais altos do que aquelas em culturas poligâmicas. Além disso, a diferença de idade entre os cônjuges é menor.[13] Em parte, isso provavelmente reflete uma ruptura com a visão de mulheres e meninas enquanto bens, muito comumente adotada por culturas polígínas.

A poliginia é muitas vezes confundida com uma fantasia de promiscuidade na qual há um aumento da liberdade sexual e reprodutiva sem consequências negativas. A revolução sexual parece confirmar isso. Mas trata-se de uma ilusão, e por duas razões: em primeiro lugar, sem controle de natalidade, a promiscuidade é boa para os homens, que procriam quase sem ônus, mas perigosa para as mulheres, nas quais recai todo o peso da criação dos filhos. Em segundo lugar, a promiscuidade tende a se transformar em poliginia quando homens poderosos descobrem que estão em posição de exigir exclusividade de múltiplos parceiros reprodutivos, seja em sequência ou em conjunto.

O controle de natalidade muda toda a equação reprodutiva para melhor e para pior, dando às mulheres a capacidade de evitar esse peso, mas também reduzindo significativamente o seu valor aparente para os homens, fazendo com que estes se sintam mais relutantes em assumir compromissos.

Antes do controle de natalidade, as mulheres (e seus parentes próximos) protegiam sua capacidade reprodutiva com tremenda diligência. Como os bebês humanos são tão difíceis de criar, uma mulher que pudesse insistir para receber ajuda de um homem seria tola em renunciar a isso. Em tal mundo, os homens tinham grandes incentivos para impressionar as mulheres com quem se comprometeriam. Nosso arranjo moderno dá às mulheres uma liberdade muito maior para desfrutar do sexo sem o risco de se tornarem mães solteiras, mas também enfraquece radicalmente sua posição de barganha em relação a compromissos de longo prazo — especialmente se elas se engajarem na estratégia reprodutiva nº 3.

Os homens podem parecer estar levando a melhor nesse acordo — e, de fato, no que diz respeito ao prazer físico, o fácil acesso ao coito é um prêmio do qual a maioria deles não consegue desviar o olhar. Mas, como discutido no capítulo anterior, o sexo em questão é um barato que sai caro — gratificante no momento presente, mas sem sentido em longo prazo. Os homens podem até se sentir julgados física e sexualmente dignos por muitas mulheres, mas eles sabem, subconscientemente, que o nível foi reduzido a ponto de não ter qualquer relevância. Sim, é uma relação sexual, porém enlatada, estereotipada e sem profundidade.

As mulheres podem conscientemente querer desfrutar do sexo sem compromisso, mas estão programadas para se apaixonar pelos homens com quem se deitam porque, para elas, sexo, bebês e compromissos estão intrinsecamente ligados. A relação sexual e o orgasmo desencadeiam a liberação de oxitocina nas mulheres, que ajuda a promover vínculos. A situação é similar para os machos, mas é a vasopressina, e não a oxitocina, que faz o serviço (o papel desses hormônios nos comportamentos sexual e social dos humanos tem sido estudado a fundo, mas sua relação com a afinidade entre pares foi mais extensamente documentada em arganazes-do-campo monogâmicos, dos quais aprendemos muito do que sabemos sobre o papel desses hormônios na formação de vínculos).[14]

Dado o desequilíbrio inerente do investimento reprodutivo entre homens e mulheres, podemos prever que o sistema é ainda mais complexo do que isso, pelo menos no que diz respeito aos homens. Considere que, se você for um homem engajado nas estratégias reprodutivas nº 2 ou 3, se apaixonar pode não ser muito vantajoso. Essas estratégias têm sido eficazes para os homens ao longo da história, e a seleção certamente facilitou-as em algumas circunstâncias. Elas tendem a envolver relações sexuais já no primeiro encontro, então é de esperar que a vasopressina não seja liberada, ou o seja em quantidades muito menores; sendo uma facilitadora da afinidade entre pares, nós defendemos que ela é mais presente em homens que fazem sexo com mulheres que conhecem há mais tempo. Se for verdade, isso significaria que, para as mulheres, dormir com um cara que você realmente gosta no primeiro ou segundo encontro *diminuirá* a probabilidade de ele se apaixonar por você.

Neste mundo repleto de relações sexuais imediatistas, muitos homens perderam um incentivo primário em várias esferas, e tornaram-se inconstantes em relação aos mesmos compromissos que muitos veem como o significado mais profundo da vida. As mulheres foram libertadas de algumas restrições, sem dúvida, mas o que lhes restou foi um mundo cuja sexualidade é adolescente — um jogo interminável de ligações superficiais isentas de qualquer propósito.

E quem se beneficia com esse arranjo? Apenas duas categorias de homens: os ricos e poderosos que estão posicionados para ter vários parceiros, e aqueles que fingem estar interessados em estabelecer um compromisso para se deitarem com mulheres sem investir em nada além disso. Alguns homens em ambas as categorias também propõem o *quid pro quo* sexual com mulheres para alavancar suas carreiras, posição da qual muitas acham impossível se recuperar sem danos. De alguma forma, substituímos um sistema profundamente falho de acasalamentos e encontros por um perfeitamente situado para transferir todos os despojos para reis e canalhas.

As coisas pioram ainda mais onde as proporções sexuais foram distorcidas de seu equilíbrio habitual pela guerra ou por outras forças. Quando os homens cobiçados são escassos, estão em alta demanda sexual. Isso coloca as mulheres em um dilema: como chamar a atenção de um homem quando todos(as) estão tentando o mesmo? Sexo sempre está em alta, e poucos homens se deparam com muitas oportunidades sexuais e poucas razões para se comprometer. Resulta que as mulheres que desejam formar famílias em tais ambientes se veem frequentemente tendo que aceitar o custo da monoparentalidade.

Foi exatamente isso que aconteceu entre os homens para os quais a falta de oportunidades econômicas e o subfinanciamento das escolas levaram a um aumento das taxas de mortalidade, crime e encarceramento. Nos Estados Unidos, uma grande fração de homens negros foi forçada a tal situação. Os homens que conseguiram evitar esses maus destinos encontraram-se em alta demanda sexual e tenderam a aproveitar a situação, deixando muitas mulheres negras com famílias para criar sozinhas. Muitos na classe dominante fingiram que esse padrão derivava de alguma suposta falha moral entre os negros, quando na verdade ele surge claramente da demografia e da teoria dos jogos que produz o mesmo padrão em qualquer população que enfrente condições análogas.

Com isso, estamos em apuros. Relacionamentos estáveis são positivos e valiosos para a criação de filhos saudáveis. No entanto, se as mulheres que pertencem a essa paisagem moderna de acasalamento e namoro não aceitarem o sexo casual como algo comum, elas serão frequentemente ignoradas. Por outro lado, se elas adotarem o sexo casual, muitas vezes desencadearão, involuntariamente, o medo do compromisso. Pode parecer que os homens estão lucrando às custas das mulheres nessa situação, mas isso é apenas parcialmente verdadeiro; no geral, essa sorte é ilusória. Sim, os homens são gerados para se sentirem recompensados pelo sexo sem compromisso, mas também para valorizar parcerias amorosas – e o sexo casual está atrapalhando isso.

Masculino e feminino são estados complementares, e há uma tensão natural entre eles que é saudável. É claro que há muito a ser dito sobre as implicações e a evolução da homossexualidade, tanto em humanos quanto em outras espécies. Embora não tenhamos espaço neste livro para tal análise, ofereceremos aqui uma breve provocação: embora lésbicas e gays sejam homossexuais no sentido de se sentirem atraídos por indivíduos do mesmo sexo, as diferenças entre os dois, em termos de suas origens evolucionárias e de como os relacionamentos tendem a se desenvolver para aqueles que neles estão inseridos, são grandes e consistentes com as diferenças entre mulheres e homens que expusemos nos dois capítulos anteriores. Além disso, ambas as formas de homossexualidade — feminina e masculina — são adaptações.

Dito isto, a heterossexualidade é a norma, e isso não se deve apenas a razões socialmente construídas. No caso de homens e mulheres heterossexuais, se as mulheres concluem que para serem iguais devem se comportar como homens quando se trata de sexo, então o sistema se decompõe em um no qual todos se comportam como homens adolescentes. Apesar de sua reputação, a monogamia é o melhor sistema de acasalamento: além de criar adultos mais competentes, ela reduz tendências violentas e belicosas, e estimula impulsos cooperativos.

## Idosos e Senescência

De todos os sistemas essenciais ao funcionamento da humanidade, a parentalidade pode muito bem ser o mais comprometido pelas hipernovidades do século XXI. Para entender por que, permita-nos seguir um caminho relacionado, mas que pode não parecer à primeira vista. Considere a notória busca para impedir o envelhecimento humano. Desde relatos históricos fantásticos sobre a Fonte da Juventude, relatados por historiadores como Heródoto e colonizadores como Ponce de León, até milionários modernos que congelam seus cérebros na esperança de serem ressuscitados uma vez que tenhamos "curado" a senescência, viver para sempre tem sido objeto de desejo de alguns mortais.

Tudo o mais sendo igual, extrapolando as taxas de mortalidade na maturidade reprodutiva, se o corpo humano pudesse ser feito simplesmente para se manter e se reparar completamente, metade das pessoas viveria até os 1.200 anos.[15] Você pode se indagar, então: quão problemático isso poderia ser? Resposta: muito mais do que parece.

Para os propósitos deste capítulo, no entanto, imaginemos que a senescência do corpo acabou sendo um problema mais fácil de resolver do que, digamos, a cura do câncer ou do resfriado comum. Imaginemos também que, apesar das grandes diferenças entre o tecido cerebral e o resto da soma, a senescência do cérebro também pudesse ser curada de alguma forma. O que seria da mente, então?

Isso pode parecer uma distinção estranha, mas cérebro e mente não são sinônimos — a mente é um produto do cérebro. Digamos que o cérebro é o hardware e a mente, o software. Um hardware perfeitamente funcional é de pouco valor se o software e seus arquivos estiverem gravemente corrompidos. Se consertássemos o cérebro sem de alguma forma reajustar a mente — ainda que todas as patologias físicas cerebrais pudessem ser extintas — a maioria dos séculos extras de vida seria desperdiçada em um verdadeiro pesadelo repleto de mentes senis habitando corpos joviais.

A mente humana possui uma capacidade limitada. Para não enchê-la com trivialidades, devemos esquecer quase tudo, processo que acaba nos tornando

## A EVOLUÇÃO E OS DESAFIOS DA VIDA MODERNA

testemunhas não confiáveis dos acontecimentos de nossas próprias vidas. Em idades muito avançadas, mesmo os mais coerentes entre nós apresentam uma cognição fragmentada. Quão mais destrutivo seria este processo, então, se perdurasse por séculos a fio?

Os seres humanos são os mamíferos terrestres mais longevos, com muitos de nós tendo mais de oito décadas de vida útil neste planeta. Mas esse tempo não é nada em comparação com a profunda solução evolutiva para o problema do envelhecimento, aquela pela qual *conseguimos* nos aproximar da imortalidade: nossos descendentes.

Passamos décadas adquirindo habilidades e conhecimentos sobre como funcionar efetivamente no mundo, mas essa programação conquistada a duras penas está presa dentro de corpos que logo sucumbem às forças hostis da natureza. Se fôssemos neurologicamente programados por nossos genomas, nasceríamos sabendo como ser adultos e poderíamos chegar lá sem passar pelas etapas intermediárias. Mesmo entre os organismos que apresentam cuidados parentais, muitas vezes há uma pré-programação considerável. Um cavalo, por exemplo, consegue ficar de pé minutos após seu nascimento, sentindo o mundo e se movimentando quase como um adulto, e poderíamos fazer o mesmo se nossas vidas fossem como as dos equídeos. Isso não quer dizer que os cavalos não tenham nada a aprender: eles têm que descobrir seus papéis sociais na manada, e também precisam mapear os perigos e oportunidades em seu ambiente. Mas a despeito do lugar em que habitam, os parâmetros básicos de ser um cavalo selvagem são semelhantes. Isso permite que eles sejam precociais — altamente independentes desde o nascimento.

Para os humanos, é exatamente o oposto. O nicho humano é a troca de nichos. Nossos nichos se transformam radicalmente, às vezes em distâncias notavelmente curtas. Considere novamente a diferença entre as populações de caçadores árticos que caçam grandes animais a poucos quilômetros da costa e aqueles que se especializam nos mamíferos aquáticos que vivem nela. Tais especializações exigem conjuntos de habilidades radicalmente diferentes, e não seriam possíveis se cada indivíduo tivesse que descobrir os segredos de uma boa caça por conta própria. A solução para esse enigma nos é tão familiar que raramente pensamos em admirá-la. Recordemos o princípio Ômega, que salienta que quaisquer traços culturais custosos e duradouros devem ser considerados como adaptativos, e que os elementos adaptativos da cultura não são independentes dos genes.

Os idosos transmitem o conhecimento e a sabedoria duráveis por meio dessa segunda forma de herança: a cultura. Como essa é uma forma cognitiva, e não genética, e uma que muda mais rapidamente do que os genes, os nichos que exploramos também podem mudar a um ritmo impressionante. Essa plasticidade permite que bandos de humanos funcionem como corpos coerentes, com tarefas divididas como se fossem órgãos separados. Esses corpos, por sua vez, podem se espalhar por paisagens físicas, adaptando ligeiramente seu comportamento para adequar-se a uma determinada região de colinas ou radicalmente para acomodar uma nova fonte de alimento.

Nas colinas de xisto localizadas na Região do Centro de Portugal, onde a agricultura é fisicamente desafiadora, os pais realizam o trabalho árduo de cultivar e colher os alimentos, e são os avós que criam seus filhos.[16] Em Portugal, portanto, a menopausa pode marcar o início da criação ativa dos filhos. Praticamente exclusiva dos humanos, a menopausa não é o fim da vitalidade para as mulheres; é simplesmente o fim da reprodução direta. Mas a capacidade de transmitir sabedoria e cuidados aos jovens — filhos, netos etc. —, mesmo quando o risco de continuar a produzir novos bebês deixa de existir, pode ser considerada uma grande dádiva.

Nas ilhas do Mar de Andamão, o povo Moken vive profundamente conectado ao oceano, e suas histórias de tsunamis como evidências de deuses furiosos salvaram aldeias inteiras durante o tsunami do Oceano Índico de 2004. No rescaldo dessa enorme tragédia, um senhor de idade relatou não a respeito de deuses, mas sobre sua própria experiência direta, tendo vivido algo comparável em Mianmar quando era criança.[17] Esse tipo de sabedoria nunca se torna datada e, quanto mais velhos nossos anciãos, maior é a probabilidade de terem experiências diretas de outros eventos que mudaram o mundo e saberem o que fazer diante deles.

A sabedoria dos mais velhos é antiga e foi necessária ao longo da história humana; há, *no entanto*, um profundo valor em ser cético em relação a isso, principalmente quando essa sabedoria está deslocada ou fora de contexto. Os pais têm um interesse primordial em que seus filhos sejam altamente eficazes em qualquer ambiente que venham a habitar. Se o software da mente precisar ser atualizado e os jovens estiverem em condições de fazê-lo, é de interesse geral que o paradigma antiquado seja substituído. Isso explica por que, para pais saudáveis, ver a si mesmo nos filhos é uma mistura de recompensa e decepção, mas vê-los prosperar é sempre uma emoção e um alívio.

## A EVOLUÇÃO E OS DESAFIOS DA VIDA MODERNA

Isso nos traz de volta ao tópico das crianças como a solução para o problema do envelhecimento humano: basta transferir o subconjunto útil de habilidades, memórias e sabedoria para corpos jovens programados para agilizá-lo, aprimorá-lo e corrigi-lo conforme necessário. É totalmente natural querer viver uma vida longa e ver seus descendentes bem posicionados para o futuro. Muitos acreditam que, como indivíduos, somos merecedores de mais; que pessoalmente deveríamos ser preservados. Tais desejos, no entanto, estão equivocados. Uma tal preservação interromperia o mecanismo primário pelo qual os humanos inovam e acompanham as mudanças. Nós rejeitamos esse mecanismo antigo por nossa própria conta e risco.

## Amor entre Espécies

Na busca por algo mais leve do que considerar que as crianças, e não a imortalidade, são o antídoto para o envelhecimento, perguntemo-nos: nós amamos nossos animais de estimação, mas será que eles nos amam?

Os humanos domesticaram dezenas de espécies de animais em todo o mundo, principalmente para servirem de alimento ou como força de trabalho. Alguns desses relacionamentos começaram como puramente funcionais — gatos como caçadores de ratos, cães como proteção — e, desde então, se transformaram em amizades entre espécies. Os gatos estabeleceram amizade conosco há muito menos tempo do que os cães, e permaneceram mais selvagens — mais como seus "eus" originais — embora se vinculem profundamente conosco dadas as circunstâncias certas. No entanto, mesmo antes de começarmos a cultivar a terra, quando éramos caçadores-coletores, os cães já estavam ao nosso lado, sendo domesticados, e alguns de nós já tinham amigos caninos.[18]

Os cães são, de muitas maneiras, uma construção humana. Nós coevoluímos com eles por tanto tempo que atualmente eles estão sintonizados com os comportamentos, linguagens e emoções humanos. Talvez você possa argumentar, então, que os humanos também são parcialmente uma construção canina.

Seu animal de estimação ama você? Claro que sim (desde que seja um mamífero, ou um dentre poucos clados de aves, como o papagaio. Se ele for uma lagartixa, uma cobra ou um peixinho, é provável que seja incapaz de amar.) O amor se desenvolve para cada par evolutivo que requer dedicação. Nós amamos nossos animais de estimação, e eles nos amam. Os cães, em particular, são tão afetuosos que ficam ao seu lado e ajudam você a não se sentir sozinho. Cães amam sem amarras.

Veja como gatos e cães se envolvem uns com os outros e conosco. Eles não usam a linguagem para transmitir significados e emoções, mas ainda assim os transmitem. Não há porque duvidar que seu cachorro fica desapontado quando você para de jogar a bolinha para ele, ou que seu gato prefere estar sentado no seu colo. Nós damos nomes às nossas emoções — amor, medo, luto — e quando atribuímos essas palavras a animais, podemos ser acusados de antropomorfização. Como aponta Frans de Waal, que passou a vida estudando emoções em animais, esse argumento está enraizado em suposições de que os humanos não são apenas excepcionais, mas também totalmente diferentes de outros animais com os quais compartilhamos ancestrais.[19] Precisamos ser cuidadosos na forma como atribuímos emoções e intenções a outros animais — e também a outros dentro de nossa própria espécie — mas não deve haver dúvidas de que muitas outras espécies planejam, sofrem, amam e refletem.

Em nossas interações com animais de estimação, conseguimos ler seus sinais sem o uso de palavras, o que também pode ser útil nas interações entre pessoas. Aja como um behaviorista animal de vez em quando, ou simplesmente como um ser humano pré-linguagem. Muitas vezes utilizamos a linguagem para ocultar nossos sentimentos verdadeiros, ludibriar os outros e despistá-los do que realmente está se passando. Quando você observa as pessoas, especialmente estranhos a distância, é relativamente fácil ler a emoção da situação. Preste atenção no comportamento das pessoas, não nas histórias que elas contam a respeito de seu comportamento. É isso que seu cachorro está fazendo. Ele não compra seus disfarces — embora provavelmente o perdoe por suas fraquezas.

## Luto

Em suas *Metamorfoses*, Ovídio escreve a respeito do casal de idosos Báucis e Filêmon. Eles foram pobres a vida toda, mas generosos com o pouco que tinham. Os deuses os reconhecem por sua integridade e perguntam o que eles mais gostariam no mundo. Báucis e Filêmon, então, pedem para que quando a morte se aproxime, eles possam partir juntos, para que um não precise ver o outro morrer, nem ser deixado para trás. Os deuses assim o fazem. Os antigos amantes tornam-se árvores — um carvalho e uma tília — que entrelaçam seus galhos à medida que crescem.

Sem a interferência de Zeus, a única maneira de evitar o luto é viver uma vida isenta de amor. O luto evoluiu diversas vezes entre várias espécies, sempre em organismos altamente sociais e que apresentam cuidados parentais. Essencialmente, o luto dos chimpanzés é presumivelmente o mesmo que o humano. Já o luto dos cães tem origem distinta, pois o ancestral comum mais recente que compartilhamos com eles foi um pequeno mamífero indefinido com pouca ou nenhuma estrutura social. Talvez a história mais famosa de como o luto se manifesta em cães seja a de Hachikō, um belo Akita que nasceu no Japão em 1923. Hachikō foi acolhido por Hidesaburō Ueno, um cientista agrícola e professor que viajava de trem para o seu trabalho. Todos os dias, quando Ueno deveria voltar, Hachikō o encontrava na estação de trem e eles caminhavam juntos para casa. Um dia, então, Ueno não voltou, tendo falecido de hemorragia cerebral durante uma palestra. Hachikō, no entanto, continuou a ir à estação de trem todos os dias para esperar por seu mestre por quase 10 anos, até que ele próprio faleceu.

O luto dos canídeos — lobos e cães domésticos — evoluiu à parte do nosso. Os elefantes também experimentam o luto, assim como as orcas. Em todos esses casos, o luto evoluiu de forma independente, mas profundamente similar: uma resposta emocional extrema à morte de alguém próximo, cuja duração e manifestação são imprevisíveis.

Abordagens recentes à perda e ao luto tendem a enfatizar demais as métricas e logísticas (Por quantos anos ele ficou doente? Como obter uma certidão de óbito, fechar contas bancárias, cancelar compromissos?) e lidam muito pouco com o significado e a narrativa por trás disso (O que ele nos ensinou? Somos pessoas melhores devido à sua existência?). Muitas vezes não queremos ver o cadáver, ou pensar a respeito. A morte sempre parece tão distante, e essa situação particularmente hipernova, na qual escolhemos não confrontar o cadáver de um ente querido, pode nos deixar mais confusos após um falecimento.

O luto é a recalibragem de nossos cérebros para um mundo sem uma de suas peças centrais. Devemos reformular nosso entendimento, pois não somos mais capazes de ir até essa pessoa (ou animal) em busca de sabedoria ou conforto, apesar de ainda sermos capazes de pensar, aprender e nos consolar em uma relação que não pode mais se desenvolver, mas ainda pode ser lembrada. Como não queremos acreditar nessa ausência permanente, nossos cérebros criam ficções, fantasmas. Seria ele virando a esquina do café que frequentávamos? Certamente era ela entrando no trem — eu não poderia me esquecer daquele cabelo, daquela jaqueta.

O luto é o lado negativo da nossa interdependência. É o lado negativo do amor.

Com demasiada frequência, nós, modernos, tentamos proteger as crianças do luto. Por exemplo, conhecemos pais que não permitiram que seus filhos assistissem aos funerais de seus avós, por medo de que isso os assustasse ou prejudicasse. Todo esse temor e ansiedade na criação dos filhos acaba gerando crianças medrosas e ansiosas. No próximo capítulo, abordaremos a infância e como criar filhos independentes, exploradores e amorosos.

## A Lente Corretiva

→ **Reserve um tempo para o luto de uma maneira que lhe pareça correta.** Às vezes, no meio do período inicial, quando a dor é mais profunda, você se sentirá alegre; já em outras, não estará nem mesmo pensando naquele que perdeu. O sentimento vai e vem, perdendo um pouco de sua intensidade ao longo do tempo, mas nunca desaparecendo por completo. Não importa o que aconteça, honre suas memórias e suas inclinações.

→ **Passe algum tempo com o corpo de seu ente querido depois que ele falecer.** Aqueles que perderam entes queridos em situações das quais seus corpos não puderam ser recuperados muitas vezes sofrem por períodos de luto prolongados. Quando olhamos para os nossos mortos, quando sentamos e conversamos com eles, conseguimos estabelecer uma base na qual nossa dor — nossa recalibração neural — pode se ancorar.

→ **Evite a verborragia e procure observar as ações.** Aja como um behaviorista animal, especialmente ao interpretar as interações entre você e seu parceiro romântico. Pode-se aprender muito sobre as emoções em jogo quando você para de se atentar às palavras e começa a observar os comportamentos.

→ **Também aja como um behaviorista animal para com o seu próprio estado emocional.** Além disso, reconheça que, se você

## A EVOLUÇÃO E OS DESAFIOS DA VIDA MODERNA

sente desprezo, repugnância ou uma raiva persistente pela pessoa com a qual está se relacionando afetivamente, esses sentimentos são incompatíveis com o amor.

→ **Evite aplicativos de namoro,** se possível. Em um mundo com bilhões de pessoas, no qual aquelas que vivem em cidades interagem anonimamente umas com as outras diariamente, os aplicativos de namoro podem ser uma boa maneira de acessar um número quase infinito de opções. Os riscos, no entanto, são muitos — torná-lo menos interessado em aprofundar qualquer relação, por exemplo. Neste verdadeiro mar de oportunidades, também é possível que a pessoa se torne demasiadamente perfeccionista — com a sensação de que a "pessoa certa" deve estar em algum lugar, e que basta continuar deslizando o dedo na tela por tempo suficiente para encontrá-la. É melhor ter interações verdadeiras e constantes em qualquer relacionamento que você acha que vale a pena desenvolver.

→ **Incentive a aloparentalidade de seus filhos** — com avós, irmãos mais velhos, amigos etc. Se você tem apenas mulheres adultas em sua casa, ou apenas homens adultos, um aloparente do sexo oposto pode ser particularmente benéfico para seus filhos.

→ **Amamente seus bebês**, se possível. Adultos que foram amamentados têm palatos mais bem formados e dentes mais alinhados em comparação com aqueles que foram alimentados por meio de mamadeiras;[20] além do mais, o leite materno contém todo tipo de nutrientes e informações que não compreendemos inteiramente. Ele pode, por exemplo, conter sinais com os quais o bebê inicia seu ciclo de sono-vigília. Assim, se você amamenta e também extrai leite para alimentar o bebê em outros horários, alimentá-lo com esse leite que foi extraído na mesma hora do dia pode ser útil para fazê-lo dormir no horário que você preferir. Dito de outra forma: fique atenta ao leite materno de Chesterton.[21]

Capítulo 9

# Infância

**A INFÂNCIA É UM PERÍODO DE EXPLORAÇÕES. É O MOMENTO DE APRENDER, QUEBRAR E CRIAR** novas regras.

Quando nosso filho mais velho, Zack, tinha 5 anos, ele inventou um novo modo de locomoção para descer as escadas, que envolvia uma grande bola de borracha e um colchão. Funcionou muito bem, até que não. Sua fratura no braço exigiu a inserção cirúrgica de pinos de metal para estabilizar a placa de crescimento de seu úmero, e outra cirurgia 6 semanas depois para removê-los, mas ele se curou sem maiores problemas, e passou a fazer suas invenções com mais cautela.

Um jovem orangotango seguindo sua mãe pelas árvores pode choramingar e chamá-la ao se deparar com uma brecha grande demais para ele atravessar sozinho. Ela retornará e preencherá esse espaço, permitindo que ele o atravesse e observe como se faz.[1]

Jovens corvos passam anos em grandes grupos sociais depois de se tornarem independentes dos pais e antes de formar laços com parceiros de longo prazo. As alianças se formam durante esse período, mas também surgem conflitos, e os corvos que descobrem como se reconciliar experimentam menos agressões no futuro.[2]

Quando uma jovem macaca-japonesa chamada Imo inovou com a submersão de batatas-doces no mar para limpá-las, os adultos de seu bando demoraram para perceber. Eles viviam juntos em uma pequena ilhota no Japão, mas apenas dois adultos copiaram seu comportamento nos cinco anos seguintes.

## A EVOLUÇÃO E OS DESAFIOS DA VIDA MODERNA

Os macacos jovens, porém, junto aos outros filhotes e subadultos, observaram e aprenderam. Cinco anos depois, quase 80% dos macacos juvenis estavam limpando suas batatas-doces no estilo de Imo.[3]

Durante a infância, aprendemos a ser. Também aprendemos quem somos e sonhamos com quem podemos nos tornar.

Os seres humanos não são quadros em branco, mas, de todos os organismos da Terra, somos os que se encontram mais em branco.[4] Temos as infâncias mais longas do planeta,[5] e chegamos ao mundo com mais plasticidade do que qualquer outra espécie — o que significa dizer que somos os menos imutáveis. O software, que é a interação da experiência e do conhecimento com a capacidade, é mais importante em humanos do que em qualquer outra espécie. Uma demonstração disso pode ser vista no povoamento das Américas. Um punhado de ancestrais veio para o Novo Mundo com a tecnologia da Idade da Pedra e se diversificou em centenas de culturas em dois continentes, inventando a escrita, a astronomia, a arquitetura e as cidades-estado ao longo do percurso, com um ritmo de mudanças rápido demais para poder ser atribuído aos genes. Tudo isso aconteceu no software.

Já a nossa capacidade de aprender línguas faz parte do nosso hardware. Quase todos os bebês humanos têm essa competência latente. O idioma que um bebê falará, no entanto, depende inteiramente do contexto: portanto, é software. Além disso, perdemos rapidamente parte da nossa capacidade de ouvir e construir os fonemas e tons de línguas que não estão em nosso ambiente, independentemente de nossa etnia ou linhagem. Assim como nascemos com mais potencial neuronal do que usamos (a maioria de nossos neurônios morre antes de nos tornarmos adultos), também nascemos com mais potencial linguístico, e parte dele se perde durante a infância. Nascemos com um amplo potencial, mas que vai diminuindo com o tempo.[6]

À primeira vista, a redução da capacidade inicial pode parecer um tremendo desperdício. Então por que isso ocorre? A resposta é que, quando nascemos, estamos em um modo de exploração. Não podemos prever com antecedência de quais neurônios precisaremos ou qual idioma falaremos, então nascemos com um excesso de capacidade. Isso nos permite otimizar nossas mentes para a condição em que nascemos, sem a necessidade de conhecimentos prévios. Nascemos para explorar o mundo ao nosso redor, descobrir seus segredos e estruturar nossas mentes de acordo com isso. Uma vez que este trabalho é feito, nós perdemos essa capacidade excedente, para que não se torne uma desvantagem metabólica — só custos, sem recompensas.

Os seres humanos são sociais, com longa expectativa de vida e sobreposição entre gerações: avós, pais e filhos podem conviver no mesmo espaço. Essas características também se aplicam a outros símios, às baleias dentadas (golfinhos e orcas) e aos elefantes, papagaios, corvídeos (corvos e gaios), lobos, leões e muito mais.

Todas as espécies que são sociais, têm vida longa e sobreposição de gerações também tendem a ter infâncias longas. A infância dessas outras espécies, assim como a nossa, vem com crises e brincadeiras, profundidade emocional e capacidade cognitiva. Os adultos que se desenvolvem a partir disso têm uma complexidade social que também é reconhecível para nós: golfinhos-rotadores coreografam elaboradas caçadas em grupo;[7] corvos da Nova Caledônia compartilham informações entre seus amigos;[8] elefantes sofrem.[9]

Passar o tempo como crianças permite que os animais aprendam sobre seu ambiente. Portanto, roubar a infância dos jovens — organizando e programando suas brincadeiras, mantendo-os longe de todo e qualquer risco e da exploração, controlando-os e sedando-os com telas, algoritmos e drogas legalizadas — praticamente garante que eles chegarão à idade adulta sem a capacidade para ser adultos de fato. Todas essas ações — quase sempre bem intencionadas, diga-se de passagem — impedem o software humano de refinar nosso hardware bruto e rudimentar.

Sem a infância, os animais devem confiar mais plenamente em seus hardwares e, portanto, ser menos flexíveis. Entre espécies de aves migratórias, aquelas que nascem sabendo como, quando e para onde migrar — que estão migrando por intermédio de suas instruções de nascença — às vezes encontram-se rotas de migração extremamente ineficientes. Essas aves, que nascem sabendo migrar, não se adaptam com facilidade. Assim, quando os lagos secam, as florestas se transformam em terras agrícolas ou as mudanças climáticas deslocam as áreas de reprodução mais ao norte, as aves que nascem sabendo migrar continuam voando de acordo com as velhas rotas. Em comparação, aves com infâncias mais longas, e aquelas que migram com seus pais, tendem a ter as rotas de migração mais eficientes.[10] A infância facilita a transmissão de informações culturais, e a cultura pode evoluir mais rápido que os genes. A infância nos dá flexibilidade para um mundo em constante mudança.[11]

## Aprendendo a dar Cambalhotas e a Navegar pelo Trânsito

O desejo humano de dar uma cambalhota deve ser quase tão antigo quanto o bipedismo. A capacidade de gravar a si mesmo aprendendo a dar cambalhotas é bem mais recente. Pode-se encontrar uma miríade de vídeos no YouTube que narram as tentativas de um jovem de acertar o pouso em um salto mortal duplo. É preciso a inclinação para tentar, e realizar inúmeras tentativas ao longo de muitos dias, semanas, e talvez meses. É preciso disposição para arriscar lesões, e também perseverar após o fracasso. Não há garantia de quanto tempo levará e não há caminho certo para o sucesso. Se você não reconhecer e aceitar todos esses fatores, é improvável que consiga dar cambalhotas.

Ficar sentado em um quarto ouvindo palestras sobre cambalhotas também não trará nenhum resultado; você simplesmente aprenderá a responder perguntas sobre o tema. Com isso, você pode *soar* como um especialista, mas não terá qualquer experiência real.

As crianças aprendem por meio da observação e da experiência. Enquanto várias culturas, incluindo as culturas WEIRD, se concentram cada vez mais na instrução direta (formalizada por intermédio das escolas), outras, como as dos navajos e dos inuítes, evitam o ensino sempre que possível.[12]

As crianças aprendem com seus pais, irmãos, parentes e com grupos de amigos. Historicamente, os irmãos têm sido forças particularmente corretivas, pois tendem a ser brutalmente honestos (e às vezes apenas brutos) quando o irmão ou irmã faz algo ruim, ou comete um erro de julgamento. As maneiras pelas quais as crianças impõem umas às outras seus próprios pontos de vista sobre o que seria um comportamento apropriado podem parecer cruéis para os adultos, mas quando elas são autorizadas a circular livremente, em grupos, e a brincar livremente por longos períodos de tempo, os valentões e idiotas são mais propensos a perder força do que ganhar,[13] e todos aprendem a criar e seguir regras que funcionam. Em todas as culturas nas quais se pode observar a existência de brincadeiras e jogos, até mesmo crianças pequenas que se envolvem com brincadeiras em áreas potencialmente perigosas e sem a supervisão de um adulto tendem a resolver disputas rapidamente entre si, e raramente sofrem acidentes.[14]

Compare isso com um recreio escolar moderno: todas as brincadeiras são supervisionadas, as crianças geralmente são impedidas de brincar ou criar jogos que limitam quem ou quantas pessoas podem jogar (porque isso seria "exclusivo") e qualquer desacordo entre as crianças é imediatamente arbitrado por um adulto.[15] Crianças que crescem restritas a ambientes como este não serão adultos capacitados.

Em Quito, uma metrópole movimentada com veículos a alta velocidade e pouca aderência às leis de trânsito, vimos uma criança pequena, com cerca de 4 anos, percorrer um cruzamento complexo por conta própria. Depois de atravessar várias faixas de trânsito — com total segurança, e sem precisar gerar engarrafamentos — ele entrou em uma pequena loja, comprou uma sacola de frutas, e então voltou pelo mesmo cruzamento e desapareceu em um prédio residencial onde, presumivelmente, uma mãe ou tia aguardava seu retorno. Na época, nossos próprios filhos tinham 11 e 9 anos, e nós não tínhamos toda essa confiança *neles*, que nunca haviam sido expostos a uma situação como aquela — como poderiam estar cientes dos seus riscos? No entanto, eles já conheciam a floresta amazônica, e permitimos que explorassem a selva de uma maneira que aquela criança de Quito não estaria segura para fazer, já que quase certamente nunca havia estado na Amazônia.

É uma corda bamba, dar espaço suficiente para as crianças tomarem as rédeas de suas próprias decisões e erros, ou protegê-las de perigos concretos. Nosso pêndulo social pendeu demais para um lado — proteger as crianças contra todos os riscos e males — de tal forma que muitos que atingem a maioridade sob esse paradigma sentem tudo como uma ameaça, precisam de espaços seguros, são sensíveis demais às palavras. Em comparação, crianças expostas a experiências diversas — físicas, psicológicas e intelectuais — aprendem sobre o que é possível e se tornam mais expansivas. É imperativo que as crianças experimentem desconforto em cada um desses domínios: físico, psicológico e intelectual. Do contrário, elas acabam crescendo sem saber o que é realmente nocivo ou arriscado. Acabam virando crianças em corpos adultos.

As crianças são projetadas para adquirir o conjunto de habilidades necessária para se tornarem adultas. É isso que elas querem. No entanto, nós, modernos, interrompemos esse processo a um nível surpreendente. Se permitirmos, as crianças programarão a si mesmas. Da mesma forma, os adultos fornecerão um guia para o ambiente em que seus filhos estão crescendo — a menos que as forças do mercado intervenham (um ponto ao qual retornaremos no final do livro). Comprar manuais enganosos sobre como ser um pai competente (por mais bem intencionados que sejam) atualmente é considerado um símbolo de boa parentalidade, mas não deveria (afirmamos isso sabendo que estamos, em

## A EVOLUÇÃO E OS DESAFIOS DA VIDA MODERNA

parte, nos apresentando como autoridades oferecendo conselhos parentais). Enquanto isso, confiar em si mesmo e deixar seu filho explorar e correr seus próprios riscos são fatores deixados de lado.[16] Isso é um ótimo exemplo de retrocesso.

## Plasticidade

A infância — e, por extensão, a parentalidade — é um jogo entre amor e libertação, entre manter alguém por perto e, ao mesmo tempo, dar-lhe liberdade para explorar, talvez até para sair. Em biologia, falamos de *plasticidade*, geralmente *plasticidade fenotípica*, para nos referirmos aos muitos resultados que são possíveis a partir das mesmas matérias-primas. Grosso modo, um genótipo (digamos, alelos para olhos castanhos) produz um fenótipo (olhos castanhos). O fenótipo nada mais é que a forma observável de um organismo. Em muitas características, no entanto, um genótipo específico codifica informações para uma *gama* de fenótipos possíveis,[17] e as interações com os ambientes molecular, celular, gestacional e externo determinam qual fenótipo será produzido de fato.

A plasticidade fenotípica permite que os indivíduos respondam em tempo real a ambientes em constante mudança, de forma a evitar serem canalizados para padrões e modos de vida definidos geneticamente.

Os crânios das hienas selvagens dominantes são grandes e robustos, com grandes cristas sagitais no topo e amplos arcos zigomáticos na área das bochechas. Ambas as estruturas fornecem lugares para os músculos se prenderem, sendo muito necessárias para quem procura afirmar seu domínio através dos dentes. Compare-os com os crânios de hienas nascidas e criadas em cativeiro, que não possuem tais estruturas.[18] As diferenças de ambiente das hienas selvagens versus hienas de cativeiro afetam suas respectivas formas (morfologias).

Da mesma forma, crianças humanas que mastigam alimentos macios e processados têm rostos menores quando adultos do que aquelas que crescem mastigando alimentos duros.[19]

Os girinos de sapo-pé-de-espada podem crescer lentamente para se transformarem em morfos onívoros; mas se estiverem muito comprimidos e ficando do sem tempo e espaço nas poças e charcos efêmeros em que vivem, eles podem se transformar rapidamente em morfos canibais maiores e mais ferozes, alimentando-se uns dos outros. A metamorfose por meio da qual esses girinos se desenvolvem depende inteiramente do seu contexto.[20]

Quando as temperaturas sobem, os mandarins comunicam isso aos seus filhotes ainda não eclodidos. Esses filhotes, cujos pais lhes "contaram" a respeito das temperaturas elevadas enquanto ainda estavam em seus ovos, alteram sua demanda comportamental e, quando se tornam adultos, têm preferência por locais mais quentes.[21] Mesmo nosso arco aórtico, o primeiro ramo arterial do coração que leva sangue oxigenado para o corpo, possui várias anatomias comuns nas populações humanas, que podem se desenvolver a partir de portas de partida genéticas altamente semelhantes.[22]

A plasticidade oferece a possibilidade de fenótipos alternativos, muitas vezes por meio de regras simples que não prescrevem resultados precisos. O resultado, com níveis de complexidade cada vez maiores, é a exploração de um território novo, literal e metafórico.[23]

Um lugar em que a plasticidade se manifesta em humanos é na grande variedade de abordagens de parentalidade em todas as culturas. No Tajiquistão, bebês e crianças pequenas ficam presos por horas a fio em berços conhecidos como gahvoras. Os gahvoras são conservados dentro das famílias e transmitidos entre gerações. As crianças tajiques são o centro da vida familiar; mães, avós, tias e vizinhos estão sempre disponíveis e respondem imediatamente aos choros de um bebê com comida, cantos ou outros mimos. Contrariando as expectativas ocidentais, no entanto, poucas semanas após o nascimento, os bebês são colocados em gahvoras, com funis e buracos para urinar e defecar, e suas pernas e torsos são firmemente amarrados.[24] Os bebês dentro destes berços praticamente só conseguem mover suas cabeças. Tendo pouca experiência em engatinhar ou tentar caminhar sobre as próprias pernas na primeira infância, esses bebês não andam tão cedo quanto aqueles criados no Ocidente. As expectativas formais da Organização Mundial da Saúde para bebês aprenderem a andar são entre 8 e 18 meses,[25] e ainda assim os tajiques não aprendem até os 2 ou 3 anos.[26] Seriam os bebês tajiques estúpidos ou fisicamente incompetentes? Claro que não.

Por outro lado, os bebês de uma aldeia rural queniana aprendem a sentar e andar mais cedo do que os bebês ocidentais.[27] Estariam os bebês quenianos inerentemente destinados à grandeza, com suas habilidades motoras precoces preditivas de um domínio precoce em todas as áreas? Também não.

# A EVOLUÇÃO E OS DESAFIOS DA VIDA MODERNA

As variações na cultura de criação de bebês entre os humanos ilustram um pouco da nossa grande plasticidade. Os bebês quenianos aprendem a andar mais cedo do que os ocidentais — mas todos os bebês ocidentais, exceto aqueles com deficiências mais graves, aprendem a andar em algum momento.

Pais em culturas WEIRD não estão focados apenas em seus filhos, mas também em informações que são facilmente registradas e transmitidas: o *quando* do primeiro sorriso, a primeira palavra falada ou o primeiro passo do bebê. Uma vez que temos essas informações, nos iludimos facilmente ao imaginar que o *quando* é uma medida crítica não apenas da saúde da criança, mas também das suas capacidades futuras. Mais uma vez, características facilmente mensuráveis — calorias, tamanhos, datas — tornam-se um substituto impreciso para uma análise mais ampla da saúde do sistema. Ao acreditar na falsa noção de que *quando* um padrão é atingido é uma boa medida para a saúde e o progresso, estamos lidando com o nosso medo moderno de assumir riscos. É *arriscado* para o meu filho não alcançar um padrão. É *arriscado* para mim não forçá-lo(a) a cumprir prazos arbitrários. Esse foco parental pode incutir medo em nossos filhos, que eles por sua vez carregarão como uma aversão ao risco.

## Fragilidade e Antifragilidade

Os seres humanos são antifrágeis:[28] nos fortalecemos por meio da exposição a riscos manejáveis e da superação de limites. À medida que nos tornamos adultos, a exposição ao desconforto e à incerteza — física, emocional e intelectual — é necessária se quisermos nos tornar a melhor versão de nós mesmos.

Logo após a fertilização, o zigoto é incrivelmente frágil. Uma porcentagem grande das gestações termina em abortos precoces[29] — e em muitos desses casos, isso acontece tão cedo que a mulher nem sabe que estava grávida. A cada dia que passa, o zigoto se torna mais robusto, resiliente e capaz — mas mesmo depois de nascer, o bebê não está exatamente pronto para o que der e vier. Não nascemos formados, e necessitamos de cuidados parentais ativos e quase constantes por um longo período de tempo.

Do zigoto extremamente frágil ao bebê razoavelmente frágil, chegando à criança e ao jovem adulto, cada vez menos frágeis, a meta para o indivíduo e seus pais é que eles se tornem antifrágeis, e não apenas "não frágeis". Em parte, isso requer o reconhecimento de que o desenvolvimento é contínuo. Assim como as futuras mães são aconselhadas a não alimentar seus fetos com álcool, ao beberem durante a gravidez, não damos álcool para bebês ou crianças pequenas. Essa linha fica cada vez mais imprecisa ao longo do tempo, até que, em algum momento, um jovem passa a poder consumir álcool, porque seus sistemas anatômico e fisiológico estão desenvolvidos o suficiente para lidar com as agressões e danos que a bebida traz. Da mesma forma, não expomos nossos filhos a riscos físicos ou emocionais ainda no útero, se pudermos evitá-los. O nascimento pode parecer uma linha bem definida, uma fronteira clara e inequívoca — e, em alguns aspectos, o é — mas quanto menos definida conseguirmos torná-la para o bebê, mais forte e antifrágil ele poderá se tornar.

"Expor as crianças a riscos e desafios" é, portanto, uma regra — como tantas outras dentro de sistemas complexos — que depende do contexto. Assim, embora expor seu filho a riscos cada vez maiores à medida que ele cresce seja essencial para que ele se torne antifrágil, você não pode fazer isso simplesmente jogando-o no mundo. Primeiro, você deve se certificar de que seu filho saiba, no nível mais profundo, que ele é amado, que você o apoia e que, não importa o que aconteça, se ele estiver em apuros, você fará todo o possível para ajudá-lo.

Procure se vincular firmemente com seus filhos desde o início. Como mostramos, culturas diferentes fazem isso de maneiras diferentes. Nós, particularmente, somos adeptos da parentalidade apegada: levar seu filho junto enquanto você se move pelo mundo, para que ele veja o que você vê e esteja literalmente em contato com você; e dormir com seu bebê (o que, ao contrário de alguns relatos, faz com que ter um filho seja algo mais fácil para os pais, não mais difícil). Quando seu bebê chorar, vá até ele, assegure-o de que não está sozinho. Uma criança tratada dessa forma provavelmente terá, desde cedo, a confiança necessária para se aventurar por aí, porque ela sabe que alguém — seus pais — lhe dará apoio, não importa o quê.[30]

Dito isso, quando alguns pais tentam tornar seus bebês resilientes ao colocá-los em quartos escuros na ânsia de que aprendam a se confortar sozinhos, eles não estão entendendo com que tipo de ser estão lidando. Não há nada em nossos milhões de anos de história evolutiva que leve uma criança a se sentir segura sozinha em um quarto. Os gritos resultantes podem ser não apenas enlouquecedores para os pais, mas também uma maneira de o bebê avaliar se está ou não a salvo do perigo. Se estiver seguro (e bebês indefesos, ao contrário de estudantes universitários, *precisam* de espaços seguros), ele pode seguir sua jornada de aprender a ser humano. Pode não parecer que ele esteja aprendendo muito, mas está; os circuitos neurais que está estabelecendo agora quase certamente parecerão diferentes se emergirem de uma posição de "Estou confiante e seguro porque alguém cuida de mim" em oposição a "Não sei o que é o quê". Esta última circunstância é mais susceptível a produzir medo e ansiedade.

O fato de a criança não ter ideia do que está fazendo, ou por que, não torna a situação menos real ou menos evolutiva. O cálculo implícito à construção da concha de um caracol é real, mas nenhuma pessoa sã conclui, a partir disso, que os caracóis estão conscientemente fazendo cálculos.

Quanto mais jovem a criança, mais segura e protegida ela precisa saber que é, pois isso cria a força interior e a resiliência necessárias para explorar o mundo ao redor, e com mais habilidades e coragem. Só porque um pai sabe que adora seu filho e que, para protegê-lo, deixaria que algum mal acontecesse antes a si próprio, não significa que a criança saiba disso. Pequenas formas larvares ainda não podem saber disso. As únicas informações que um bebê consegue processar são: quando comunico minhas necessidades, elas são atendidas? Tenho provas de que meus pais estão presentes quando os chamo?

Obviamente, as crianças aprenderão rapidamente a testar o sistema e a tentar enganar seus pais. Pais e filhos ficam juntos por um longo período, e as crianças são selecionadas para descobrir os movimentos de seus pais e tentar manipulá-los. Com efeito, a manipulação começa antes do nascimento.[31] Um feto é selecionado para extrair recursos de sua mãe, assim como a mãe é selecionada para sustentá-lo, ao mesmo tempo em que mantém alguns recursos como reserva, tanto para sua própria saúde quanto a de seus futuros filhos.[32]

Regras estáticas não funcionam com crianças. As regras têm que ser ágeis — capazes de mudar à medida que a criança amadurece — e sensíveis tanto às suas necessidades quanto às suas táticas. Dito isso, converse com seus filhos como se eles fossem seres maduros e responsáveis o mais cedo possível — de fato, muito antes que possam entender o que você está dizendo. Responsabilize-os por suas ações e cada vez mais por suas necessidades, à medida que forem crescendo. Dê-lhes tarefas de verdade para realizar, e não trabalhos maçantes e indiferentes. Não faça ameaças falsas ("Se você continuar fazendo isso, vamos voltar para casa!"). Sempre certifique-se de que eles sabem que são amados.

Com a total compreensão de que sorte e tempo estão além do controle familiar, e que mesmo os melhores planos de criação não são garantia de sucesso, permita-nos contar como isso foi para nós. De nossos filhos, esperávamos que fizessem seus próprios cafés da manhã e almoços nos dias de aula desde que estavam no ensino fundamental, além de alimentar os animais de estimação diariamente e lavar suas próprias roupas toda semana. Além disso, também os expusemos gradualmente a uma ampla gama de riscos. Aos dez anos, eles se mostraram dignos de confiança nas planícies no leste de Washington, com cobras corais na Amazônia, em florestas e rebentações em vários locais — mas menos competentes nas cidades. Quando eles se machucavam superficialmente, não colocávamos curativos nos "dodóis"; em vez disso, dizíamos a eles para que se levantassem, ou montassem na bicicleta novamente, ou voltassem a subir na árvore.

Mas quando eles eram pequenos, geralmente um de nós vestia, carregava e dormia com as crianças. Agora eles são aventureiros e educados, com um senso de humor e de justiça. Eles sabem honrar as boas regras e questionar as ruins. Dissemos a eles que às vezes cometemos erros e propomos regras ruins, mas que estamos todos no mesmo time, e que eles deveriam indagar por que nossas regras são o que são, e por que é contraproducente quebrá-las simplesmente "porque sim". Na maior parte do tempo, eles não fazem isso.

Um conjunto de regras que muitos pais WEIRD têm, e que são frequentemente quebradas pelas crianças, envolve a hora de dormir. Como você aumenta as chances de ter crianças que literalmente não saem de seus quartos depois da hora de dormir, como nós mesmos fizemos — assegurando, assim, horas, semanas, meses de tempo para o(s) outro(s) adulto(s) em sua vida? No primeiro ano de vida, nossos meninos dormiam conosco ou ao nosso lado e, quando choravam, nós reagíamos rapidamente. Às vezes aquilo parecia interminável, mas em pouco tempo eles diminuíram a frequência. Uma vez que passaram a dormir em seus próprios quartos, tínhamos rituais noturnos em família, como ler para eles, mas também deixávamos claro que hora de dormir era hora de dormir, e que eles não deveriam tentar nos enganar. Quando chegava a hora, nós os colocávamos na cama, e nenhum deles saía do quarto depois disso. Acreditamos que isso aconteceu em parte porque eles sabiam que nós estávamos lá e que, se realmente precisassem, nós iríamos até eles.

## Brincadeiras, Experimentações e Esportes

Seres humanos são simultaneamente competitivos e colaborativos. Não podemos ser humanos sem essas duas características, e as brincadeiras livres revelam a presença de ambas nas crianças.

Já foi proposto que o ato de brincar serviria para permitir que crianças mamíferas desenvolvessem flexibilidade cinemática e emocional para situações inesperadas e fora de controle.[33] Em jovens micos-leões-dourados, as brincadeiras podem ser selvagens e barulhentas, tendo um custo metabólico e forçando os adultos a ficarem vigilantes, visto que há o risco de predação de falcões, grandes felinos e cobras para esses pequenos macacos.[34] Apesar desses custos e riscos, as brincadeiras complexas persistem e devem ser, portanto, — voltando ao teste de adaptação em três partes apresentado no capítulo 3 — adaptativas.

Há inúmeras formas de se brincar. De um modo geral, as brincadeiras podem explorar os mundos físico e social, ou alguma combinação dos dois. Há um grande valor em experimentar, em pegar objetos físicos e analisar seu funcionamento, em desmontá-los e ver se eles podem ser remontados. Nós dois temos idade suficiente para lembrar das lojas de hobby e RadioShacks, lugares que estimulavam esse tipo de investigação; o declínio e eventual desaparecimento, respectivamente, desses espaços, combinados com a substituição generalizada de peças mecânicas por eletrônicas (em tudo, de carros a torradeiras), torna esse tipo de brincadeira mais incomum no século XXI. Vale a pena procurar por elas, no entanto. Essa investigação de espaços mecânicos não é menos experimental do que fazer uma trilha, por exemplo. Muitas garotas são mais propensas a explorar espaços expressamente sociais — organizando encontros, festas etc. — e isso também é uma forma de experimentação.

Os esportes geralmente reúnem ambos, especialmente esportes coletivos, que podem unir o físico e o social de formas divertidas e criativas, oferecendo uma plataforma valiosa para experimentação. Eles podem não ser para todos, mas certamente são uma maneira de garantir habilidades físicas, que por sua vez favorecem a clareza mental e a força física. Dito isto, os esportes coletivos não são um substituto completo para brincadeiras livres ou para o engajamento físico com o mundo, que muitos chamariam de "esforço". O esforço deve acontecer, e as crianças podem colher bons frutos a partir dele. Por exemplo, visto que as cercas existem, elas devem ser construídas por alguém, e é muito fácil para quem nunca construiu uma imaginar que se trata de algo simples ou banal. Em famílias de colarinho branco, se as crianças praticam atividade física apenas quando os pais as transportam para locais e horários especialmente sancionados para o esporte formal, cria-se a ilusão de que o esforço físico de verdade é uma opção, e nunca uma necessidade. Embora isso possa servir às suas aspirações de classe (refletindo, portanto, a sua realidade), não serve ao seu filho. O esporte é valioso, *e* não deve substituir totalmente o esforço físico.

O esporte formal e o esforço físico são valiosos, portanto, mas mais profundo ainda é a simples brincadeira, sem regras vindas de fora. Quando as crianças brincam de pique-pega em sua vizinhança, inventando ou adaptando as regras durante a brincadeira para qualquer quadra e equipamento à disposição, elas estão aprendendo verdades profundas. Esse processo se intensifica se as crianças tiverem idades e habilidades diferentes. As crianças mais novas obtêm acesso a atividades que não conseguiriam fazer sozinhas, são capazes de observar outras para as quais não estão preparadas e recebem orientações e cuidados afetivos além do que seus iguais poderiam oferecer. Da mesma forma, as crianças mais velhas em grupos de idades mistas aprendem a cuidar, liderar e dar orientações, e muitas vezes encontram inspiração para atividades criativas.[35]

Lembre-se da cerca de Chesterton — aquele objeto irritante que você não deve remover até conhecer seu propósito — e considere uma possível brincadeira de Chesterton, em toda a sua diversidade desorganizada. Abandone-a por sua própria conta e risco — e os de seu filho.

## Dos Perigos de Objetos Aparentemente Animados que não são Responsivos

Não permita que objetos inanimados dominem a atenção de seus filhos. Deixe uma criança sozinha com telas que parecem estar e soam como se estivessem vivas — quer elas apresentem atores humanos ou animações — mas não estão, e, portanto, não respondem a seres vivos, e essa criança aprenderá todas as lições erradas. Por que observa-se um aumento nos diagnósticos do espectro autista atualmente?[36] Nós defendemos que isso está, em parte, relacionado ao número de crianças que foram criadas olhando para telas animadas com criaturas que pareciam estar vivas, mas não estavam. Essas criaturas aparentemente vivas, que não podem e, portanto, não respondem aos olhares, gestos ou perguntas de uma criança, transmitem a seguinte mensagem a um cérebro em desenvolvimento: o mundo não é um lugar emocionalmente responsivo. Como, então, uma criança percebe este mundo? Como ela pode desenvolver uma teoria da mente sutil — a capacidade de atribuir estados mentais aos outros e entender que eles podem ter e têm desejos e opiniões diferentes dos seus?

Nossa capacidade de reconhecer que outros indivíduos são diferentes de nós mesmos e, no entanto, igualmente merecedores de respeito e tratamento justo, não é exclusiva dos humanos. Babuínos, por exemplo, apresentam uma teoria da mente profunda. Uma babuíno fêmea pode avaliar com precisão se as vocalizações ameaçadoras de outra fêmea são direcionadas a ela, com base nas interações sociais que esses dois indivíduos tiveram recentemente. Um babuíno entende que, quando outro indivíduo está olhando para um alimento, é provável que venha a defendê-lo caso este seja ameaçado. No entanto, os babuínos também falham em tarefas que parecem óbvias para os humanos — as mães sistematicamente carregam seus bebês próximos à barriga; assim, quando realizam travessias aquáticas entre ilhas, por exemplo, elas ocasionalmente matam seus bebês afogados.[37]

Os humanos são a espécie que experimenta a teoria da mente com maior frequência e profundidade. Interagimos com objetos inanimados e animados de maneiras diferentes, e aprendemos a não atribuir intenção àqueles que não reagem. Permitir que objetos inanimados dominem a atenção de seus filhos pequenos, portanto, pode transmitir a mensagem de que as outras pessoas no mundo não são responsivas, e não merecem respeito e justiça.

## Crianças e Drogas Lícitas

Combinada ao acesso restrito a riscos e brincadeiras (a chamada "parentalidade helicóptero") e o uso de telas como babás, a diversidade de drogas lícitas que atualmente são administradas regularmente às crianças ajuda a criar uma verdadeira tempestade de fatores sociais que as estão prejudicando.

Postulamos que o aumento considerável de medicamentos que alteram o humor e modificam o comportamento administrados a crianças nas últimas décadas[38] é, em parte, uma resposta àquelas crianças que resistem à cultura escolar, algo que exploraremos mais detalhadamente no próximo capítulo. Os meninos são mais propensos a serem diagnosticados com TDAH e serem prescritos com anfetaminas, as quais "permitem" que eles se concentrem e aumentam suas chances de aguentar ficar sentados sem se mover, olhando para frente, em fileiras organizadas. Como a intensidade das brincadeiras não combina mais com nossas sensibilidades culturais delicadas, preferimos drogar nossos filhos para subjugá-los. As meninas, por outro lado, com menor propensão a "agir impulsivamente" e maior propensão a serem agradáveis e ansiosas, são mais propensas a receber medicamentos ansiolíticos e antidepressivos prescritos. A maioria das escolas parece mais adequada aos modos de ser e aprender das meninas do que dos meninos,[39] mas isso também não significa que o modelo seja saudável para elas.

Os meninos tendem a ser diagnosticados com condições que são frequentemente classificadas como dificuldades de aprendizagem ou, mais recentemente, como *neurodiversidade*, termo que é menos carregado. Sobre a neurodiversidade, postulamos duas coisas.

Em primeiro lugar, com exceção de exemplos raros e extremos, muitas pessoas que apresentam "neurodiversidade" se beneficiam de compensações que lhes permitem insights ou habilidades aprimoradas em outras áreas. Também há valor em simplesmente ser o "fenótipo raro", em olhar para o mundo de forma diferente da maioria. Essa lógica se aplica não apenas a pessoas com transtorno do espectro autista, especialmente aquelas altamente funcionais, mas também a pessoas com TDAH ou disléxicas, disgráficas, daltônicas, canhotas, entre outras.[40] Tendo a opção, você provavelmente não escolheria nenhum desses traços para você ou seus filhos, mas isso tem mais a dizer sobre nossa incapacidade de compreender as compensações — especialmente as enigmáticas compensações intelectuais — do que sobre o que é realmente benéfico para os indivíduos e para a sociedade.

Em segundo lugar, embora as diferenças de aprendizagem não sejam inerentemente boas *ou* ruins, elas podem servir para romper relacionamentos educacionais ruins. Uma boa relação professor-aluno é libertadora, mas uma relação ruim pode ser devastadora, e isso se torna mais provável devido à quantificação do ensino, a qual pode acabar transformando professores em verdadeiros adestradores, em vez de educadores holísticos. Uma vez que a educação se tornou altamente canalizada — direcionando as pessoas firmemente para escolhas banais e genéricas — os próprios canais se tornaram tóxicos. Ter uma deficiência de aprendizagem pode libertar um jovem de até mesmo *querer* interagir com esses canais tóxicos, o que pode forçá-lo a forjar seu próprio caminho educacional. Isso oferece uma perspectiva não apenas do atual sistema baseado em métricas — que muitas vezes falha no desenvolvimento e reconhecimento de inteligência ou capacidades — mas também de um futuro diferente e melhor, no qual existam diversos caminhos para se tornar bem-sucedido, produtivo e antifrágil.

Porém, a indústria farmacêutica encontrou, na neurodiversidade, mais uma oportunidade de lucrar. Como ter alunos quietos e obedientes é tão adequado para escolas com muitas crianças e poucos recursos, boa parte da neurodiversidade está sendo suprimida com drogas.

Em nossas próprias experiências dando aulas para estudantes universitários por 15 anos, recebíamos os históricos de saúde de todos os nossos alunos quase todos os trimestres, antes de levá-los em viagens de campo de alguns dias para o deserto a leste de Washington, as ilhas San Juan, ou a costa do Oregon. No final dos anos de 2008 e 2009, alguns de nossos programas acadêmicos tinham uma população em que mais da metade dos alunos ainda tomava, ou havia tomado quando crianças, medicamentos que alteram o humor — normalmente (mas nem sempre) anfetaminas para os meninos, e ansiolíticos e antidepressivos para as meninas. Esse número diminuiu um pouco nos anos que se seguiram (embora isso tenha acontecido em paralelo com um aumento de prescrições para hormônios exógenos cruzados e bloqueadores hormonais), mas sempre havia uma minoria substancial de estudantes tomando algum medicamento prescrito. Muitos desses alunos estavam tentando se livrar desses coquetéis; alguns conseguiram.

## Um Borboleta se Lembra de Como é Ser uma Lagarta?

À medida que uma criança cresce, desde a primeira infância até a adolescência, ela muda. No entanto, não são apenas sua anatomia e fisiologia que estão mudando — seu tamanho e forma, suas proporções. Seu cérebro também está — sua psicologia. Tais mudanças, esse processo pelo qual aprendemos a nos tornar adultos, são o verdadeiro sentido da infância.

Portanto, é particularmente desafiador ser criança em uma época em que há registros permanentes de épocas anteriores. Quando, aos 13 anos, você vê uma fotografia sua aos 6, você sabe que ambos são e não são a mesma pessoa. Você está participando de um ato de transformação. Como humanos, podemos nos transformar e continuamos a fazê-lo ao longo de nossas vidas, mas o período mais intenso é durante a infância, quando a identidade está se formando. A factualidade das transformações pode tornar difícil conciliar quem você era na primeira infância com quem você é na infância tardia. Mais desafiador ainda é reconciliar quem você era no final da infância, quando talvez já se considerasse adulto, com quem você é quando se torna um jovem adulto. Tudo isso é dificultado pelos registros permanentes de cada uma dessas fases anteriores sempre à mão para recordá-lo.

Se encontrar fotos suas em uma instância anterior já é difícil de conciliar com o seu eu atualizado, as redes sociais pioraram essa magnitude. Se você é um garoto de 14 anos de classe média que vive no mundo WEIRD, provavelmente está nas redes sociais, postando fotos da sua personalidade tão interessante. Alguns anos depois, essas postagens parecem fornecer evidências do que você era então, ainda que você mesmo saiba que, na melhor das hipóteses, elas constituem um recorte; na pior das hipóteses, são mentiras descaradas. As crianças hoje em dia têm competido com versões anteriores de si mesmas. Combine os apelos para "ser o seu eu verdadeiro" com uma norma cultural ocidental de estar sempre certo, e essas postagens precoces em redes sociais estão destinadas a confundir e frustrar as crianças, já que elas deveriam estar se metamorfoseando em suas formas adultas.

Se deparar-se com fotos que você e seus colegas colocaram nas redes sociais no início da adolescência é difícil, a situação piora quando os registros começam mais cedo. Se você estiver nas redes sociais durante o ensino médio, sua identidade será confusa. Se seus pais já estavam postando imagens suas aos 7 anos, e você tiver essas imagens para comparar com o seu eu atual, a situação é ainda mais complicada. Sim, nós merecemos ter fotografias dos nossos filhos em todas as fases de seu desenvolvimento. Em geral, essas fotos não deveriam ser exibidas para todos, a menos que representem um momento singular no tempo, sem pretensões de ser universal.

Estamos sendo fixados pela modernidade em estados que, em épocas anteriores, seriam mais efêmeros. Considere a questão filosófica, introduzida pelos gregos antigos, do navio de Teseu: se ao longo do tempo este navio teve suas tábuas substituídas várias e várias vezes por causa da podridão, até o ponto em que finalmente todas as peças originais foram substituídas, será que este ainda seria o navio de Teseu? Seria o mesmo navio? No caso de um organismo individual, ainda mais do que para um navio, a resposta pode ser sim em um sentido, e não em outro. Sim, nós temos uma linha de vida contínua desde o nosso nascimento até a nossa morte. No entanto, as transformações que ocorrem, mais intensamente à medida que passamos da infância para a idade adulta, significam que não somos os mesmos seres que éramos e que, se tentarmos nos prender a uma identidade anterior, iremos restringir nosso futuro.

O que nos leva à pergunta: uma borboleta se lembra de como é ser uma lagarta? Bem, não. A natureza incompleta da memória, neste caso, não é uma falha de programação. Não há necessidade de uma borboleta recordar sua vida de lagarta. Da mesma forma, humanos adultos lembrando precisamente o que pensavam sobre o mundo quando eram mais jovens não é, em geral, necessário para viver uma vida boa — especialmente se esses pensamentos e imagens são adulterados, não refletindo as verdades daquele período. Ser constantemente lembrado de como éramos, de como agimos e de quais pensamentos decidimos postar nas redes sociais quando éramos mais jovens e diferentes do que somos atualmente, está atrapalhando ativamente a nossa capacidade de amadurecer. E isso vale tanto para adultos quanto para crianças.

## A Lente Corretiva

→ **Não espere que seus filhos se espelhem nos outros.** Alguns "atrasos" de desenvolvimento são de fato atrasos e indicativos de problemas físicos ou neurológicos. Mas o desenvolvimento é algo extremamente plástico, que nem sempre acontece na ordem que você espera ou em momentos predeterminados. Não entre em pânico se o seu filho não souber ler na segunda série. As chances de ele crescer analfabeto são quase nulas. Mais cedo não é necessariamente melhor. Os primeiros caminhantes, falantes ou leitores não se tornam adultos mais habilidosos, inteligentes ou produtivos.

→ **Incentive o envolvimento ativo com o mundo físico.** Faça isso principalmente por meio do exemplo, mas também criando oportunidades e, até certo ponto, brinquedos que tornem isso mais fácil e divertido. Abra espaço para os erros. Espere acidentes, quedas, ferimentos leves, e esteja preparado para a possibilidade de lesões mais graves. Lembre-se de que as pessoas não aprendem apenas ouvindo o que os outros aprenderam — especialmente em questões práticas. A experiência direta é muito mais valiosa.

→ **Não deixe que objetos inanimados tomem conta de seus filhos,** especialmente se esses objetos estiverem disfarçados de seres animados.

→ **Deixe as crianças brincarem sem a supervisão de um adulto** o mais cedo possível. Isso inclui brincadeiras e esportes com regras estabelecidas.[41]

→ **Siga consistentemente suas promessas,** tanto positivas quanto negativas. Não faça ameaças (por exemplo, "Se a gritaria continuar, vou tirar seu brinquedo") para depois deixá-las de lado. Para começo de conversa, é melhor não fazer as ameaças; mas, se você as fizer — e quase todos nós fazemos, ocasionalmente — certifique-se de cumprir com elas.

→ **Espere que regras estáticas sejam burladas.** Tornar-se adulto é, em parte, aprender sobre o sistema, onde estão suas fraquezas e como tirar vantagem dessas fraquezas. As crianças aprendem isso no sistema que é apresentado em suas casas. Crie sistemas honestos, ouça as queixas das crianças, leve-as a sério desde cedo, mas não finja para elas ou para si mesmo ou para qualquer outra pessoa que o seu relacionamento é uma amizade, e não um relacionamento entre pais e filhos. Pare qualquer tipo de manipulação logo no início.

→ **Não seja um "pai [ou mãe] helicóptero".** Deixe que seus filhos cometam seus próprios erros. Ao mesmo tempo, estabeleça regras bem definidas. Uma que estabelecemos foi a seguinte: "Você pode quebrar um braço, uma perna, um pulso, um tornozelo. Mas você não pode quebrar seu crânio ou sua coluna, e nem prejudicar seus sentidos." Isso possibilitou aos nossos filhos terem uma noção de quais tipos de riscos eram aceitáveis para se assumir, e também que tipo de planos B, C, D etc. eles precisariam ter para proteger seus cérebros e sistemas nervosos centrais.

→ **Não mime seus filhos;** em vez disso, dê a eles responsabilidades desde cedo. Uma criança que é sempre servida passa a esperar isso dos outros, e está destinada a se sentir insatisfeita com o mundo fora de sua própria casa, além de ser relutante e provavelmente incapaz de se virar sozinha.

→ **Permita que seus filhos participem em (quase) todas as conversas.** Recompense sua curiosidade com conversas e não simplifique tudo para eles. Obviamente, existem questões inapropriadas para certos estágios de desenvolvimento e idades, e o que se decide pessoalmente como apropriado e quando varia de pessoa para pessoa; mas, em geral, parta do princípio de que seu filho é inteligente e consegue lidar com os conteúdos de uma conversa adulta. Não tente atrair seu interesse, apenas permita que isso se demonstre espontaneamente e, por meio de suas ações, mostre que valoriza isso; assim, eles também irão valorizá-lo (assim como ocorre com a comida).

Da mesma forma, envolva-os em tarefas que sejam realmente úteis, e faça-o de tal forma que melhore sua compreensão do mundo.

→ **Deixe que irmãos (e amigos) ensinem uns aos outros, e procure não intervir sempre que houver algum desentendimento ou briga.** Se a situação se intensificar de tal forma que você precise se envolver, não recompense tal atitude. Eles devem resolver suas próprias disputas o mais rapidamente possível.

→ **Deixe seus filhos dormirem.** O sono desempenha um papel crucial no desenvolvimento do cérebro, e quando as sinapses — as conexões entre os neurônios — são geradas em uma taxa alta, o sono também expande seu escopo.[42]

→ **Não sucumba a expectativas parentais de dominância.** A maioria delas é estúpida — na melhor das hipóteses desnecessária e, na pior, realmente prejudicial. Ouça a si mesmo e não deixe que a pressão de outros pais o leve a fazer coisas com as quais você discorda ou que pareçam erradas para seus filhos. (Por exemplo: brincadeiras constantes; agendamento de muitas reuniões e aulas.)

→ **Não crie o hábito de exibir seus filhos nas redes sociais.**

→ **Dê bastante tempo livre para os seus filhos** e, se possível, permita-os explorar sem serem observados o tempo todo (muitos modernos, entretanto, vivem em situações que não possibilitam isso).

→ **Seja o tipo de pessoa que você quer que eles se tornem.** Até certo ponto, eles são macaquinhos de imitação. Portanto, não fique surpreso se seus filhos comerem alimentos processados e pedirem para comprar coisas em todas as lojas, se este for o tipo de atitude que você exibe na frente deles.

| Capítulo 10 |

# Escolas

Crianças em diferentes culturas ao longo do tempo conseguiram chegar à fase adulta como membros funcionais de suas sociedades sem a necessidade de escolaridade. Saltemos para o século XXI, e podemos perceber um mundo onde a ausência de escolaridade na infância é impensável.

David Lancy, em *The Anthropology of Childhood: Cherubs, Chattel, Changelings*[1]

O objetivo principal de uma educação verdadeira não é fornecer fatos, mas orientar os alunos para verdades que lhes permitirão assumir a responsabilidade por suas vidas.

John Taylo Gatto, em *A Different Kind of Teacher: Solving the Crisis of American Schooling*[2]

## A AMAZÔNIA OCIDENTAL ESTAVA ATRAVESSANDO UM PERÍODO DE SECA.

Nossa turma com 30 alunos de graduação, e também nossos meninos — então com 9 e 11 anos — estavam hospedados em um local remoto, próximo ao rio Shiripuno. O Shiripuno flui para o Cononaco, que por sua vez alimenta o Curaray, que segue para o Napo e, finalmente, para o próprio rio Amazonas.[3] O calor era torturante. Bret, nossos meninos, dez alunos e nosso habilidoso guia Fernando estavam caminhando pela selva para encontrar uma salina, onde os animais se reuniam para repor nutrientes preciosos. É sempre escuro no sub-bosque, mas a luz diminuiu ainda mais porque, depois de muito tempo sem chuva, a água começou a cair do céu. A trilha rapidamente se tornou um riacho e, logo depois, desapareceu completamente. Fernando aconselhou os demais a ficarem parados enquanto ele refazia seus passos e reencontrava a trilha. Os ventos aumentaram, chicoteando os galhos da copa descontroladamente. Quando os macacos ficaram em silêncio, a própria floresta começou a uivar, com árvores unidas por lianas puxando umas às outras, a tensão gerando sons agudos. No meio disso tudo, ouvimos um estalo brusco e distinto — *crack*.

Percebendo o movimento pouco antes de cair sobre eles, Bret mergulhou sobre os meninos, cobrindo-os e empurrando-os ao chão. Eles desapareceram sob a copa de uma árvore enorme, enterrados por folhas e galhos; haviam sido atingidos pela copa, mas não pelo tronco. Imediatamente, os gritos abafados dos alunos — todos eles bem — os alcançaram. "Zack! Toby!", gritaram, acometidos. "Zack, Toby!"

Depois de alguns minutos, Zack, Toby e Bret saíram de debaixo daquele emaranhado, ilesos, exceto por algumas picadas de formiga. Os ventos ainda estavam fortes, a chuva seguia caindo, e o chão da floresta havia se tornado um verdadeiro labirinto de pequenos riachos. Mas todos estavam seguros.

Poucas semanas depois, um acidente em ondas altas perto das Ilhas Galápagos quase matou Heather e o capitão do barco. O acidente poderia facilmente ter matado todos a bordo, incluindo oito de nossos alunos, alguns dos quais também estavam presentes na queda da árvore em Shiripuno. Essa é uma história longa e aterrorizante, e nós já a documentamos em outro lugar,[4] mas algumas de suas lições são as mesmas: esteja sempre atento. Acredite que você consegue, e não o contrário. Construa uma comunidade forte, e confie que ela estará lá para você quando precisar.

Selecionamos os alunos para este programa de estudos no exterior devido à sua combinação de habilidade intelectual e curiosidade, aptidão física e de resolução de problemas, e mentalidade comunitária — e não por quaisquer habilidades ou interesses parentais latentes. Durante a viagem, no entanto, muitos deles apresentaram comportamentos quase parentais. Central para a nossa abordagem à educação foi a construção de uma comunidade, de relacionamentos reais e genuínos, não apenas entre alunos, ou entre alunos e professores, mas também — nesta viagem de estudo prolongado ao exterior — entre nossos filhos em idade escolar e nossos estudantes universitários, muitos dos quais eram mais próximos da idade de nossos meninos do que da nossa (apenas alguns eram mais próximos da nossa idade). Era uma educação que abrangia a todos — nossos alunos, nossos filhos e nós mesmos.

A escola é uma novidade em nossa história evolutiva. É mais recente que a agricultura e a linguagem escrita. Como todos os organismos sociais de vida longa, com longas infâncias e sobreposição de gerações, precisamos aprender a ser adultos. Isso, no entanto, não é o mesmo que precisar ser ensinado.

Não só as escolas são raras na história humana — o ensino também.[5] Há algumas evidências de ensino em espécies não humanas, e os exemplos são fascinantes.

Em muitas espécies de formigas, as forrageadoras que descobriram algo que vale a pena — uma fonte de alimento ou um possível local para estabelecer um formigueiro — transmitem isso a outras correndo com elas, conduzindo-as até essa nova oportunidade. As forrageadoras experientes poderiam simplesmente carregar suas companheiras leigas até o destino — é o jeito mais rápido, e às vezes elas fazem exatamente isso. Contudo, a formiga que está sendo carregada terá mais dificuldade em aprender a rota dessa maneira, em parte porque ela tende a ficar pendurada de costas e na parte traseira de sua transportadora, além de ficar virada para trás.[6] Enquanto a corrida em dupla custa muito mais tempo para as formigas que já sabem chegar ao destino, as formigas recém-ensinadas acabam sendo melhor informadas e mais eficientes do que o seriam de outra forma.[7]

Pulando para espécies mais próximas de nós: os suricatos caçam e comem uma grande variedade de alimentos, alguns dos quais são difíceis de capturar e potencialmente perigosos, como os escorpiões. Os suricatos adultos fornecem presas já mortas para seus filhotes muito jovens. Então, ao longo de vários meses, vão mostrando presas vivas a eles, ensinando-os a lidar com elas e a caçá-las, além de recuperar qualquer uma que consiga escapar; assim, os filhotes vão ficando cada vez mais aptos.[8] Da mesma forma, guepardos e gatos domésticos trazem presas para seus filhotes poderem interagir e aprender, não apenas para comer imediatamente. Algumas mães de golfinhos-pintados-do-Atlântico forrageiam por mais tempo, com movimentos exagerados, quando seus filhotes estão presentes.[9] Até mesmo muitos primatas não humanos — embora não os chimpanzés — às vezes apresentam tendências semelhantes para ensinar seus

## A EVOLUÇÃO E OS DESAFIOS DA VIDA MODERNA

filhotes.[10] Mas nenhuma outra espécie — e nenhuma outra cultura humana além das WEIRD — terceirizou a grande maioria dos aprendizados para um ambiente escolar.

De fato, muitas culturas humanas *evitam* ativamente o ensino. Em certas culturas do Japão, por exemplo, entre mulheres que mergulham à procura de abalones, uma delas ficou furiosa com a sugestão de que, décadas antes, sua mãe a havia ensinado. Ela relatou que, quando ainda estava aprendendo, sua mãe a havia enxotado, mandando-a encontrar seus próprios abalones — "[Ela] praticamente gritou comigo para sair dali e encontrar meus próprios abalones POR CONTA PRÓPRIA".[11] Em culturas e situações tão variadas quanto esta, a caça dos Yukaghir na Sibéria ou a operação de teares mecânicos pelos maias guatemaltecos do século XX, as habilidades são aprendidas sem qualquer tipo de instrução direta. Em todos esses casos, o ensino não é apenas ausente, mas resolutamente evitado.[12]

À luz da relativa raridade do ensino tanto em outras espécies quanto em outras culturas humanas, devemos nos indagar: o que precisamos aprender para nos tornarmos a melhor versão de nós mesmos? E dentre essas coisas que precisamos aprender, quais precisam ser ensinadas e quais podemos aprender de outras maneiras — por meio da experiência direta, por exemplo, ou por observação e prática? Dito de outra forma: por que precisamos de escolas?

Você não precisa da escola para aprender a andar, ou falar.

Você precisa da escola para aprender a ler e escrever. Melhor dizendo, a maioria das pessoas precisa ser *instruída* para isso. Ler e escrever são qualidades tão recentes que precisamos de um complemento educacional para aprendê-las. A escola também é útil para aprender biologia celular, a história escrita e tudo, exceto matemática básica. A alfabetização, assim como a matemática e o pensamento a partir dos primeiros princípios, é como um alicerce adaptativo, e uma vez que você é alfabetizado (ou numerado, ou adepto à lógica), pode aprender muitas coisas sem precisar da escola.

Também podemos utilizar a escola para discutir textos com pessoas, para ser exposto a novas maneiras de pensar e representar o mundo e para poder propor e executar experimentos científicos. A escola não é necessária para se envolver em nenhuma dessas atividades, mas pode ajudar.

Nela, também podemos aprender sobre quando posições irreconciliáveis se encontram. Isso permite que uma pessoa perspicaz continue a fazer a mesma coisa dentro de si mesma: manter duas posições irreconciliáveis em sua mente ao mesmo tempo. O valor disso é imensurável; permite que uma pessoa aprenda a argumentar discutindo consigo mesma, o que facilita sua capacidade de descobrir e reconhecer a verdade. Talvez os humanos sejam únicos no grau em que nossa teoria da mente — a capacidade de compreender que outros seres vivos têm perspectivas próprias, que podem ser diferentes das nossas — nos permite explorar contradições e paradoxos. Novamente: paradoxos são aquilo que vemos quando estamos no lugar errado, processando o que vemos com modelos falhos — por que os malgaxes se banqueteiam com tanta regularidade se possuem tão pouco acesso a alimentos? Paradoxos são o X marcado em um mapa do tesouro analítico, convidando-nos a *explorar*. Enquanto o Ocidente tende a evitar paradoxos e a considerá-los problemáticos, as tradições orientais abraçaram a inconsistência em sua forma mais ampla. Consideramos que o budismo, repleto de contradições,[13] é adaptativo, servindo exatamente ao propósito educacional que defendemos aqui. Da mesma forma, as salas de aula deveriam estar cheias de paradoxos, abertos para diversas interpretações, de tal forma que as crianças e alunos mais velhos pudessem descobri-los, investigá-los e compreendê-los.

Também podemos utilizar a escola para aprimorar a nossa memória; no entanto, e novamente, ela não é necessária para isso. O grande escritor argentino Jorge Luis Borges escreveu uma parábola admonitória a respeito de se ter uma memória prodigiosa. Nela, o protagonista, Funes está fadado a relembrar tudo o que viveu: "Tinha aprendido sem esforço o inglês, o francês, o português, o latim. Suspeito, contudo, que não fosse muito capaz de pensar. Pensar é esquecer diferenças, é generalizar, abstrair. No mundo entulhado de Funes não havia senão detalhes, quase imediatos."[14] Em suma, Funes, estava preso entre as árvores, incapaz de ver a floresta.

Como a memória e a evocação são fáceis de avaliar e medir, elas podem facilmente se tornar *a* métrica a ser perseguida por alunos, professores e escolas, no geral. Muito mais difíceis de se ensinar e quantificar — e pelo menos tão valiosos quanto, se não mais — são o pensamento crítico, a lógica e a criatividade. Os exercícios de memória tendem a se aprofundar em detalhes, em fatos que não são alterados pelo contexto. E como trade-offs são algo onipresente, o foco em detalhes memorizados provavelmente vem às custas da capacidade de focar o quadro geral.

A escola também pode ser útil no ensino das ciências e das artes, o que é facilitado se houver a suposição de que as crianças já possuem tendências latentes para isso. Enquanto as pessoas não intuem a formalização do método científico, as crianças tendem a observar padrões, postular razões para eles e tentar descobrir se estão certas. Todas as pessoas tendem a ser verificacionistas, a procurar provas verificáveis de sua própria exatidão, em vez de procurar por provas falsificadoras que, se não aparecerem, fazem com que sua preciosa ideia pareça cada vez mais provável. A escola — mas também um parente ou amigo empenhado, ou a experiência direta e repetida — pode ensinar o valor da falsificação. Oxalá o fizesse com mais frequência.

De forma similar, um único indivíduo não pode intuir o método pelo qual os pigmentos são gerados para a paleta, ou a própria história dos movimentos artísticos; contudo, os indivíduos tendem a observar e representar o mundo de formas que variam de realistas a totalmente fantasiosas, e não precisam de uma educação formal para isso.

Entregues a si próprias, as pessoas demonstram estarem inclinadas a ser tanto cientistas quanto artistas.

## O Que é a Escola?

Para as crianças, a escola pode ser compreendida como uma mercantilização do amor e da parentalidade. Dito de outra forma: a escola é, em parte, uma espécie de parentalidade terceirizada. Já vimos muitos dos riscos do reducionismo; acrescentemos o fato de que ele favorece a mercantilização de coisas facilmente quantificáveis, enquanto tende a ignorar aquelas menos quantificáveis. Assim, a escola se torna uma questão de métricas — quanto, com que rapidez, quão bem: a criança leu o texto, fez suas tabuadas, memorizou o poema? Não é preciso dizer que há um valor evidente e duradouro na leitura, na multiplicação e na poesia. No entanto, o foco em velocidade e quantidades é um equívoco. Inúmeras coisas não estão sendo aprendidas nas escolas porque estas sucumbem menos facilmente a avaliações reducionistas. A escola se baseia na eficiência econômica, sem muita imaginação para as outras coisas que poderiam ser realizadas. A economia escolar — para não falar dos incentivos perversos por trás da escolaridade obrigatória — tende a encher a cabeça das crianças com conhecimentos, sem lhes mostrar um caminho para a sabedoria.[15]

Talvez a escola devesse servir ao propósito de ajudar os jovens a lidar com a questão: *Quem sou eu e o que vou fazer com isso?*[16] Ou: *Qual é o maior e mais importante problema que eu posso resolver com meus dons e habilidades?* Ou ainda: *Como encontro minha consciência, meu eu mais verdadeiro?* Bem projetada, a escola poderia oferecer uma ótima plataforma para formalizar e entregar ritos de passagem. Ao invés de se concentrar nas questões aqui propostas, no entanto, o ensino moderno, especialmente o tipo compulsório difundido em todo o mundo WEIRD, é mais apto a ensinar a insensibilidade e a conformidade.

E se um dos objetivos escolares envolvesse ensinar as crianças a entender e hackear suas próprias estruturas de incentivo? Arrancá-las dos terrenos pantanosos em que se encontram ("Não sou bom em matemática, idiomas, esportes..." ou, inversamente, "Sou tão bom em matemática, idiomas, esportes... que não consigo focar em mais nada.") e levá-las em direção aos vales que trazem algum desconforto, mas onde há muitas trilhas e morros para se explorar.[17]

Ou talvez a escola deva revelar às crianças que as posições marginais devem ser exploradas e levadas em consideração, e não descartadas prontamente com base no fato de serem impopulares. Apostar contra as margens é fácil, geralmente seguro e, quando feito em um tom de indulgência paternalista, digamos, ou de desdém autoritário, geralmente acaba com a dissidência. Embora a maioria das ideias marginais esteja de fato errada, é exatamente a partir das margens que o progresso é feito. É nelas que ocorrem as mudanças de paradigma;[18] a inovação e a criatividade; e as ideias mais importantes sobre as quais agora baseamos nossa compreensão do mundo e da sociedade: O Sol é o centro do sistema solar; as espécies se adaptam a seus ambientes com o passar do tempo; os humanos podem criar tecnologias que nos permitem comunicar através do tempo e do espaço, voar, criar e explorar mundos virtuais. Todas essas eram ideias impossíveis e absurdas à sua época. Aqueles que hoje riem de quaisquer ideias marginais estariam rindo de todas essas no período em que surgiram.

A escola deve ser divertida, mas não gamificada. Uma criança não deveria ser capaz de "ganhar" na escola (embora muitas o façam, e consequentemente muitas outras perdem). Regras e costumes sociais são aprendidos na escola, mas ela deveria ser essencialmente um espaço sobre a descoberta de verdades, tanto universais quanto locais.

Para o bem e para o mal, a escola opera como um substituto para os pais e familiares — aqueles com quem a criança compartilha um destino. A escola não deve, portanto, ensinar por intermédio do medo. Riscos e desafios ajudam as crianças a aprender; mas, assim como acontece com a parentalidade, isso requer um vínculo estreito desde o início, durante o qual uma base segura possa ser estabelecida, fornecendo às crianças a confiança para se aventurar desde cedo, sabendo que alguém está ali para elas, não importa o quê. A escola que opera pelo medo ensinará a lição oposta.

O medo é um mecanismo fácil de controle e, portanto, não deve surpreender que os professores se valham disso para controlar alunos de todas as idades. Como o castigo corporal na sala de aula caiu em desuso em muitos lugares (mas não todos), entraram em vigor o controle psicológico e emocional, menos traumáticos. As crianças são ameaçadas com notas baixas e notificações sobre mau comportamento para os pais (o que a maioria delas entende como "você é uma má pessoa"). A ascensão das métricas dentro de um sistema — muitas vezes excessivamente simples, equivocadas e apenas pseudoquantitativas — tende a acompanhar uma queda na confiança social.[19] Como bons professores, presos em um sistema de métricas impostas de fora, podem neutralizar essas forças culturais predominantes? Uma abordagem mais eficiente com crianças mais velhas e jovens adultos é aquela em que os professores abrem mão da sua própria autoridade explicitamente, dizendo aos alunos para não confiarem neles apenas porque estão à frente da sala. Quando um professor ganha o respeito e a confiança de seus alunos, de tal forma a se tornar uma figura de autoridade legítima, que foi conquistada e não assumida, esta servirá melhor tanto aos alunos quanto à sua educação.

Utilizar o medo para manter as crianças sentadas em fileiras organizadas, olhando para a frente, de boca fechada e impedidas de se mover, exceto por alguns momentos programados em cada dia — isso ajudará a criar adultos incapazes de regular seus próprios corpos e sentidos, incapazes de confiar em sua própria capacidade de tomar decisões e propensos a exigir ambientes analogamente controlados em suas vidas adultas — advertências, espaços seguros etc.

Para crianças em idade escolar, uma solução seria ter jardins ou bosques na escola e passar algum tempo neles, em climas variados. Visitas de campo frequentes a áreas naturais e tempo passado em ambientes externos, em vez de lugares climatizados e protegidos, também ajudam. Isso será sempre confortável? Não. Algumas crianças estarão mal preparadas para a chuva, o vento ou o sol intenso? Sim. Elas aprenderão, com pequenos erros iniciais, a começar a assumir responsabilidade por seus próprios corpos e destinos e, assim, melhorar seu acesso ao mundo? Sim!

Seres humanos são antifrágeis; a exposição ao desconforto e à incerteza — física, emocional e intelectual — é necessária. Preparar os alunos para entender os riscos envolvidos encoraja-os a expandir suas visões de mundo e a abraçar experiências que levam à maturidade. Isso, no entanto, tem um custo: compreender os riscos não protege completamente os indivíduos do perigo.

Em suma, os riscos são arriscados! Tragédias irão acontecer, e isso não é pouca coisa. Para aqueles que tiveram a sorte de não atravessar uma experiência como a morte de um filho, é quase impossível imaginar como uma pessoa consegue continuar depois disso. São inúmeras as tragédias que acontecem porque alguém trouxe algum elemento de risco para uma viagem escolar, por exemplo. Essas histórias muitas vezes são fáceis de contar e interessantes de ouvir. Por outro lado, tragédias a nível populacional, aquelas que ocorrem porque faixas inteiras da população têm dificuldades em gerenciar riscos, procurando evitá-los a todo custo — isso também é trágico, e de uma forma muito mais abrangente.

A escola moderna tende a proteger contra tragédias individuais, ao mesmo tempo que favorece as sociais, de maior escopo. Arranje todos os meninos e meninas ordenadamente em fileiras, coloque-os em assentos e diga-lhes para nunca falarem, a menos que sejam solicitados a fazê-lo, porque isso tornará mais fácil o seu acompanhamento. Então, em casa, ensine-os sobre como cada um deles é o centro do universo, e que eles podem e de fato devem interromper os adultos a qualquer momento, por qualquer motivo. Ensine que as birras são aceitáveis, cedendo sempre que estas vierem a ocorrer; e diga às crianças que elas são os seres mais preciosos e infalíveis que existem, e que, como tal, qualquer crítica direcionada a elas é um crime.

Não devemos nos surpreender quando crianças criadas dessa maneira não conseguem entender as mensagens confusas e díspares que chegam até elas em casa e na escola. Nem deve nos surpreender quando gravitam para sistemas mais gamificados:

Mamãe não gosta quando eu grito ou reclamo, mas se eu insistir, ela cede só para me fazer parar? Anotado.

O professor me deixa em paz se eu ocasionalmente contribuir com um comentário na aula e tirar boas notas, mesmo que eu não esteja aprendendo nada do livro didático? Entendido.

Parabéns, sociedade, você conseguiu produzir reclamões vaidosos e satisfeitos consigo mesmos, acostumados a conseguir o que querem, bons na escola mas não no pensamento crítico, e que, com efeito, não são nem inteligentes nem sábios.

## O Mundo Não se Resume a Você

As crianças foram prejudicadas por um amálgama de fatores sociais da virada do milênio, os quais já analisamos aqui. A culpa não é delas. A ascensão de medicamentos prescritos para crianças, pais helicóptero e a semi-onipresença das telas (não importa o que apareça nelas) fizeram da escola um lugar ainda mais difícil do que antes. Nos Estados Unidos, acrescente as forças econômicas e políticas que reduziram o financiamento escolar e aumentaram os testes, reduzindo assim a criatividade e a liberdade dos professores.

Quando Heather preparava seus alunos para viagens ao exterior — para o Panamá ou Equador — antes de embarcar com eles, ela estava tentando desenvolver não apenas as habilidades acadêmicas necessárias para o trabalho, mas também as sociais e psicológicas necessárias para longas viagens além de qualquer coisa que a maioria deles já havia experimentado. Ela lhes perguntava: "Qual é a sua relação com o risco? E com o conforto? Só porque você consegue dizer de antemão que não tem problema com insetos, lama e falta de acesso à internet, não significa que seja verdade. Talvez o mais importante de tudo, porém, seja isso: vamos estar abertos ao acaso. Não podemos saber tudo que vai acontecer nesta viagem. Eventualmente saberemos, é claro, e algumas coisas interessantes vão acontecer."

Essas conversas incluíam discussões sobre como os riscos são diferentes em paisagens que não compartilham de nossos parâmetros de segurança, e nas quais qualquer ajuda médica está bastante longe. Comparamos os perigos ocultos da selva — níveis de água subindo, árvores caindo — com aqueles mais conhecidos e recorrentes, como cobras e grandes felinos.

Risco e potencial caminham lado a lado. Precisamos deixar as crianças, até mesmo os universitários, correrem o risco de se machucar. A proteção contra a dor garante fraqueza, fragilidade e maior sofrimento no futuro. O desconforto pode ser físico, emocional ou intelectual — "Meu tornozelo!" "Meus sentimentos!" "Minha visão de mundo!" — mas todos precisam ser experimentados para aprender e crescer.

Os alunos que levamos em viagens de estudo ao exterior foram cuidadosamente escolhidos por serem maduros, capazes, inteligentes e adeptos. Ainda assim, a incapacidade de controlar o nosso entorno, a intencionalidade de sucumbir ao acaso na selva, levou muitos deles a estados de confusão, que às vezes se manifestavam como raiva. Muitos deles acreditavam estar entusiasmados com a exploração, com as descobertas... mas apenas quando isso espelhava sua imaginação. Ao inculcar nas crianças o sentimento de que a ordem é sempre superior ao caos, e que ser facilmente contabilizado e priorizar coisas facilmente contabilizáveis é a melhor forma de passar pela escola (e, portanto, pela vida, muitos diriam), a sociedade cria adultos que se irritam ao se deparar com o inesperado e o novo. Não só a selva não se parece com a imagem que os melhores documentários sobre a natureza apresentaram a você — as pessoas nas ruas da Cidade do Panamá ou de Quito não são o que você pensa, as florestas nubladas e as pessoas que as chamaram de lar muito antes da chegada dos incas o surpreenderiam, assim como todo o resto, caso você opte por tirar a venda dos olhos e permitir-se experimentar o mundo sem levar tudo para o lado pessoal. O mundo nunca se resume a você mesmo. E você pode aprender com esse fato. É isso que uma educação de qualidade deve permitir que você faça.

## Ensino Superior

Imagine um pesquisador. O que você vê em sua mente? Tente abandonar os estereótipos fenotípicos — os óculos, a camisa abotoada — e perceba que, muito provavelmente, você imaginou alguém *consumindo* algo que já havia sido produzido. Seu icônico pesquisador estava lendo um livro, ou talvez examinando as estantes de uma biblioteca. Assim que entram em uma faculdade, os alunos aprendem esse tropo — primeiro você lê, e só depois responde. Talvez algum dia, então, você mesmo escreva um artigo, que outros, por sua vez, se sentarão para ler, e depois responder. E assim o ciclo continua.[20]

A EVOLUÇÃO E OS DESAFIOS DA VIDA MODERNA

Esse modelo de atividade acadêmica, do que é ter uma vida intelectual ativa, de ser um cidadão crítico e engajado, nunca foi muito adequado para certas aspirações acadêmicas. A ciência e as artes, em particular, muitas vezes descritas erroneamente como opostos de algum espectro imaginário na busca pela verdade e por significados, não causam seu impacto primário no mundo por meio de avaliações e críticas cuidadosas e ponderadas daquilo que veio antes. Sim, estamos sobre os ombros de gigantes, e sim, a história das ideias e criações que nos precedem é parte integrante de tudo aquilo que sabemos, pensamos e fazemos; mas isso não faz dela o nosso foco principal, ou a nossa missão.

Existem, *sim*, coisas novas sob o sol, mas é o destino de cada geração pensar que chegou tarde demais, que tudo já foi compreendido e que a melhor resposta é ceder a uma desordem niilista.

Na melhor das hipóteses, uma educação universitária tem o potencial de abrir mundos — de fascínios, criatividade, descobertas, expressões, conexões. Foi exatamente isso que fizemos durante os 15 anos que estivemos no The Evergreen State College, uma pequena faculdade pública de artes liberais no noroeste do Pacífico. Lá, a capacidade de aprofundar temas complexos com alunos que passamos a conhecer bem, em salas de aula, laboratórios e também em campo — perto ou longe do campus — abriu uma janela para percebermos o que é possível no ensino superior.

Drew Schneidler, um brilhante ex-aluno nosso (e atualmente nosso amigo *e* assistente de pesquisa para este livro) que, assim como Bret, teve muitas dificuldades com o modelo escolar, nos disse: "Entrar na sua sala de aula foi como adentrar um modo ancestral para o qual eu estava preparado, mas nem sequer sabia que existia."

Esta afirmação, como quase tudo neste livro, merece um livro próprio. Eis algumas das coisas que aprendemos e inovamos durante nosso tempo como docentes do ensino superior.

## Ferramentas Valem Mais do que Fatos

Uma de nossas mensagens para nossos alunos foi esta: existem ferramentas intelectuais que são mais valiosas do que fatos, em parte porque são mais difíceis de conquistar. Você pode manejá-las com poder e precisão e, com elas, descobrir coisas para as quais ninguém ainda formulou uma pergunta.

Mas como ensinar ferramentas em uma bolha? Como ensinar as pessoas *como* pensar, e não *o que* pensar? É fácil falar, mas como fazer isso? Um crítico bem-intencionado pode argumentar que os alunos precisam de coisas sobre as quais pensar, não é? Certamente, ter o que discutir facilita as coisas, mas uma vez que isso ocorre, é muito fácil para todos, estudantes e professores, cair nos papéis tradicionais de informantes e informados, cuja representação mais saliente é a mão levantada após o que parecia ser uma discussão inspiradora — *Isso vai cair no teste?*

Uma peça desse quebra-cabeça envolve quebrar o paradigma de recompensas e punições. Diga com todas as letras aos alunos — e certifique-se de que é verdade — que eles não estão competindo entre si. Nossos alunos aprenderam muito mais quando colaboraram uns com os outros. Nunca houve uma "curva" iminente que garantisse que alguns falhariam.

Outra peça do quebra-cabeça é quebrar o paradigma "esta é a hora do dia em que nos ensinam", saindo da sala de aula e passando mais tempo juntos. Quando alunos e docentes fazem isso, compartilhando momentos ao longo de dias, semanas ou até meses, fica evidente que boas perguntas aparecem em todas as horas do dia, todos os dias da semana; e se estiver viajando com um kit de ferramentas intelectual cultivado por meio de lógica, criatividade e prática, você pode se engajar com essas questões quando e onde quer que elas surjam, não apenas na sala de aula, quando o grau apropriado de autoridade está ali, sendo pago para respondê-las.

## Autossuficiência Intelectual

> Quando saio à noite e olho para as estrelas, a sensação que tenho não é de conforto, longe disso. Trata-se de uma espécie de desconforto delicioso por saber que há tanta coisa lá fora que eu não compreendo, uma certa alegria em reconhecer que há um mistério grandioso ao nosso redor. Este, penso eu, é o principal dom da educação.
>
> Teller, em "Teaching: Just Like Performing Magic"[21]

Imagine um professor disposto a desestabilizar as ideias preconcebidas de seus alunos, deixá-los desconfortáveis com o que eles pensam que sabem e forçar confrontos com si próprios, com suas percepções, e com a própria autoridade.

## A EVOLUÇÃO E OS DESAFIOS DA VIDA MODERNA

Quando as pessoas estão muito à vontade com o que sabem e o mundo não corresponde a isso, elas correm um risco considerável — de serem usadas, de ficarem irritadas, de se tornarem incoerentes.

Insights e crescimento pessoal não acontecem quando você está confortável com o que sabe. Você pode adicionar conhecimentos à sua base, como os tijolos na parede de uma casa em construção; quando terminar, sua casa ficará muito parecida com o que a fundação implicava. Para a maioria de nós, porém, essa base, com a qual chegamos à beira da idade adulta, não necessariamente é a base da casa intelectual na qual queremos viver.

Esses tijolos matam a criatividade. Matam a curiosidade. Sua existência faz parecer que começar do zero, talvez sem nenhum projeto ou fundação, é impossível. Eles nos mantêm na zona de conforto. É fácil continuar empilhando tijolos, cada vez mais alto. Esse modelo dos tijolos empilhados cria mentes muito parecidas, cada vez menos capazes de produzir ou considerar novas ideias estranhas, e que ficam indignadas com a confusão e a incerteza.

Quase todos os nossos alunos deviam ser desafiados, no final das contas — precisávamos dizer-lhes quando estavam errados, quando nós mesmos estávamos errados e quando eles precisavam aprender a fazer perguntas reais para sentar com a própria ignorância por tempo suficiente e tentar descobrir como desvendar aquilo.

Enquanto docentes, devemos ter como objetivo tirar nossos alunos da sala de aula. Melhor ainda se for em algum lugar sem internet e bibliotecas — o deserto a leste de Washington, as Kuna Yala no Panamá ou a Amazônia equatoriana, por exemplo. Uma vez nesses lugares, certas perguntas podem ser feitas: como essas rochas chegaram aqui? Como a população local pesca os peixes? O que esses papagaios estão fazendo? — perguntas que possuem respostas definidas, para as quais os alunos precisarão aprender a usar a lógica, os primeiros princípios e o rigor. A conversa é direcionada para o aqui e agora: que respostas eles podem produzir com seus próprios cérebros, e não com o cérebro coletivo da internet, que correspondem àquilo que conseguem observar? Se eles reinventarem a roda enquanto o fazem, que seja. Eles terão aperfeiçoado suas habilidades referentes a hipóteses e predições científicas, projetos experimentais e lógica. E, uma vez que o façam, eles não estarão apenas sendo educados; estarão se tornando cada vez mais educáveis.

Em uma discussão bem-sucedida em sala de aula, quando surge uma questão factual e ninguém na sala parece ter a resposta, por que não procurá-la? Que mal poderia vir de estabelecer se a primeira tabela periódica de Mendeleev se parecia com a atual, ou quantas pessoas morreram no bombardeio de Dresden, ou quando os primeiros povos da Beríngia chegaram ao Novo Mundo? Que mal poderia vir de procurar respostas para perguntas diretas? O mal é que isso nos treina para sermos menos autossuficientes, menos capacitados para fazer conexões em nossos próprios cérebros e menos dispostos a procurar por coisas relevantes que sabemos, para então tentar aplicá-las a sistemas que conhecemos menos.

Se responder a perguntas do tipo "como" rapidamente, com alguns toques no teclado, impede o desenvolvimento da autossuficiência, o que dizer do desejo de buscar perguntas do tipo "por que" dessa mesma maneira? É ainda mais provável que isso acabe com o pensamento lógico e criativo. Por que as aves migram? Por que existem mais espécies mais próximo do equador? Por que a paisagem é assim? Antes de pesquisar, pense a respeito. Pondere. Pense mais a fundo. Compartilhe suas ideias com seus amigos e, quando eles discordarem, envolva-se na discordância. Às vezes, "concordar em discordar" é o único caminho; mas, normalmente, pode-se aprender mais ao se aprofundar um pouco a questão. Com isso, você e seus amigos terão uma compreensão maior do mundo.

## Acalme-se, e Evolua

Ao lecionar um programa de estudo no exterior, na Amazônia, Heather ouviu diversos rumores crescentes sobre a perigosa, selvagem e perversa floresta. Havia outra turma na remota estação de campo onde eles estavam baseados, e a outra professora estava contando a seus próprios alunos sobre os perigos de aranhas, queixadas e sapos. Todos eram literalmente falsos, mas apresentados como verdadeiros. Um em particular falava de um sapo que lançava toxinas nos olhos das pessoas (verdadeiro), fazendo com que a pessoa atingida ficasse permanentemente cega (falso). Depois que os rumores começaram, uma das alunas de Heather foi esguichada no olho com a toxina do sapo em questão. Acometida por um pânico muito maior do que teria se nunca tivesse ouvido o boato, a estudante perguntou a Ramiro, um excelente guia naturalista, o que aconteceria. Ele, como todo bom guia, era cuidadoso, e disse a ela que "algumas pessoas dizem que" essa toxina poderia cegar uma pessoa. A aluna estava bem, é claro, mas entrou em pânico desnecessariamente porque alguém estava usando o medo e a hipérbole como ferramenta de autoridade.

No passado, era difícil encontrar-se em um habitat sem ter uma compreensão íntima dele. Ou você recebia conhecimentos dos mais velhos, ou ia compreendendo-o pelas beiradas, mergulhando nele gradualmente. Nós, modernos, porém, vivemos em um habitat com mudanças tão rápidas e imprevisíveis que ninguém pode afirmar ser totalmente nativo nele. Também temos um problema com fronteiras abruptas que nossos ancestrais não tinham — linhas evidentes que demarcam o que é seguro ou não: a piscina; o triturador de lixo; o meio-fio.

O medo, a raiva e a hipérbole vendem produtos, atraem públicos e são ferramentas de controle bastante úteis. Elas, no entanto, não representam o melhor que podemos fazer enquanto seres humanos. Histórias aterrorizantes podem ser um truque para estimular comportamentos apropriados na atualidade. Poder dormir em uma Quito agitada e cosmopolita e, na noite seguinte, repousar nas profundezas da Amazônia é um luxo da modernidade, mas tem o custo de colocar pessoas em um ambiente para o qual elas podem não ter qualquer história ou preparação. Além disso, as pessoas que chegam pela primeira vez à Amazônia geralmente vêm da Terra das Leis, onde tudo foi examinado e devidamente protegido — pelo menos no curto prazo. É um fracasso pedagógico tentar assustar as pessoas para convencê-las a adotar um comportamento aceitável. Se o objetivo final da educação é produzir adultos capazes, curiosos e compassivos, ajudar os alunos a permanecerem calmos e capazes de raciocinar, ao invés de alarmados, é um caminho muito melhor.

## Observação e Natureza

Um conjunto de metas para o ensino superior deve ser ensinar os alunos a afiar suas intuições, tornar-se experiente o suficiente no mundo para reconhecer padrões de forma fiável, retornar aos primeiros princípios ao tentar explicar fenômenos observáveis e rejeitar explicações baseadas em autoridades.

Para isso, é preciso passar tempo juntos, construir relacionamentos. O tempo prolongado — como em viagens de campo — é um luxo particular, que nem todos os docentes têm, mas talvez todos devessem. É preciso estar disposto a dizer aos alunos que podem ter ouvido durante toda a vida que tudo o que eles fazem é louvável: "Não, isso está errado. Aqui está o porquê." É preciso estar disposto a corrigir seus próprios erros. Mostrar para os alunos o processo pelo qual as ideias emergem, como são refinadas e testadas, e depois devidamente rejeitadas ou aceitas, permite que eles se afastem dos modelos lineares de obtenção de conhecimento, que a maior parte de sua escolarização e de seus livros didáticos inculcaram neles.

Ao longo de várias viagens, nacionais e internacionais, vimos os alunos encararem desafios de maneiras que simplesmente não poderiam ter feito em casa. Propositadamente, nós procuramos locais de campo remotos, e não apenas porque a natureza é mais interessante e intacta nesses lugares — mais lianas buscando pela luz solar, mais cobras-cipó fazendo o mesmo — mas também porque encontros com a natureza em seu estado mais preservado muitas vezes vêm ao "custo" de não se ter nenhuma conexão com o mundo exterior. Longe dos olhos virtuais que documentam cada movimento nosso, as pessoas vêm à tona, para si mesmas e para os outros.

Mas há riscos, é claro: picadas de formiga, fungos, quedas de árvores, barcos virando. Por que correr tais riscos? Vale a pena estudar as políticas de uso da terra, as culturas dos nativos norte-americanos ou a territorialidade das borboletas?

No campo, vimos alguns alunos mergulharem em sua própria escuridão, sendo tomados pela depressão, e também os vimos emergindo dela mais fortes e firmes. Quaisquer ideias românticas sobre a selva desaparecem com a realidade imediata do suor e das picadas de inseto, além da constatação de que, para ver animais carismáticos fazendo coisas interessantes, você precisa adentrar na floresta e esperar pacientemente para que ela se revele.

Algumas pessoas detestam isso. Elas não suportam a falta de controle, a descoberta de que a natureza não é um documentário sobre a natureza. A maioria, porém, encontra forças ocultas e uma liberdade inesperada.

Certa noite, na Amazônia, nossos alunos tentavam fazer apresentações de pesquisa sob um telhado de metal corrugado quando veio uma tempestade. A chuva batia no telhado tão ruidosamente que tivemos que replanejar a situação — não havia voz humana a ser ouvida naquelas circunstâncias, e nenhum outro lugar para ir. Nós nos dispersamos, alguns aproveitando a oportunidade para dormir, outros vagando pela floresta para explorar o abraço quente e úmido de uma selva tropical à noite durante uma tempestade. Se parte da educação é uma preparação para um mundo imprevisível e em constante mudança, ensinar a coragem e a curiosidade deve ser prioritário.

Também líamos em nossas aulas — literatura científica primária, livros de vários tipos, ensaios, ficções — e parte dessas leituras contradizia outras. Construir um kit de ferramentas para educar mentes que analisem o mundo ativamente e com confiança quando novas ideias ou dados surgirem, no entanto, não é algo que se aprenda nos livros. Nós saímos para o mundo e nos engajamos com ele e seus inúmeros habitantes evoluídos. Louis Agassiz, um dos mais proeminentes naturalistas do século XIX, exortou as pessoas a "irem à natureza, tomarem os fatos em suas mãos e verem por si próprias". Ao criar a oportunidade de travar contato com a natureza — independentemente de qual seja a sua disciplina e do que você esteja tentando ensinar — você permite que os alunos tenham mais confiança em si mesmos, em vez de aceitar as palavras de outras pessoas como verdades.

Quando você ensina um pequeno número de alunos de forma intensiva por dois ou três trimestres seguidos, como nós fizemos, a educação se torna algo pessoal. Dissemos aos alunos coisas que eles não esperavam:

- → Precisamos de metáforas para compreender sistemas complexos.

- → Vocês não estão aqui como consumidores, e nós não estamos vendendo nada.

- → A realidade não é democrática.

E não aceitamos respostas genéricas. Por termos provocado-os e estimulado-os intelectualmente, eles foram forçados a se reformular, já que repetir nossas falas não funcionaria; além disso, nós queríamos saber algo sobre cada um deles, individualmente, de forma que também pudéssemos aprender com eles.

Muitos professores, no entanto, treinam os alunos para serem trabalhadores irracionais. Uma vez, um professor disse a Heather, sem ironia, que ele via como seu trabalho ensinar os alunos a serem engrenagens, já que esse era o destino deles. A faculdade deveria saber melhor, mas com os alunos é diferente. Sedução e educação são irmãs etimológicas. Os alunos podem pensar que querem ser seduzidos dessa forma, *desorientados* por falsos elogios, pois isso faz com que se sintam bem no momento. A maioria daqueles com quem estivemos, porém, queria ser educada, *orientada* para além de crenças estreitas e pautadas na fé e rumo a uma autossuficiência intelectual, com a qual poderiam analisar o mundo e suas reivindicações a partir dos primeiros princípios, de forma respeitosa e compassiva para com todos.

##  A Lente Corretiva

A escola — e, obviamente, os pais — devem ensinar às crianças:

→ **Respeito, não medo.**

→ **Honrar as boas regras e questionar as ruins.** Todas as pessoas se deparam com regras ruins — seja no sistema jurídico, em casa, na escola ou em qualquer lugar. Se você é pai ou mãe, procure mostrar aos seus filhos que você está 100% do lado deles — não importa o problema. As crianças devem ser livres para perguntar por que as regras dos pais são o que são, mas também saber que é contraproducente quebrar as regras simplesmente por quebrá-las.

→ **Sair da zona de conforto** e explorar novas ideias.[22] Você provavelmente aprenderá menos nas áreas em que está mais seguro do que sabe, independente se o que você (acha que) sabe é preciso ou não.

→ **O valor de saber algo real sobre o mundo físico.** Quando você tem um senso da realidade física, é menos provável que seja manipulado pela esfera social. Nunca aceite conclusões com base na autoridade; se você achar que o que está sendo ensinado não combina com sua experiência de mundo, não aceite. Persiga as inconsistências.

→ **Como os sistemas complexos realmente se parecem,** mesmo que a desordem destes esteja além do escopo da lição. A natureza é um bom exemplo. Ela corrige, entre outras coisas, a ideia de que a dor emocional é equivalente à dor física e que a vida é ou pode ser perfeitamente segura. A exposição à complexidade é fundamental.

O ensino superior, em particular, deve reconhecer que:

→ **A civilização precisa de cidadãos capazes de receptividade e questionamento;** estas devem, portanto, ser as principais características do ensino superior. A necessidade de um pensamento ágil, de criatividade tanto na formulação de questões quanto na busca de soluções, uma capacidade de retornar aos primeiros princípios em vez de confiar em mnemônicos e conhecimentos recebidos — estes são traços cada vez mais importantes, à medida que avançamos no século XXI.[23] Um mal-entendido de como o trabalho será no futuro está levando muitos a se especializarem mais cedo e de forma limitada. O ensino superior é o lugar propício para contrariar essa tendência e avançar em direção a uma amplitude, nuance e integração maiores. Estudantes em idade universitária tradicional hoje não podem prever com precisão como será sua carreira quando chegarem aos 30 ou 50 anos. A faculdade é onde essa amplitude deve ser inculcada.

→ **Uma universidade não pode maximizar simultaneamente a busca pela verdade e por justiça social,** como observou Jonathan Haidt.[24] Este é um trade-off básico e inevitável. Faz-se importante, então, indagar qual é o propósito de uma universidade. É realmente necessário que nos concentremos na busca pela verdade? Sim, é.

→ **Riscos sociais — intelectuais, psicológicos, emocionais — devem ser assumidos,** mas isso é particularmente difícil na frente de estranhos. Tanto turmas pequenas quanto de tempo prolongado juntas dedicadas à construção de uma comunidade são corretivos para o anonimato.

→ **A autoridade não deve ser usada como uma clava para impedir a troca de ideias.** Bob Trivers, biólogo evolucionário de excelência e nosso mentor na faculdade, uma vez nos aconselhou a procurar posições em que lecionássemos para graduandos. Seu raciocínio era o seguinte: os alunos de graduação ainda não conhecem a área e, por isso, provavelmente farão perguntas inusitadas, "burras", ou que você imagina que já foram resolvidas. Quando o educador é confrontado com tais questões, uma das três seguintes coisas provavelmente é verdadeira:

1. Às vezes, a área está certa e a resposta é simples. Ponto final.

2. Às vezes, a área está certa, mas a resposta é complexa, nuançada ou sutil. Descobrir, ou lembrar, como explicar essa complexidade ou sutileza vale o tempo de qualquer pensador que mereça o título.

3. Às vezes, a área está errada e a resposta não é compreendida, mas é preciso uma visão ingênua do assunto para fazer a pergunta.[25]

→ **As salas de aula são, efetivamente, caixas estéreis apartadas do mundo.** É difícil aprender em tal situação, porque você não vai se deparar com as coisas que precisa aprender, mas que não podem ser ensinadas — como sobreviver a quedas de árvores, acidentes de barco e (como veremos no próximo capítulo) terremotos, por exemplo.

Capítulo 11

# Tornando-se Adultos

NASCEM OS BEBÊS. AS CRIANÇAS SE TORNAM ADULTOS. ADULTOS SE CASAM E TÊM SEUS PRÓPRIOS filhos. Pessoas morrem. Tais mudanças de status são marcadas, em muitas culturas, por ritos de passagem. Entre os que marcam o início da vida adulta estão as buscas por visões dos jovens Nez Perce,[1] e a limpeza, corrida e vestimentas cerimoniais das jovens mulheres Navajo.[2] Estes elementos são simbolicamente importantes e ajudam os jovens a assumir seus novos papéis. Entre as populações WEIRD, momentos semelhantes podem incluir seu aniversário de 18 anos, se formar no ensino médio ou na faculdade, conseguir seu primeiro emprego, comprar uma casa. São momentos que demarcam o antes e o depois na areia do tempo. Usamos rituais para tornar discretos os limites dentro de sistemas complexos, que não costumam ser muito rígidos.

Os ritos de passagem são úteis como marcadores de transição — *agora você é um homem*, ou *hoje você se torna uma mulher*. Mas são bastante incomuns entre pessoas WEIRD, tradicionalmente menos ritualísticas, e isso tem contribuído para que percamos a noção das características da vida adulta. Historicamente, os adultos eram aqueles que sabiam como se alimentar e se abrigar, como ser membros construtivos e produtivos de um grupo, como pensar criticamente. Este conhecimento não se acumula magicamente com a idade, no entanto: ele deve ser conquistado.

Lembre-se do teste de adaptação em três partes que apresentamos no capítulo 3, no qual sugerimos que, se uma característica é complexa, tem custos energéticos ou materiais e persiste ao longo do tempo evolutivo, é uma adaptação. Concentrando-se no último elemento, o elemento do tempo, e colocando-o em termos de evolução cultural: se um traço tem persistência ao longo do tempo cultural, é provável que se trate de uma adaptação cultural. Isso não significa, é claro, que seja inerentemente bom, para indivíduos ou para a sociedade, ou que as condições que o tornaram adaptável no passado não mudaram, tornando-o neutro ou inadaptável agora. Em geral, porém, se tivermos cuidado ao mudar o antigo — invocando, talvez, as tradições de Chesterton — é menos provável que desmantelemos algo que acabou fazendo um trabalho importante para nós e para o nosso mundo.

Em todas as culturas, os ritos de passagem fornecem sinais claros para você, o indivíduo, sobre o quão avançado está e o que a sociedade pode esperar de você. Sem esses marcadores, é mais provável que acabemos com uma confusão generalizada — pessoas de 30 anos que são efetivamente crianças, não familiarizadas com responsabilidades, e crianças de 8 anos que recebem status de adulto em relação à sua capacidade de determinar, por exemplo, a qual sexo pertencem. Os ritos de passagem, portanto, coordenam a sociedade em relação ao que se espera dos indivíduos em seus vários estágios de desenvolvimento, e existem em duas formas: temporal (idade) e, imprecisamente, meritocrático (conquista). A idade é um guia aproximado do que uma pessoa deve ser capaz de fazer, e o mérito é um guia específico para o que um indivíduo é capaz ou, no caso de casamento, para o qual se inscreve. E eles foram abandonados ou corrompidos na cultura WEIRD. Os ritos temporais são aplicados de maneira vaga e inconsistente, e os ritos de mérito são amplamente manipuláveis.

As pessoas que merecem ser chamadas de "adultas" podem analisar a si mesmas com cuidado e ceticismo e regularmente se fazer perguntas como estas: Estou assumindo a responsabilidade por minhas próprias ações? Estou mantendo a mente fechada? Estou entrincheirado em uma visão de mundo e, caso esteja, por que isso está acontecendo? Estou chegando a conclusões independentemente ou aceitei uma ideologia que pensa por mim? Evito uma colaboração que seria valiosa, mas também desafiadora? Estou deixando as emoções tomarem conta das minhas decisões por mim, especialmente aquelas fervorosas e intensas? Estou delegando minhas responsabilidades de adulto e dando desculpas quando o faço?

Todos esses questionamentos indagam, de maneiras diferentes: Estou indo tão bem quanto deveria ou poderia estar? Muitas vezes, as respostas serão mais fáceis de encontrar por meio de uma das duas categorias de ritos de passagem.

Os ritos da idade dizem às pessoas o que esperar dos outros e permitem que a sociedade responsabilize os indivíduos quando não estão à altura da ocasião. Isso, por sua vez, nos ensina a perguntar: Estou fazendo meu trabalho? Afinal, outras pessoas estarão contando com isso.

Os ritos de mérito nos ensinam a pensar por nós mesmos e, quando realizados, nos vemos como pessoas dotadas de conhecimentos e habilidades. Eles também transmitem isso para a sociedade. Esses fatores elevam o nível do que é esperado e do que significa "fazer o seu trabalho". A interação entre expectativa e responsabilidade naturalmente resultaria em autoexames mais profundos para garantir que você esteja cumprindo o que é esperado.

Embora seja verdade que perdemos a noção das características da idade adulta, também é verdade que as hipernovidades do nosso mundo, especificamente o alcance dos mercados econômicos, estão dificultando a vida adulta. O mercado está cheio de vigaristas que querem que você ignore suas responsabilidades adultas. Uma delas envolve não gastar dinheiro com tudo o que há de mais moderno. Vender gratificações em longo prazo raramente é uma estratégia de negócios bem-sucedida, e por isso é difícil encontrá-la no mercado. Em vez disso, tudo está disponível imediatamente — junk food, entretenimento, sexo, notícias. O agregado do mercado está, portanto, comercializando valores infantis, que fazem de você um consumidor desejável, mas um adulto empobrecido.

Sem a hipernovidade e as forças de mercado irrestritas das sociedades WEIRD do século XXI, a infância é quando você recebe informações de seus ancestrais e descobre o mundo em que habita, tanto física quanto cognitivamente. Já a idade adulta é a fase em que você operacionaliza o que aprendeu e se torna produtivo.

A principal estratégia dos anunciantes é forjar alguma insatisfação, juntamente com a impressão de que outros estão mais satisfeitos que você. Para dar apenas um exemplo bem documentado: logo após a chegada da televisão nas ilhas Fiji, as adolescentes se concentraram nos ideais ocidentais de beleza transmitidos, contrariando suas próprias normas culturais.[3] Muito além das costas de Fiji, os algoritmos das redes sociais também se moveram para esse nicho. A capacidade dos anunciantes de criar insatisfação é facilitada pelo fato de nossa obsessão humana natural por narrativas estar sendo abordada por um mecanismo gerador de narrativas no qual as histórias não resistiram ao teste do tempo. Muitas das narrativas que ouvimos são feitas sob medida para vender produtos e, portanto, são o que os anunciantes e algoritmos querem que acreditemos, e não o que precisamos saber.

Nossas narrativas também não são mais compartilhadas no nível social. A tremenda gama de opções que temos ao escolher narrativas significa que, quando fazemos parceria com pessoas, geralmente compartilhamos uma linguagem, mas não o conjunto básico de crenças ou valores que teríamos em um ambiente ancestral. Historicamente, narrativas compartilhadas, ou pelo menos a polinização cruzada de narrativas, mantinham as manipulações sob controle. Agora esses sistemas estão ruindo. No passado, aqueles que criavam e aqueles (outros) que consumiam as narrativas — fossem religiões ou mitos, notícias ou fofocas — compartilhavam um destino, e sabiam disso. Nos dias atuais, vivemos em uma sociedade tão fragmentada que a maioria de nós tem pouca noção de nosso destino compartilhado — que todos vivemos, por exemplo, em um único planeta do qual dependemos. Então, embora pareça que vivemos em um mundo cada vez mais pluralista, no qual, por exemplo, pessoas de todas as religiões podem se misturar sem ódio, nosso tribalismo político atingiu o seu ponto máximo, "ajudado" por algoritmos que nos dividem em silos.

As crianças estão crescendo em um mundo projetado para machucá-las. A escola, que deveria ajudar os jovens a aprenderem como ser adultos bem-sucedidos, é, na melhor das hipóteses, sem rumo, e ativamente prejudicial ao desenvolvimento na maior parte do tempo. Os produtos e algoritmos que chegam às crianças irão prejudicá-las, suas estruturas motivacionais serão hackeadas, seus colegas irão desviá-las. Elas não ficarão ilesas. Como, então, tornar-se um adulto funcional?

## O Laboratório do "Eu"

O "eu" é inerentemente uma anedota, uma amostra de unidade. Portanto, o conceito de "eu como laboratório" levará cientistas treinados à loucura. O problema para os humanos que estão tentando descobrir como viver no mundo é que cada um de nós é nosso próprio sistema único e complexo. Existem alguns universais, com certeza — toxinas, propaganda e estilos de vida sedentários são arriscados para todos nós, e já discutimos muitos exemplos neste livro. Considere, no entanto, que nossa fiação interna é tão distinta daquela dos outros que, para muitos tópicos, o conselho que funciona para a pessoa A pode muito bem não funcionar para a pessoa B.

Tomando emprestado, muito vagamente, de Tolstói, todo fígado funcional é (essencialmente) o mesmo, enquanto toda mente humana moderna é disfuncional à sua própria maneira. A ansiedade, o sono desordenado e o perfeccionismo do seu melhor amigo não são os mesmos que a ansiedade, o sono desordenado e o perfeccionismo do seu primo em segundo grau, seja na etiologia ou na manifestação.

O quebra-cabeça da modernidade compõe esse problema multiplicado por mil. Os humanos são capazes de habitar todos os nichos humanos já explorados: somos hiperplásticos. Combine isso com um ambiente moderno ultra barulhento, e todos nós enfrentamos um cenário independente de disfunção. O que isso significa é que todos nós temos que resolver o que funciona para nós como indivíduos. O conselho de outras pessoas varia muito em sua aplicabilidade, mesmo quando é eficaz para a pessoa que o dá. Temos que ser bons em testar cientificamente quais coisas realmente resultam em mudanças positivas dentro de nossos próprios sistemas individuais e complexos.

Há conselhos por toda parte. Um zilhão de pessoas afirmam ter descoberto como nos ajudar a nos tornarmos o melhor de nós mesmos. (Não somos cegos para o fato de que, em certo sentido, estamos afirmando o mesmo com este livro.) Grosso modo, esses aspirantes a gurus de autoajuda se dividem em quatro categorias: os vigaristas, os confusos, os que estão corretos, porém com uma aplicabilidade finita, e os universalmente úteis. Nós postulamos, e esperamos que a essa altura você concorde, que muitas verdades evolucionárias são universalmente úteis.

Vigaristas eficazes são difíceis de notar com antecedência, mas cabe a todos nós aprender a fazê-lo. Na segunda categoria estão aqueles que estão confusos, jorrando "sabedorias" porque isso atrai pessoas e dinheiro, sem reconhecer que tais sabedorias podem não ter valor ou relação com a verdade. Tanto os vigaristas quanto os confusos geralmente estão jogando um jogo inteiramente social. Muitos deles parecem ter dispensado completamente as crenças fundamentais, navegando em um modo inteiramente social sem qualquer referência à realidade externa. Em vez de gerar ideias com base em seu ajuste com a realidade, eles as geram com base em como são recebidas pelo público. Às vezes, haverá "informações" na forma como eles apresentam o material. Não importa como você descubra quem eles são, não procure essas pessoas para obter conselhos.

Na terceira categoria estão as pessoas que estão corretas em afirmar que descobriram algo que funcionou para elas, mas (e elas podem não estar cientes

## A EVOLUÇÃO E OS DESAFIOS DA VIDA MODERNA

disso) o que funciona para elas pode não funcionar para você. Sua sabedoria tem aplicabilidade limitada. Finalmente, a quarta categoria inclui aquelas pessoas raras que têm conselhos que são universalmente aplicáveis.

O desafio, então, está em descobrir como

→ Dispensar os vigaristas e os confusos (as duas primeiras categorias).

→ Aprender a distinguir, dentro da terceira categoria, entre aqueles com conselhos que funcionam para si próprios, mas que não se aplicam a você; e aqueles que sabem algo que, se você descobrir como aplicar, melhoraria sua vida quase instantaneamente. Faça isso engajando-se em uma espécie de budismo científico. Elimine os ruídos, observe pequenos padrões potenciais e teste hipóteses para o que funciona dentro de você.

→ Adotar o bom conselho daqueles na quarta categoria — os poucos que realmente têm conselhos universalmente aplicáveis.

Quando o mundo WEIRD ficou obcecado com glúten muitos anos atrás, parecia mais uma tendência da moda que teria aplicabilidade para uma pequena fração de pessoas. Enquanto isso, Bret lidava com a asma há décadas, usando inaladores de esteroides e outros produtos farmacêuticos diariamente, sem nenhuma perspectiva de fim. Sem ter muito para onde correr — os médicos não ajudavam, exceto para aconselhar que ele tentasse mais remédios e que nos livrássemos de toda a poeira e gatos em nossas vidas — ele decidiu cortar o glúten de sua dieta, não reduzindo seu consumo, mas abolindo-o completamente. Agora, muitos anos depois, não apenas seus problemas respiratórios desapareceram, mas também quase todos os outros pequenos problemas de saúde irritantes que ele tinha (e, apesar de realmente termos tentando reduzir a poeira em nossa casa, o mesmo não pode ser dito dos gatos). Isso significa que você também se beneficiaria de tirar o glúten de sua dieta? Talvez. Talvez não. Depende do seu próprio histórico imunológico, de desenvolvimento, culinário e possivelmente genético, e você saberá melhor a respeito disso ao experimentar por si mesmo. A sensibilidade ao glúten não é uma ficção, e tampouco um universal.

O "eu" está sujeito aos mesmos princípios científicos que todo o resto, com os mesmos tipos de restrições que você encontra quando tenta estudar fenômenos biológicos no campo. Complexidade e ruído são os inimigos do sinal. A solução envolve controlar seus experimentos o máximo possível, dadas as restrições do ambiente. Mude apenas uma coisa de cada vez. Faça isso plena e integralmente (se você trapacear, não aprenderá nada, mas pode se enganar pensando que agora possui informações). E dê tempo para que possa funcionar.

## Tipos de Realidade

Lembra do Coiote, cuja função na vida era perseguir o Papa-Léguas nos desenhos animados do *Looney Tunes*? Na perseguição, ele muitas vezes se via derrapando na beira de um penhasco, onde terminava suspenso em pleno ar, até olhar para baixo. A gravidade não se aplicava até que ele reconhecesse a situação. Era engraçado, porque era absurdo. E, a despeito de ser totalmente absurdo, muitas pessoas modernas parecem imaginar que, ao mudar as opiniões ou perspectivas dos outros, você muda a realidade subjacente. Em suma, eles acreditam que a própria realidade é uma construção social.

Argumentamos anteriormente que os vigaristas e os confusos geralmente operam em um plano exclusivamente social, e não analítico. Como você evita se tornar alguém que avalia o mundo com base em respostas sociais no lugar de análises — uma daquelas pessoas que são facilmente enganadas por vigaristas e confusos? Duas boas estratégias incluem envolver-se regularmente com o mundo físico e entender o valor das decisões complicadas.

A triste verdade é que, atualmente, quanto mais "educado" você for, mais difícil isso se torna. Nosso atual sistema de ensino superior está imerso em uma filosofia que duvida da nossa própria capacidade de perceber o mundo físico. Essa filosofia é chamada de pós-modernismo.[4]

Os pós-modernos estiveram na vanguarda da promoção da perspectiva de que a realidade é construída socialmente. O pós-modernismo e seu filho ideológico, o pós-estruturalismo, já estiveram contidos em um pequeno canto da academia. Tratam-se de ideologias que contêm núcleos de verdade. Elas nos ensinaram que nosso aparato sensorial nos influencia e que, na maioria das vezes, não temos consciência dessas tendências. Além disso, revelaram que escolas, fábricas e prisões são semelhantes em seu uso do poder para controlar as populações (como analisado por Michel Foucault em sua extensão metafórica do Panóptico de Bentham). E a Teoria Crítica Racial tem em seu fundamento a observação concreta de que o sistema jurídico norte-americano teve dificuldades em emergir de seu passado racista, e que a recuperação total desse passado ainda não está no horizonte. Estas são algumas contribuições reais e valiosas que tais teorias forneceram ao mundo. Mas a maioria das instâncias atuais do pós-modernismo piorou em qualidade.

Às vezes, quando ideias acadêmicas marginais dão errado, elas persistem por mais tempo do que deveriam; mas seu impacto é limitado a alguns departamentos universitários. Não é assim com o pós-modernismo e seus efeitos em cadeia. O que acontece no campus definitivamente não ficou no campus. O pós-modernismo e seus adeptos se infiltraram em sistemas que vão muito além do ensino superior — do setor de tecnologias às escolas de ensino fundamental e médio, passando pela mídia — e estão causando danos consideráveis.[5]

Uma das conclusões mais surpreendentes de alguns pós-modernos é a de que toda a realidade é socialmente construída. Alguns até mesmo discordaram das conclusões de Newton e Einstein, com base no fato de que o privilégio desses cientistas é evidenciado em suas equações e, como velhos brancos, seus preconceitos inerentemente os impediam de conhecer qualquer coisa verdadeira no mundo.[6] Pessoas de fenótipos específicos, segundo essa visão de mundo que, ironicamente, é biologicamente determinista e regressiva, não poderiam acessar a verdade.

Como chegamos a tamanha confusão, acreditando que toda a realidade é socialmente construída? Ora, tendo pouca experiência no mundo real. Nenhum carpinteiro ou eletricista poderia acreditar que toda a realidade é socialmente construída; tampouco um operador de empilhadeira ou marinheiro, ou um atleta.[7] Existem ramificações físicas das ações físicas, e todos que operam no mundo físico sabem disso.

Se você não agarrou ou chutou muitas bolas, ou não utilizou ferramentas manuais, ou nunca colocou ladrilhos ou dirigiu com câmbio manual — em suma, se você tem pouca ou nenhuma experiência com os efeitos de suas ações no mundo físico e, portanto, não teve a oportunidade de ver as reações que elas produzem, estará mais propenso a acreditar em um universo totalmente subjetivo, no qual toda opinião é igualmente válida.

Nem todas as opiniões são igualmente válidas, no entanto, e alguns resultados não mudam apenas porque você quer. Resultados sociais podem ser alterados se você discutir ou criar um escândalo. Resultados físicos, não.

Todos, por mais presos que estejam em seus corpos, com suas falhas e forças próprias, têm a oportunidade de experimentar o mundo de ações e reações na realidade física. Nem todos podem pedalar em pista única, mas para aqueles de nós que podem e o fazem, enfrentamos a realidade objetiva na forma de raízes, colinas e gravidade. Dito isso, dado o seu corpo singular, como você pode forçar sua mente e corpo a confrontarem a realidade física?

Considere isto: nossos olhos não produzem uma imagem estática, como uma fotografia. Em vez disso, são ferramentas dos nossos cérebros, tomando notas do mundo. Estamos totalmente incorporados — nossos corpos não são reflexos de nossos cérebros, ou desnecessários para nossa interpretação do mundo. Esses olhos, nesses crânios e pescoços, sobre esses torsos e pernas e pés que se movimentam — tudo faz parte da percepção. A percepção é uma ação.[8]

Quanto mais você se move, portanto, dentro de seus limites particulares, mais integrada, completa e precisa sua percepção do mundo provavelmente será.

O movimento aumenta a sabedoria. O mesmo acontece com a exposição a diversos pontos de vista, experiências e lugares. Precisamos tanto de liberdade de expressão quanto de liberdade para explorar, porque ambas falam do valor de ambientes nos quais os resultados são incertos. A natureza ainda está disponível para nós. Vamos aproveitar nosso tempo com ela e, com isso, gerar forças e calibrar nossa compreensão de nosso próprio significado.[9]

Os seres humanos evoluíram para serem antifrágeis: nos fortalecemos com a exposição a riscos gerenciáveis, por meio da superação de limites, promovendo a abertura para o acaso e também para aquilo que ainda não conhecemos. Isso vale tanto para os ossos quanto para o cérebro. Realizar coisas com resultados inegociáveis no mundo físico — andar de skate, cultivar vegetais, subir até um cume — fornece um corretivo para muitas ideias equivocadas que atualmente passam por sofisticadas. Algumas destas incluem: toda a realidade é uma construção social, a dor emocional é equivalente à dor física e a vida é ou pode ser perfeitamente segura.[10]

Um mentor nosso de pós-graduação, George Estabrook, que era principalmente um ecologista matemático, mas que também passou muitos anos em temporadas de campo trabalhando e vivendo com os praticantes de um sistema agrícola tradicional nas colinas de Portugal, escreveu o seguinte na introdução de um dos seus artigos:

É notável como o empirismo persistente dos seres humanos, lutando para viver na natureza, resulta em práticas que fazem sentido ecológico, mesmo que possam ser codificadas em rituais ou explicadas de maneiras que pareçam superficiais ou não convincentes ecologicamente. De fato, os profissionais locais podem ter conceitos, igualmente justificáveis, mas muito diferentes daqueles dos acadêmicos, do que constitui uma explicação útil.[11]

Se fôssemos forçados a escolher entre a "explicação útil" dada a nós por um aldeão versus aquela fornecida por um acadêmico regular, sobre um objeto do qual o aldeão depende para seu sustento, certamente escolheríamos a primeira. Aquele aldeão costarriquenho que provavelmente salvou nossas vidas ao nos manter longe de um rio que subia rapidamente — sobre o qual falamos na introdução — sabia muito mais sobre onde estávamos e como interpretar os sinais do que nós, acadêmicos iniciantes.

Você pode enganar uma pessoa, e ela pode enganar você, mas você não pode enganar uma árvore ou um trator, um circuito ou uma prancha de surf. Portanto, procure pela realidade física, e não apenas por experiências sociais. Busque feedbacks do vasto universo que existe para além dos seres humanos, e observe suas próprias reações quando esse feedback surgir. Quanto mais tempo você gastar colocando seu intelecto em realidades que não podem ser coagidas por manipulação ou conversa fiada, menos provável é que você tente culpar os outros por seus próprios erros.

## Sobre os Benefícios de Situações Difíceis

"Quando tenho sucesso, é devido ao meu trabalho duro e inteligência; quando falho, o sistema é manipulado contra mim e tive azar." É fácil ver a falha aqui quando dita de forma tão clara, mas a maioria dos adultos atualmente é motivada por alguma versão disto em suas vidas cotidianas. O fato de tendermos a acreditar em má sorte, mas não em boa sorte, torna mais difícil aprender com nossos erros.

Quando nossos filhos passam por contratempos — qualquer coisa, desde derrubar um copo até escorregar na escada ou quebrar um braço — perguntamos a eles: "O que você aprendeu?" Para sua irritação duradoura, muitas vezes também perguntamos a mesma coisa quando eles *quase* derrubam um copo, *por pouco* não escorregam nas escadas ou *evitam* uma fratura. Eles já esperam por isso, mas em geral, crianças e adultos ficam incrédulos quando você faz essa pergunta depois que algo deu errado. Pode ser tomado como acusatório, em vez de simpático, e simpatia é o que achamos que queremos após um acidente ou lesão. Contudo, por mais que as pessoas prefiram ser tranquilizadas, você não seria um ser humano mais produtivo e engajado se pudesse aprender com o que acabou de acontecer e, assim, diminuir as chances de voltar a experimentar algo semelhante? Como dizemos aos nossos filhos, trata-se do futuro. Tentar explicar o passado, em vez de aprender com ele e seguir em frente, é um péssimo uso do tempo e dos recursos intelectuais.

Passar por situações difíceis faz parte do conjunto de experiências necessárias para crescer. Se o seu filho está totalmente seguro, vivendo uma vida sem riscos, então você fez um péssimo trabalho como pai. Essa criança não tem capacidade de extrapolar o seu próprio universo. E se você, como adulto, está totalmente seguro, provavelmente não está reagindo ao seu potencial.

Mas o que significa "seguro"? Quando pensamos em segurança, é tentador desenvolver uma regra universal e segui-la à risca. Mas isso, como tudo, depende do contexto. As regras estáticas são fáceis de lembrar, mas também são de pouca utilidade. Montanhas-russas são perigosas? Considere os riscos de um passeio cheio de adrenalina em um parque temático estabelecido como a Disneylândia versus um em um parquinho. Os parques temáticos são permanentes, e seus brinquedos já existem há muito tempo; eles, portanto, são quase certamente mais seguros do que os passeios frequentemente desconstruídos e reconstruídos de um parquinho itinerante.

Da mesma forma, considere os riscos das ferramentas elétricas. Todas as lâminas alimentadas por eletricidade são certamente perigosas, e requerem atenção e prática especiais para serem seguras. Mas se você acha que "tenha cuidado, é uma ferramenta elétrica" é um aviso suficiente, provavelmente não tem conhecimento suficiente para estar seguro. Considere serras de fita, serras circulares, serras de mesa e serras de braço radial: o risco aumenta substancialmente à medida que a lista prossegue. É muito mais provável que você passe por uma situação limítrofe, em vez de perder um dedo (ou pior), se compreender os diferentes riscos ao utilizar ferramentas diferentes.

Por fim, considere os riscos de uma caminhada em uma floresta suburbana nos Estados Unidos comparada com uma em Yosemite, e uma na Amazônia. Os riscos do meio ambiente são diferentes em cada caso — outras pessoas são muito mais ameaçadoras em um parque suburbano do que em Yosemite, por exemplo, enquanto lesões físicas podem ser um pouco mais prováveis de acontecer na Amazônia e em Yosemite. A principal diferença de risco para a saúde humana, entretanto, está na distância de qualquer atendimento médico em um parque nacional e, mais ainda, no meio da Amazônia. Como costumávamos dizer aos nossos alunos antes de viajarmos para pesquisar no exterior: "Seja corajoso, mas consciente de suas próprias limitações e responsável por seus próprios riscos. Avaliar os riscos é um cálculo diferente quando você está longe de qualquer ajuda médica. Os legisladores não passaram pelos ambientes em que viajaremos para torná-los seguros — nessa verdade reside tanto a diversão quanto o perigo da jornada."

Durante nosso estudo de onze semanas no exterior, viajando pelo Equador em 2016, tínhamos uma regra primária e explícita: *ninguém voltará para casa em um caixão*. Tivemos três momentos difíceis e limítrofes durante e logo depois dessa viagem. Já mencionamos a queda da árvore. Algumas semanas depois, nas Galápagos, um notável acidente de barco quase matou Heather e o capitão, e poderia facilmente ter matado todos os doze que estavam a bordo, incluindo oito estudantes. Isso deixou Heather devastada de várias maneiras, e quase incapacitada, mas ela não voltou para casa em um caixão.[12] Nossas alunas Odette e Rachel foram duas das vítimas deste acidente: Odette sofreu alguns ferimentos; Rachel, contudo, estava surpreendentemente ilesa. Então, apenas meio mês depois, elas experimentaram uma última situação de dificuldade juntas, que foi ainda mais dramática. Isso merece ser recontado detalhadamente por elas, mas deixaremos aqui um resumo.

Nossos trinta alunos se espalharam por locais de pesquisa para elaborarem projetos independentes em um período de cinco semanas. Odette e Rachel começaram a trabalhar em uma estação de campo na costa do Equador, mas foram até a cidade mais próxima para fazer o contato semanal por e-mail que era necessário conosco e comemorar o aniversário de Rachel. Elas se esbanjaram em um quarto no segundo andar do Hotel Royal, que era o prédio mais alto de Pedernales, com seis andares de alvenaria não reforçada. Assim que voltaram para dentro após verem o pôr do sol, o quarto começou a tremer. Elas se agarraram e caíram juntas de joelhos entre as duas robustas camas de solteiro. Então, o hotel inteiro desabou — tanto embaixo quanto em cima delas. Por um instante, elas ficaram em queda livre, junto com vários andares de blocos de concreto ao redor.

Esse terremoto, em 16 de abril de 2016, foi de 7,8 na escala Richter, devastando grande parte do litoral do Equador. Pedernales estava no epicentro e foi em grande parte destruída.

Soubemos do terremoto uma hora depois. Sabíamos onde todos os nossos alunos estavam, e apenas alguns se encontravam na zona de perigo. Rapidamente contabilizamos todos — exceto Odette e Rachel. Sabíamos que tinham ido passar o fim de semana numa cidade costeira, que acreditávamos ser Pedernales. Os relatórios da costa do Equador eram preocupantes. Conversamos várias vezes com a mãe de Odette, tentando tranquilizá-la, e com as pessoas que administravam a estação de campo onde as meninas estiveram — que nos garantiram que os funcionários responsáveis estavam procurando por elas. Alguns funcionários também haviam desaparecido. Bret começou a planejar voltar ao Equador para procurá-las. Heather mal podia se mover por causa dos ferimentos do acidente de barco, mas Bret podia. Não ficou claro se aquela era a melhor opção, mas era a única ação possível, e precisávamos assegurar que as meninas estavam bem.

No meio da tarde do dia seguinte, depois de vinte horas esperando desesperadamente por sinais de vida, recebemos um e-mail curto e agradecido de Rachel. Elas estavam vivas. Não recuperaram quase nada, mas estavam vivas.

Até onde sabemos, Rachel e Odette foram as únicas sobreviventes do Hotel Royal. Elas tiveram sorte por cair no lugar certo — entre camas que tinham sido tão superdimensionadas que resistiram a vários andares de alvenaria em cima delas. E dessa forma, suas consideráveis sabedoria e lucidez levaram-nas ao que seria um show de horrores de quase 24 horas.

Elas estavam presas sob e em meio a escombros de concreto e poeira, aparições fantasmagóricas à luz do tablet de Odette, que de alguma forma sobreviveu e foi encontrado por elas logo após o terremoto.

Os tremores secundários começaram logo. A laje de concreto sobre suas cabeças moveu-se levemente. Ouviram vozes do lado de fora e gritaram. Três homens as ouviram e, juntos, todos cavaram a alvenaria com as mãos, ampliando uma pequena abertura para que fosse grande o suficiente para as meninas passarem. Odette teve ferimentos consideráveis, mas não fatais. Como bailarina, ela estava familiarizada com a dor, mas isso era muito diferente; ela não conseguia andar. Rachel estava, mais uma vez, ilesa.

Elas precisavam chegar a Quito, mas a jornada não era simples. Elas foram ajudadas por muitas pessoas boas, e ignoradas ou rejeitadas por muitas que mal conseguiam cuidar dos seus. Pedernales estava caótica. Elas viram uma mulher segurando o cadáver de seu filho nos braços. Começaram a ouvir as pessoas murmurando a respeito de um tsunami. Uma de suas muitas caronas para fora da cidade, que parecia promissora, caiu por terra quando o motorista soube o que acontecera com sua família. Enquanto estava escondido em outra carona na traseira de uma van, um médico, improvisando, limpou e costurou a longa laceração no pé de Odette, lesão que mais tarde exigiria outras intervenções. Uma de suas caronas ficou sem combustível. Outra teve que dar meia-volta devido a uma ponte destruída. De novo e de novo elas foram devolvidas a Pedernales, aquele cenário de concreto retorcido e pessoas soluçando, com uma fina poeira branca pairando sobre tudo — em parte, o que restou do Hotel Royal. Por fim, tendo encontrado assentos em um ônibus para Quito, elas se depararam com enormes deslizamentos de terra decorrentes do terremoto, que quase bloquearam a estrada. Enquanto passavam, pedaços de terra desapareciam no abismo abaixo.

Finalmente, chegaram vivas e seguras a Quito.

Ninguém voltou daquela viagem em um caixão. E apesar dos extensos danos físicos e psicológicos sofridos, Odette nos diria mais tarde: "Aquela viagem foi única, marcante, aterrorizante e extraordinária. Mesmo que eu soubesse tudo o que iria acontecer comigo, eu teria ido. Foi muito importante para mim."

## Sobre Justiça e Teoria da Mente

Muitas pessoas estão falhando exatamente nos domínios em que deveriam ser adultos. Quando a Evergreen, faculdade para a qual fomos contratados e na qual adorávamos trabalhar, descontrolou-se com uma enxurrada de ações estrategicamente chamadas de "justiça social", quase nenhum adulto a defendeu. Para a maior parte dos que prestaram atenção, parecia que um bando de estudantes universitários desorganizados estava assumindo à força uma faculdade, o que de fato caracteriza parte da história. Uma interpretação mais precisa, mas ainda lamentavelmente incompleta, é que, nos bastidores, alguns valentões do corpo docente haviam doutrinado os alunos e assumido várias funções importantes da faculdade; e a administração — as pessoas que são pagas para agir como adultos quando as coisas na faculdade saem do controle — apresentou negligência de seus deveres.[13] Ser adulto, em parte, significa não abdicar de suas responsabilidades, especialmente quando outros dependem de você.

Ser adulto também significa saber cooperar em vários níveis. Podemos nos envolver em seleção de parentesco (*na qual preferencialmente ajudamos nossos parentes*), reciprocidade direta (*eu ajudo você a construir seu celeiro ou mudar para um novo apartamento, e você me ajudará mais tarde*) e reciprocidade indireta (*eu faço uma boa ação publicamente, o que aumenta minha reputação*).[14] É claro que é raro estarmos conscientes dessas considerações teóricas enquanto agimos. Nossa moralidade deriva de uma mistura fluida dessas formas de cooperação. Grande parte das variações dentro dos grupos ao longo do tempo, em termos de comprometimento com outros membros, e com o sucesso do grupo, pode ser explicada em termos de estabilidade.[15] Quando um grupo é ameaçado, as pessoas se juntam e os laços dentro do grupo são reforçados. Nos bons tempos, entretanto, quando as coisas ficam mais fáceis, a estabilidade do grupo tende a se desgastar, primeiro pelas beiradas e, finalmente, no núcleo. Mais uma vez, os mercados econômicos se aproveitam dessa tendência, desestabilizando nosso senso de identidade e comunidade, fazendo com que procuremos em outro lugar o ingrediente que faltava para, finalmente, sermos felizes, produtivos e seguros.

Nós, humanos, somos particularmente hábeis em reconhecer que nossas percepções do mundo não são compartilhadas por todos. Essa capacidade de reconhecer que outras pessoas entendem o mundo de maneira diferente da nossa é a chamada teoria da mente, que já invocamos várias vezes aqui.

Organismos com teoria da mente têm a capacidade de distinguir entre sujeito e objeto. Babuínos no Delta do Okavango, em Botsuana, por exemplo, sabem a diferença entre "Ela ameaça minha irmã" e "Minha irmã a ameaça". Eles exibem os primeiros vislumbres da teoria da mente — a capacidade de rastrear não apenas qual é o seu próprio modelo de realidade, mas também o de outros indivíduos, mesmo quando esses modelos diferem dos seus.[16] Também podemos deduzir que todos os suspeitos usuais — lobos e elefantes, corvos e papagaios — possuem teoria da mente, dadas suas famílias sociais, de longa vida e multigeracionais, além da presença de cuidado parental.

Uma coisa à qual a teoria da mente fornece acesso potencial é um senso de justiça. O conceito do que é "justo" não se originou com os filósofos.

Não surgiu com as cidades-estado ou com a agricultura. Também não era novidade para caçadores-coletores, ou para nossos primeiros ancestrais bípedes. Os macacos acompanham o que é justo e o que não é, e elaboram opiniões assertivas sobre práticas injustas em seu domínio social.

Capuchinhos — Macacos do Novo Mundo que vivem em grandes grupos sociais — irão, em cativeiro, negociar com as pessoas o dia todo, especialmente se houver comida envolvida. *Eu te dou esta pedra e você me dá uma guloseima para comer.* Se você colocar dois macacos em gaiolas um ao lado do outro e oferecer a ambos fatias de pepino pelas pedras que eles já têm, eles comerão os pepinos com prazer. Se, no entanto, você der uvas a um macaco — sendo estas universalmente preferidas a pepinos — o macaco que ainda está recebendo pepinos começará a jogá-los de volta no experimentador. Mesmo que ele ainda esteja sendo "pago" com a mesma quantia pelo seu esforço de obtenção de rochas e, portanto, sua situação particular não tenha mudado, a comparação com o outro torna a situação injusta. Além disso, ele agora está disposto a abrir mão de todos os ganhos — os próprios pepinos — para comunicar seu descontentamento ao experimentador.[17]

Os mercados se aproveitam do nosso senso de justiça. Eles nos fazem pensar que estamos recebendo uvas, quando, na verdade, estamos recebendo pepinos. Se outras pessoas já têm acesso a coisas melhores, por que nós não temos? Nosso senso de justiça é, dessa forma, mantido em desequilíbrio, sempre ameaçado pelos outros consumidores invisíveis que já possuem a próxima grande coisa e, portanto, estão supostamente em uma posição melhor do que nós. Ainda consideramos a grama do vizinho mais verde, mas nem sequer estamos falando dos nossos vizinhos. Atualmente, é a grama de uma pequena fração da elite mundial canalizada e "photoshopada" em nossas telas que nos seduz.

Como seres humanos, uma das maneiras de testar os rumos morais e avaliar o estado de espírito de um grupo e seus respectivos limites é por meio do humor. Isso ajuda a mitigar questões de justiça. O humor é o mecanismo pelo qual discernimos as áreas nebulosas do que pode e do que não pode ser dito. Uma sociedade, comunidade ou grupo de amigos sem humor provavelmente possui grandes problemas sempre iminentes. Além disso, as tentativas de induzir o riso de forma inorgânica — a exemplo da trilha de risadas — implicam, mais uma vez, o mercado tentando se intrometer nas tendências humanas honrosas de se relacionar com a experiência e a compreensão compartilhadas.

A trilha de risadas *reduz* o nosso humor e nos torna menos capazes de nos conectarmos com seres humanos reais.

## Sobre o Vício

Muitas coisas têm uma versão patológica. Patologia não é o mesmo que "desvantagem" — a senescência é uma desvantagem dos traços adaptativos iniciais, mas não é patológica. Em contraste, a arrogância é uma confiança patológica.

A obsessão positiva é chamada de muitas coisas: paixão, foco, motivação. A manifestação primária da obsessão negativa, da obsessão patológica, é o vício.

A obsessão é indiferente em relação ao fato de a coisa pela qual se é obcecado é saudável ou não. Você pode ficar obcecado por um interesse amoroso, o que pode levar ao amor da sua vida. Você pode ficar obcecado por uma variedade específica de manga, o que pode fazer com que você gaste mais tempo do que o necessário procurando por elas. Você pode ficar obcecado com uma determinada cor para pintar as paredes, com a ordem dos parágrafos ou se deve dizer à sua amiga que o marido dela é um idiota.

O vício é o estágio final de uma obsessão prejudicial.

Uma má compreensão comum do vício é que, se você usar uma substância viciante, ficará viciado. Considere a heroína. Parece verdadeiro que adicionar opioides exógenos ao seu corpo o torna menos capaz de produzi-los endogenamente — ou seja, de dentro, a partir de si próprio. Portanto, quando a molécula exógena desaparece, seja porque você ficou sem dinheiro ou seu traficante foi preso ou você foi para a reabilitação, é doloroso porque você não tem mais a capacidade de produzir opioides *endógenos*. Pode-se concluir que todos aqueles que usam heroína e outros opioides exógenos tendem a se tornar um viciado.

E, no entanto, sabemos que a maioria das pessoas que experimenta drogas não se torna viciada.[18]

Dê aos ratos uma alavanca que fornece anfetaminas sob demanda e eles evidentemente a pressionarão. Se não houver mais nada disponível para eles, eles se tornam viciados. Dê a eles um ambiente enriquecido, no entanto, com muitas outras atividades legais para um rato, e eles não se tornarão viciados — eles realizarão essas outras atividades que também lhes apetecem, em vez de se tornarem viciados.[19] De fato, talvez eles estejam liberados para se tornarem obcecados por algo saudável.

O que é "saudável", obviamente, é cada vez mais difícil de decifrar, e a presença das forças do mercado em quase todas as decisões não ajuda em nada. Tentar entender os humanos como um fenômeno evolutivo, como estamos fazendo neste livro, pressupõe que todas as nossas mentes estão, em segundo plano, fazendo uma análise de custo-benefício entre as escolhas que percebemos que temos. Desde como caminhar e com quem acasalar, até qual livro ler, tudo envolve uma análise de custo-benefício com o objetivo de aumentar nossa aptidão. Nosso software, afinal, é construído para maximizá-la, ainda que nossas mentes conscientes tenham outras prioridades. Mas nosso software tem cada vez mais dificuldade em distinguir por intermédio dos ruídos, porque nosso mapa do que aumenta a adaptabilidade no mundo ancestral não nos prepara bem para o mundo moderno.

Nosso senso intuitivo do valor da adaptabilidade dos comportamentos é, portanto, muitas vezes equivocado na modernidade. Nossa intuição tinha uma chance maior de nos levar à escolha certa antes da Revolução Industrial, antes que a hipernovidade se tornasse onipresente. Muitos de nós, hoje em dia, são efetivamente capazes de puxar alavancas como ratos com acesso a anfetaminas, e obter uma explosão concentrada de euforia que não apenas obscurece o risco dessa euforia, mas torna cada vez menos provável que possamos nos afastar dela no futuro. É outra instanciação da Loucura dos Tolos: a recompensa obscurece o custo.

Cada droga, ou outro objeto potencial de dependência, cria um nível de recompensa que varia de acordo com outros parâmetros. A "recompensa" não é binária — não é simplesmente positiva ou negativa. A valência e o tamanho da recompensa dependem, em parte, de quais são as outras possibilidades — o custo de oportunidade. Devo perseguir essa pessoa como um companheiro? Devo fumar um baseado? Devo maratonar a última série da Netflix? Devo navegar nas redes sociais? Essas não são perguntas completas até que você saiba o que estaria renunciando ao fazer sua escolha. Ou seja, a análise de custo-benefício fica incompleta até você compará-la com o que mais você poderia estar fazendo.

O que os experimentos de incrementação das gaiolas dos ratos sugerem é que um fator contribuinte para o vício pode ser o tédio. Ou, mais especificamente, uma falta de consciência, ou ofuscação, do custo de oportunidade.

O tédio é efetivamente sinônimo do "custo de oportunidade" ter se tornado nulo: se você acredita que não há mais nada enriquecedor com o qual você possa gastar seu tempo, então o cálculo de se envolver ou não com uma determinada substância ou ação é distorcido, particularmente se essa substância ou ação resultar em um sentimento de enriquecimento, mesmo que falso.

É claro que é muito simples dizer que o tédio causa dependência. Há muitos fatores em jogo: a natureza limitante dos ambientes ancestrais não exigia autorregulação para a maioria das substâncias ou comportamentos; tanto traumas quanto distúrbios psicológicos atrapalham os processos de tomada de decisão; as emoções são sequestradas por substâncias viciantes e comportamentos que criam uma falsa estrutura de incentivo; e as pressões sociais muitas vezes direcionam os cálculos para o consumo.

Tudo isso faz parte da equação. O que é interessante e possivelmente instrutivo é que todos os fatores que acabamos de listar efetivamente distorcem a análise de custo-benefício e obscurecem nossa compreensão do custo de oportunidade. O tédio, enquanto indicador nulo para a oportunidade, parece ser um elemento comum na história dos vícios.

Tiramos proveito de nossa vulnerabilidade criando sistemas que evoluem para serem viciantes. As redes sociais são um excelente exemplo.[20] Em retrospecto, não devemos nos surpreender por termos criado um sistema que viciou até mesmo seus criadores. No futuro, devemos ter muito mais cuidado ao abrir a Caixa de Pandora. E devemos criar — além de encorajar sua criação em escalas sociais mais amplas — novas oportunidades de engajamento, criação, descoberta, de atividades que forneçam uma alternativa ao tédio que leva ao vício.

## A Lente Corretiva: Como Aumentar a Si Mesmo

→ **Almeje ser um adulto de forma explícita.** Faça isso, em parte, indagando regularmente a si mesmo com as perguntas que apresentamos no início do capítulo (Estou assumindo a responsabilidade por minhas próprias ações? Estou mantendo a mente fechada? Etc.) e minimizando os efeitos dos mercados econômicos em sua vida cotidiana.

→ **Tome consciência do fluxo incessante de informações que lhe dizem o que pensar, como sentir, como agir.** Não deixe

## A EVOLUÇÃO E OS DESAFIOS DA VIDA MODERNA

isso entrar em sua mente. Não se permita ser guiado por isso. Sua estrutura interna de recompensas precisa ser independente e inegociável. Essa independência, por sua vez, deve permitir que você colabore bem com outros que são igualmente independentes. Desconfie daqueles que podem ser bons, mas que foram capturados.

→ **Esteja sempre aprendendo.** Procure colaboradores. Não deixe de jogar competitivamente e esteja preparado para parar de jogar se as coisas ficarem sérias. Seja cético, quando não desconfiado, em relação a qualquer nova prescrição para a qual a justificativa não seja declarada ou seja tênue.

→ **Reviva, ou crie, ritos de passagem em sua vida.** Celebre não apenas a passagem do tempo (aniversários, feriados), mas também as transições de desenvolvimento. Honrar graduações e casamentos, nascimentos e mortes, mas também mudanças e promoções de carreira e emprego, a conclusão de importantes tarefas analíticas ou criativas, e o fim de determinados períodos, quando reconhecíveis.

→ **Procure se pautar na realidade física, e não apenas em experiências sociais.** Busque feedbacks do universo físico, não apenas de fontes sociais subjetivas. Mexa seu corpo. Adquira experiência com modelos sistêmicos que informam como as coisas realmente funcionam.

→ **Supere sua intolerância.** A variabilidade é a nossa força. Não apenas quanto a sexo, raça e orientação sexual, mas também classe, neurodiversidade, características de personalidade — tudo isso contribui para o que podemos realizar na Terra.

→ **Coloque a igualdade em seu devido lugar.** A igualdade deve centrar-se na valorização igualitária das nossas diferenças. Ela não deve impor a uniformidade à força.

→ **Sorria para as pessoas** — aquelas com quem você mora, a que está atrás do balcão, e até mesmo o estranho na rua.

→ **Seja grato.**

→ **Ria diariamente, com outras pessoas.**

→ **Largue o seu celular.** Falando sério: largue-o.

→ **Dirija suas lutas quanto a quem e o que você ama,** em vez de contra quem e o que você odeia. Se uma multidão vier atrás de pessoas que você conhece, ou que você considera como amigos, levante-se e diga: "Não, você está errado". Seja honrado e corajoso quando os valentões se aproximarem. Fale pelo que você sabe ser verdade, mesmo que isso faça de você um pária social.

→ **Aprenda a dirigir críticas úteis sem encurralar a outra pessoa.** Com nossos filhos, quando eles caem de uma bicicleta ou não se saem bem em uma prova de matemática, dizemos que "não foi o seu melhor". E é verdade; isso não os engana com a ideia de que toda ação é digna de uma estrela de ouro; e demonstra que sabemos que eles podem fazer um trabalho melhor, e que não foi dessa vez.

→ *Contabilize* **menos coisas em sua vida (calorias, passos, minutos) e realize mais.**

→ **Desenvolva uma teoria para situações difíceis.** Quando elas ocorrerem, tenha um plano de como você irá aproveitá-la para obter uma melhor compreensão de si mesmo e do mundo. Acalme-se, e evolua.

→ **Evite andar em círculos.** Retornos decrescentes são um fator para todo fenômeno complexo, então aprenda a evitá-los (em outras palavras: considere aprender uma coisa *nova* em vez de ser um perfeccionista e tentar ficar cada vez melhor no que você já é muito bom). Falaremos mais sobre isso no último capítulo.

Capítulo 12

# Cultura e Consciência

ÀS MARGENS DE UM LAGO NA ILHA ORCAS, NO EXTREMO NOROESTE DOS ESTADOS UNIDOS, UMA fogueira foi acesa. É uma noite fresca de outubro, e o céu está limpo e escuro o suficiente para vermos as estrelas. Muitos da nossa turma estão sentados ao redor do fogo. Alguns alunos trouxeram violões, um tem uma gaita, e há música no ar. Às vezes ela domina o ambiente, e às vezes fica no fundo. Estamos aquecendo nossos corpos e compartilhando ideias e lembranças do dia que passou. Em um dado momento, mencionamos os projetos de pesquisa que diferentes grupos criaram para responder à seguinte pergunta: A biodiversidade varia de acordo com a altitude nesta ilha? É uma questão que deve ter ocupado as pessoas da região por milênios, ainda que não nesses termos — caçadores e coletores teriam monitorado, conscientemente ou não, onde teriam maiores chances de encontrar alimentos. Falamos de sexo e drogas. Como encarar o sexo sem compromisso? Se o uso de alucinógenos é adaptativo, será que todos deveriam experimentá-lo? Falamos também sobre nos manter aquecidos. Nós nos sentamos ao redor de muitas fogueiras ao longo dos anos. Espero que você também tenha tido a oportunidade de fazer isso.

A Era da Informação trouxe consigo a promessa de uma fogueira (metafórica) coletiva e descentralizada, onde as pessoas que nunca se conheceram na vida real podem se aquecer com a presença de outras mentes, compartilhando suas ideias e reflexões.

Mas o mundo online, embora promissor, não possui as estruturas que tornam as conversas em torno da fogueira tão valiosas. Uma fogueira ancestral coloca a reputação de todos – conquistada ao longo da vida – em primeiro plano. Em torno dela, cada pessoa teria alguma base para elevar ou descontar reivindicações e propostas com base nos pontos fortes e déficits conhecidos do indivíduo e levando em consideração o histórico da discussão. Uma fogueira virtual, por outro lado, é um vale-tudo. Nós não nos conhecemos uns aos outros de verdade, nossas histórias aparentes são muitas vezes enganosas e muitos se valem do anonimato. A lista de falhas é imensa. A frequência das fogueiras tradicionais vem diminuindo, e as fogueiras virtuais geralmente trazem novos problemas. Precisamos dar um jeito de trazer as primeiras de volta. Fogueiras metafóricas e literais são um ponto de convergência para a cultura e a consciência, pois as pessoas se reúnem de boa-fé para aprender a sabedoria antiga ou desafiá-la.

Comecemos pelas definições. Estas não corresponderão exatamente às definições de outros, mas é importante, neste tópico, ter declarado o que estamos falando. Para nossos propósitos:

Definimos como *cultura* as crenças e práticas compartilhadas e transmitidas entre os membros de uma população. Essas crenças são, muitas vezes, *literalmente falsas* e *metaforicamente verdadeiras*, o que implica que elas resultam em maior aptidão se alguém agir como se fossem verdadeiras, apesar do fato de serem imprecisas ou não falseáveis. A cultura é um modo especial de transmissão porque pode ser transmitida horizontalmente, tornando a evolução cultural muito mais rápida e ágil do que a evolução genética. Isso também torna a cultura nebulosa em curto prazo, antes que as ideias novas tenham resistido ao teste do tempo. As características de longa data da cultura, por outro lado, constituem um pacote eficiente de padrões comprovados. A cultura pode se espalhar horizontalmente, mas suas partes consequentes são, em última análise, transmitidas verticalmente, de geração em geração. Cultura, portanto, é sabedoria recebida, geralmente transmitida a você pelos seus ancestrais.

Já por *consciência*, definimos — tal como expusemos no primeiro capítulo do livro — como aquela porção da cognição que é recentemente empacotada para troca,[1] o que significa que pensamentos conscientes são aqueles que poderiam ser transmitidos caso alguém perguntasse sobre o que você estava pensando. É a cognição emergente, onde a inovação e o apuro rápido ocorrem. Talvez os pensamentos conscientes nunca sejam transmitidos, mas eles podem sê-lo — e os mais importantes são, pois a consciência é fundamentalmente

Cultura e Consciência · 223

um processo coletivo no qual muitos indivíduos reúnem percepções e habilidades para descobrir o que não era compreendido anteriormente. Os frutos úteis da consciência são, em última análise, agrupados em uma cultura altamente transmissível.

Argumentamos antes neste livro que o nicho humano é a troca de nichos. Mais especificamente, argumentamos que o nicho humano é mover-se entre os modos pareados e inversos de cultura e consciência.

Como exemplo, consideremos a tribo Nez Perce, que viveu no noroeste do Pacífico por muitos milhares de anos. Desde que chegaram, eles habitaram uma terra rica e atualmente possuem regras culturais bem estabelecidas que os mantêm seguros e prósperos. Sua dieta há muito inclui os bulbos — órgãos subterrâneos de armazenamento das plantas, que não querem ser comidos. Nessas terras que os Nez Perce vieram a habitar, crescem tanto a camas (que possui bulbos altamente nutritivos) quanto a camas da morte (cujos bulbos são tóxicos). Quando não estão floridos, esses bulbos são incrivelmente difíceis de distinguir. Os Nez Perce podem não ter sido os primeiros a habitar aquela região, mas alguém foi, e essas primeiras pessoas não podiam se beneficiar de nomes que evidenciassem o perigo. No entanto, elas aprenderam a distinção — presumivelmente por tentativa e erro. Deve ter sido um processo confuso e trágico. No século XIX, entretanto, quando os espanhóis estavam documentando os Nez Perce, seu sistema de distinção dos bulbos era praticamente perfeito. Isso é cultura.

Quando os humanos estão explorando uma oportunidade já conhecida, como no exemplo acima, a cultura é determinante. Mas quando uma novidade torna obsoleta a sabedoria ancestral — como foi para os Nez Perce mais antigos em sua chegada ao noroeste do Pacífico — precisamos mudar o foco para a consciência. Por meio do processamento de várias mentes humanas em paralelo, nossa consciência pode se tornar coletiva, e podemos solucionar problemas que não conseguiríamos individualmente, e que nossos ancestrais não poderiam nem sequer imaginar.

Dito de outra forma:

> Em tempos de estabilidade, quando a sabedoria herdada permite que os indivíduos prosperem e se espalhem por paisagens relativamente homogêneas: *a cultura reina*.

Em tempos de expansão rumo a novas fronteiras, quando a inovação, a interpretação e a comunicação de novas ideias são fundamentais: *a consciência reina.*

Dito isto, os níveis de inovação que estamos experimentando atualmente são especialmente perigosos. Isso torna urgentemente necessário um chamado à consciência, e em uma escala que nunca vimos antes.

## Consciência em Outros Animais

Em outros animais, quando espécies sociais generalistas têm ampla faixa geográfica, os indivíduos geralmente se tornam especialistas em resolução de problemas que compartilham suas ideias com outros da mesma espécie. Isso é verdadeiro em humanos e em outras espécies, como lobos e golfinhos, corvos e babuínos, e assim por diante. Esses animais podem ser considerados como dotados de alguma forma de consciência.

As pererecas, os polvos e salmões, por outro lado, não. Esses três clados variam amplamente em suas histórias de vida e inteligências — os polvos são notoriamente inteligentes e excelentes na resolução de quebra-cabeças; pererecas e salmões, embora fascinantes, não são capazes dos mesmos tipos de proezas cognitivas que os polvos. O que esses clados têm em comum é que seus indivíduos não são sociais.

Uma grande congregação de sapos de coro ocidental em uma lagoa no Michigan, em uma noite de início de primavera, por mais evidente que possa ser, não caracteriza um grupo social. Esses sapos se juntam para acasalar, mas uma vez que isso ocorre, eles se separam e nunca mais interagem. Os pais de sapos do coro nem sequer conhecem seus filhos. Da mesma forma, os salmões nadam em massa contra a corrente e passam tempo juntos competindo pelos melhores locais de nidificação — mas agregação e sociabilidade não são a mesma coisa.

É a mesma diferença que existe entre as pessoas em um vagão de metrô (com as quais você está agregado) e aquelas com quem você divide uma casa (com quem você é, na maioria das circunstâncias, social). Este exemplo não deixa de ser falho, já que, sendo humanos, nós notamos e nos lembramos de certas pessoas do metrô, especialmente se as virmos todos os dias, ou se elas nos parecerem intrigantes, ainda que nunca troquemos palavras. Agregação é estar juntos no mesmo espaço. Os metrôs são agregadores humanos, mas também são sociais, em parte porque seres humanos estão sempre à procura de oportunidades sociais. Já um vagão cheio de sapos não seria social, não importa quantas vezes eles estivessem juntos.

Em comparação, uma grande congregação de babuínos no Delta do Okavango tem uma grande capacidade de duração — existem várias hierarquias que preveem quem vai comer primeiro e qual bebê irá prosperar, e os babuínos acompanham não apenas os indivíduos, mas também as relações entre eles.[2] A cultura deles está evoluindo, assim como a nossa.

A sociabilidade envolve o reconhecimento dos indivíduos, o monitoramento do destino social e interações frequentes que, pelo menos plausivelmente, serão continuadas no futuro.

## Inovação às Margens da Sabedoria Ancestral

Durante o povoamento do Novo Mundo, quando a confiança na consciência foi mais eficaz do que na cultura? Em que circunstâncias as regras culturais são mais confiáveis?

À medida que os Nez Perce ou seus ancestrais se moviam para a região das camas e camas da morte, eles procuravam por alimentos em uma paisagem cada vez menos familiar. Os itens básicos que eles conheciam eram suas reservas culturais. À medida que esses alimentos familiares se tornaram mais difíceis de obter, a inovação fez-se cada vez mais necessária. Eles estavam atingindo os limites da sabedoria de seus ancestrais e enfrentando um mistério para o qual a melhor ferramenta era a consciência.

Conforme um povo se movimenta pelo espaço, é relativamente fácil perceber que a sabedoria dos ancestrais vai se tornando menos aplicável. À medida que um povo atravessa um período de tempo, no entanto, os mais velhos podem não reconhecer que sua sabedoria está desatualizada. Os jovens percebem isso. Não por acaso, aqueles que estão amadurecendo em tempos de mudança quebram barreiras, e a linguagem e as normas mudam um pouco a cada geração. Ao longo da história, a sabedoria dos ancestrais geralmente permaneceu relevante por tempo suficiente para que as novas gerações se firmassem, conscientes daquilo que precisava ser combatido. Já à medida que um povo atravessa um período que passa por rápidas mudanças como o nosso, é mais difícil saber o que fazer com a crescente irrelevância da sabedoria dos ancestrais, e com o que substituí-la. As margens da sabedoria ancestral raramente são firmes. Nelas, é sempre hora de mudar de nicho.

Considere três contextos amplos nos quais os humanos aprenderam e inovaram no passado. O primeiro é quando ocorre uma ideia totalmente nova, daquelas que vem à mente muitas vezes de forma espontânea e sem explicação. Foi nesse campo que os primeiros maias, mesopotâmicos e chineses[3] estiveram quando inventaram a agricultura. Aqui também se inclui a invenção da roda, da metalurgia e da cerâmica. Antes dessas coisas existirem, ninguém sabia que eram possíveis.

O segundo contexto em que a inovação ocorre é quando você sabe que algo é possível com base no que já foi feito antes, mas não tem ideia de como fazer acontecer. Os irmãos Wright observaram o voo em outros organismos e sentiram-se confiantes de que isso poderia ser realizado por uma máquina.

Por último, o terceiro, no qual você pode ter instruções: você sabe qual é o objetivo, *e* tem alguém ou algum conjunto de regras ou instruções dizendo como chegar a ele. Entre a escola e o YouTube, muitas vezes confundimos esse terceiro com o único tipo de aprendizagem possível. Decerto, ele é o mais cultural — o aprendizado recebido. Em contrapartida, os humanos são mais conscientes e, portanto, mais inovadores, nos dois primeiros contextos.

Quando o status quo não é mais suficiente, devemos tentar inovar, ir além do que sempre foi feito. O status quo está em tensão inerente com nossas percepções únicas. Aquelas ideias que temos no silêncio da noite muitas vezes constituem sínteses, que por sua vez refletem o agrupamento de elementos comuns em um significado incomum.

## Conformidade

Em 1951, o psicólogo social Solomon Asch perguntou até que ponto as forças sociais alteram as opiniões das pessoas. Como os babuínos, nós identificamos o que as outras pessoas pensam. Mas até que ponto saber o que os outros pensam muda o que nós mesmos declaramos?

No que hoje é considerado o experimento clássico sobre conformidade, Asch fez uma pergunta simples e objetiva às pessoas: qual das três linhas tem o mesmo comprimento que a quarta? A pergunta não era difícil, e tampouco a resposta era ambígua. Quando, no entanto, um participante "ingênuo" era colocado em uma sala com vários "confederados" — pessoas que conheciam o verdadeiro objetivo do experimento — e estes forneciam respostas incorretas idênticas, apenas um quarto dos ingênuos resistia à pressão social e respondia corretamente. Ou seja, a grande maioria costumava sucumbir à pressão social (embora apenas uma pequena fração desse a resposta errada todas as vezes).[4]

Ao contrário de muitos experimentos clássicos de psicologia, o de Asch resistiu ao passar do tempo, tendo sido amplamente replicado sob condições variadas. Entre outras coisas reveladas nas décadas desde que Asch realizou seu trabalho pela primeira vez em meados do século XX, em alguns estudos, as mulheres se conformam mais do que os homens[5] (o que está de acordo com o fato de as mulheres serem mais "agradáveis"). A conformidade tem hora e lugar — como a maioria das características, ela não é simplesmente pior (ou melhor) do que não se conformar.

Existe uma tensão entre conformar-se e discordar diante de uma aparente inconsistência. Essa tensão é uma força oculta dos humanos — a sutil atração entre sabedoria e inovação, cultura e consciência.

Os humanos são generalistas a nível de espécie, mas tendem a ser especialistas no nível individual. Historicamente, nós combinamos forças em grupos sociais, de tal modo que, em um único grupo, muitas pessoas com habilidades distintas já conseguiram criar um todo emergente, no qual surgiram capacidades generalistas, ainda que todos os membros fossem especialistas. Os dias atuais, contudo, requerem inovações, porque as mudanças estão acontecendo cada vez mais depressa, e a sabedoria cultural recebida já não é suficiente. E os próprios indivíduos, ao se tornarem cada vez mais generalistas — aprendendo habilidades em vários domínios, por exemplo, em vez de se aprofundar em apenas um — nos ajudarão nessa empreitada.

É importante *saber* o que o grupo pensa, mas isso não é o mesmo que *acreditar* ou reforçar o que o grupo pensa. Em uma época de mudanças particularmente aceleradas, é importante estar disposto a ser uma voz solitária. Seja a pessoa que jamais se conforma com declarações equivocadas apenas para se encaixar no grupo. Seja, digamos assim, uma pessoa "Asch-negativa".

## Literalmente Falso, Metaforicamente Verdadeiro

Muitas crenças culturais são literalmente falsas, porém metaforicamente verdadeiras.

Considere os agricultores nas terras altas da Guatemala, com sua longa tradição de plantar e colher safras apenas quando a lua está cheia. Isso, afirmam, permite que as plantas cresçam mais fortes e resistam a danos causados por insetos. Que capacidade protetora as fases da lua poderiam ter na saúde das plantações? Provavelmente nenhuma. Mas a fase da lua *pode* sincronizar os agricultores. A lua cheia é efetivamente um relógio gigante no céu, que todos podem ver. Se todos os agricultores da região acreditam que a lua cheia tem efeitos salutares em suas colheitas individuais, eles provavelmente restringirão o plantio e a colheita à lua cheia — o que de fato beneficiará as colheitas de todos, mas não pela razão que eles acreditam. E a crença no poder lunar de afetar diretamente as plantações de fato sacia os predadores,[6] já que concentra a colheita em períodos breves, durante os quais estes não podem atacar todas as plantações.

É fácil descartar muitos mitos e crenças antigos, precisamente por serem literalmente falsos — muitas pessoas teimosas adoram fazê-lo. A astrologia é um exemplo: é obviamente irracional imaginar que as estrelas que vemos, muitas das quais estão a milhares de anos-luz de distância, têm um impacto direto no comportamento humano. Ou que um bando de deuses furiosos é o motivo para os tsunamis. Entre os Moken, no entanto, aqueles que acreditam nesses deuses têm taxas de sobrevivência mais altas do que aqueles que não acreditam. Também é irracional acreditar que a lua cheia protege a saúde das colheitas; mas, entre os agricultores guatemaltecos, precisamente essa crença resulta em uma agricultura mais produtiva.

Em cada um desses casos, a crença é literalmente falsa, mas metaforicamente verdadeira.

Isso significa que a explicação não é verdadeira, mas quando as pessoas se comportam como se fosse, elas prosperam. É assim que a religião e outras estruturas de crenças se espalham. Mesmo que tais coisas não sejam literalmente verdadeiras, agir como se fossem beneficiar as pessoas e, às vezes, a biodiversidade e a sustentabilidade da terra que habitam.[7]

Em sua forma atual, a astrologia é um mero produto, mas provavelmente não foi sempre assim em todos os lugares. *Se* — e este é um grande *se* — você controlar o lugar de nascimento de uma pessoa, a época do ano não pode ter efeitos sobre como ela irá se desenvolver e, portanto, em quem ela se tornará? Não seriam os signos astrológicos apenas uma maneira arcaica de tentar monitorar os meses? Se olharmos para a astrologia dessa maneira, em vez de uma indulgência moderna demasiado descontextualizada para ter qualquer significado, ela começa a mostrar seu valor. Um recém-nascido em um inverno em Minnesota está exposto aos mesmos patógenos e atividades que um recém-nascido no verão? Certamente não.

E, com certeza, existem trabalhos para corroborar essa ideia: selecionando dados de mais de 1,75 *milhão* de registros do New York-Presbyterian e do Centro Médico da Universidade de Columbia, para pessoas nascidas entre 1900 e 2000, os pesquisadores encontraram correlações evidentes entre o mês de nascimento e o risco de desenvolver doenças ao longo da vida para mais de 55 condições diferentes.[8] Com os sistemas afetados variando do cardiovascular ao respiratório, do neurológico ao sensorial, o grande número de problemas de saúde cujo risco varia ao longo da vida de acordo com o mês de nascimento deveria ser suficiente para fazer uma pessoa séria repensar uma rejeição absoluta do pensamento astrológico.

Afinal, se há diferenças demonstráveis dessa variação para questões de saúde, por que não haveria para questões de personalidade? Um prognóstico dessa abordagem à astrologia é que, se você incluir o local e a data de nascimento, ela terá um poder menor em prever o risco de doenças quanto mais você se aproximar do equador, onde a sazonalidade é muito reduzida em relação às zonas temperadas. Outro prognóstico é que, quanto mais uma pessoa percorrer o mundo durante a infância, menos a astrologia será preditiva para ela. (E se você não incluir o local de nascimento, a astrologia não terá poder preditivo algum.)

As distorções que o ajudam a sobreviver e prosperar são adaptativas. Mitos e tabus muitas vezes não fazem sentido para estrangeiros, e alguns certamente são equivocados e até mesmo contraproducentes para aqueles que os honram. Alguns tabus surpreendentemente precisos são prováveis generalizações exageradas de um evento real. Entre os Camaiurás da Amazônia Brasileira, o consumo de peixes sem escamas é proibido tanto para mulheres grávidas quanto para seus maridos.[9] É bem possível que, há muito tempo, um destino terrível

## A EVOLUÇÃO E OS DESAFIOS DA VIDA MODERNA

tenha acometido uma mulher, seu filho não nascido ou toda a sua família, depois de comer um peixe sem escamas, e que esse peixe tenha sido a única explicação a perdurar. Da mesma forma, no Planalto Central de Madagascar, na aldeia de Mahatsinjo, há um tabu contra comer cabeças-de-martelo, parentes próximos dos pelicanos. Esse tabu está diretamente ligado ao fato de os aldeões terem visto um deles voar no momento em que um homem morria.[10] Em outras regiões de Madagascar, é tabu que os jovens comam carne de carneiro antes de cortejar; é tabu para as mulheres grávidas comerem a carne de ouriços, ou caminharem por campos de abóbora; também é tabu para um filho construir sua casa ao norte ou leste da casa de seu pai.[11] Para a nossa sensibilidade ocidental, tudo isso parece superstição, pura e simplesmente.

A palavra tabu em malgaxe — *fady* — possui um significado complexo. Entre os Betsimisaraka, povo do nordeste de Madagascar, *fady* significa ao mesmo tempo tabu e sagrado.[12] Aquilo que é *fady* é ordenado pelos ancestrais — sendo obrigatório que você não o faça, ou que o faça.

Apesar dos exemplos anteriores, muitas crenças, mitos e tabus são literalmente falsos, e metaforicamente verdadeiros. Os *fadys* malgaxes vêm envoltos na linguagem dos deuses e dos ancestrais, mas é fácil perceber sua sabedoria simplesmente olhando para a proibição: não construa uma casa sobre ou contra um possível deslizamento de terra. Não pise em um cachorro morto, pois você pode ter hidrofobia (raiva). Não se divorcie de sua esposa enquanto ela estiver grávida.[13] Podemos prever que os tabus que perduraram por mais tempo provavelmente guardam uma importante verdade cultural à vista de todos. Esteja atento aos *fadys* de Chesterton, portanto — ideias antigas podem ocultar verdades que, uma vez descartadas, podem ser difíceis de recuperar.

Joseph Campbell observou que via a mitologia como uma "função da biologia."[14] Ele tinha razão. Como uma criatura evoluída, você foi projetado para ser bem-sucedido, e às vezes isso envolve contar histórias a si mesmo. Caso você esteja em uma jangada perto de uma cachoeira enorme, pode estar prestes a morrer. Se você acreditar que a margem está ao seu alcance e remar como se não houvesse amanhã, pode ser que consiga se safar. Já aqueles desanimados por suas chances ínfimas não deixarão qualquer rastro. A crença pode ser a diferença crucial entre a vida e a morte.

## Religião e Ritual

Todas as culturas possuem rituais próprios. Os rituais fúnebres são universais e os de nascimento, quase. Alguns são ritos de passagem para celebrar nascimentos, a maioridade, casamentos. Existem rituais — ou tradições, dada a sua natureza cíclica — para celebrar a primeira plantação do ano, e também a colheita, além de eventos astronômicos como os solstícios e equinócios. Como passamos a viver em grupos cada vez maiores, e cercados por um anonimato cada vez maior, os feriados regulares, com suas respectivas normas culturais compartilhadas, ajudam-nos a manter uma sincronia coletiva, a agir como se fôssemos parte de algo maior do que nós mesmos. Os rituais não são inerentemente religiosos, mas têm uma forte tendência a sê-lo; geralmente, incluem comida, música e dança.[15]

Os rituais e a devoção religiosa são claramente dispendiosos. Não só a maioria das culturas gasta uma fração substancial de seus recursos e tempo em estruturas e cerimônias destinadas a impressionar um universo frio e indiferente, mas as religiões gastam uma grande quantidade de capital social dizendo aos crentes o que não devem fazer. Se alguma coisa supera o custo da religião, é o próprio custo de oportunidade da religião. Se a religião fosse realmente inadaptável, esses custos enormes constituiriam uma grande vulnerabilidade para as populações fiéis. Ateus que se comportam exatamente como esses crentes, exceto pelo fato de ignorarem a religiosidade e reinvestirem esse enorme dividendo, deveriam considerá-la como uma característica regular da história. Se a religiosidade não tivesse nenhum benefício adaptativo, os grandes líderes da história de todas as populações teriam dito: "Tudo o que se deve fazer é trabalhar duro e ignorar suas besteiras, e então as terras deles serão suas". Mas não é o que vemos. Pelo contrário, vemos grandes líderes falando sobre Deus e suas peculiaridades e preferências, além de seus planos para nós. Por quê?

A religiosidade é adaptativa,[16] e os deuses, moralizadores; e embora estes últimos não sejam um pré-requisito para a evolução da complexidade social, parecem ajudar a sustentar impérios multiétnicos uma vez que estes tenham se estabelecido.[17] Nós, modernos, muitas vezes queremos nos livrar das correntes espirituais e religiosas do passado; mas lembre-se de ficar atento aos deuses de Chesterton. A religião é uma síntese eficiente da sabedoria antiga, envolta em um conjunto intuitivo, instrutivo e difícil de escapar.

## Sexo, Drogas e Rock 'n' Roll: o Sagrado e o Xamanístico

A cultura está em tensão constante com a consciência, assim como o sagrado com o xamanístico. Podemos inclusive dizer que o sagrado está para a cultura como o xamanístico está para a consciência.

O sagrado é a reificação de uma sabedoria religiosa recebida, a condição *sine qua non* de uma determinada tradição religiosa, a qual resistiu ao passar do tempo e provou ser valiosa o suficiente para os ancestrais passarem-na adiante como sagradas. Aquilo que é sagrado possui uma baixa taxa de mutação, ou seja, é altamente resistente às mudanças, tendo sido elaborado para um mundo estático. O sagrado é (teoricamente) incorruptível, sendo muitas vezes isolado das influências corruptoras do poder, da riqueza e da reprodução mundanos. A ortodoxia do sagrado subsiste em permanente tensão com a heterodoxia do xamanístico.

O xamanístico, por sua vez, é arriscado e altamente criativo. Possui uma alta taxa de mutação e, portanto, de erros. Explora muitas novas ideias, a maioria delas frágeis. Desafia a ortodoxia — aquilo que é considerado sagrado. O xamanístico é praticamente obrigado a explorar e brincar com as normas culturais, e faz isso de várias maneiras — por exemplo, por meio de estados alterados de consciência que incluem sonhos, transes e uso de alucinógenos.

A expansão da consciência por meio de alucinógenos é um fenômeno profundamente disseminado. Entre os Wixáritari da região central do México, cujos ancestrais chegaram a suas terras há pelo menos 15 mil anos, pequenos grupos fazem peregrinações anuais por centenas de quilômetros de terrenos acidentados para encontrar e ingerir cerimonialmente o peiote. Todo Wixáritari espera fazer a peregrinação pelo menos uma vez na vida.[18] Entre os Rarámuri do noroeste do México, os xamãs ingerem várias espécies de alucinógenos para ir à procura dos seres malignos que trouxeram doenças, mas os corredores Rarámuri de longa distância também o fazem, simultaneamente afastando o mal e encontrando novas forças.[19] Em quase todas as culturas conhecidas, há o uso de substâncias — estritamente alucinógenas ou não — que arrancam uma pessoa de sua experiência normal e cotidiana, possibilitando o surgimento de uma perspectiva diferente. Isso é a consciência revolucionando a cultura.

Quando a sabedoria ancestral se esgota, os humanos reúnem suas experiências e conhecimentos variados para descobrir como criar uma nova maneira de ser. Identificar quando a sabedoria ancestral se esgotou em um determinado domínio é difícil, e sempre haverá tensão entre aqueles que querem conservar o curso tal como é e aqueles que procuram romper com a tradição para arriscar um novo caminho. Qualquer sistema funcional precisa de ambos — a cultura e a consciência, a ortodoxia e a heterodoxia, o sagrado e o xamanístico.

## A Lente Corretiva

- → **Procure sentar ao redor de fogueiras mais vezes.**
- → **Honre ou crie rituais recorrentes** — anualmente, sazonalmente, semanalmente ou até mesmo diariamente. Eles podem ser de origem religiosa (por exemplo, honrar o dia sabático ou a Quaresma (ou seja, um tempo para a privação seletiva e a comunidade), astronômica (por exemplo, reconhecer e celebrar os solstícios e equinócios) ou inteiramente novos e particulares.
- → **Seja Asch-negativo.**
- → **Ensine as crianças a desenvolverem suas próprias estruturas**, para que elas possam ter consciência individual. A tensão que descrevemos entre cultura e consciência possui um análogo durante o desenvolvimento, e tentar ensiná-las a ser adultos simplesmente inculcando-as com as regras culturais precedentes é um ato falho. Em um mundo de hipernovidades, muitos aspectos culturais são cada vez menos relevantes, e a consciência é imprescindível.
- → **Considere experimentar psicodélicos se tiver alguma curiosidade, mas sempre com cautela**. Eles já foram legalizados em alguns países. No entanto, pense neles como as poderosas ferramentas cognitivas que são, e não como drogas recreativas — o que não significa dizer que você não pode se divertir.

Capítulo 13

# A Quarta Fronteira

**NÓS, SERES HUMANOS, DAMOS SENTIDO AO PASSADO E IMAGINAMOS O FUTURO. ALÉM DISSO, NOS** auxiliamos uns aos outros, e contamos com nossos lobos frontais significativamente grandes. Nossos filhos são excepcionalmente curiosos e aprendem tanto com os adultos quanto com o ambiente, a experiência e entre si. Nós nos unimos em grandes grupos, com várias gerações trabalhando e vivendo lado a lado. Utilizamos a linguagem, atravessamos a menopausa, choramos por nossos mortos e realizamos rituais para marcar eventos e estações. Exploramos a produtividade da terra, do mar e do céu para nossos próprios fins. Domesticamos outros organismos para fins de alimentação e vestimenta, trabalho e transporte, proteção e amizade. Contamos histórias, tanto verdadeiras quanto fictícias. Desvendamos muitos dos segredos do universo, libertando-nos significativamente da ordem natural que nos criou.

Mas muitos de nossos pontos fortes constituem também fraquezas enigmáticas. Nossos cérebros descomunais são propensos a confusão e conexões erradas. Nossos filhos nascem indefesos e permanecem dependentes por um tempo excepcionalmente longo. Nossa grande diversidade linguística limita severamente com quem podemos nos comunicar. Até mesmo nosso bipedalismo, tão importante para que possamos nos mover e carregar coisas, traz riscos para a mãe e o bebê no parto e causa dor nas costas. Somos fofoqueiros, sentimentais e supersticiosos. Construímos monumentos extravagantes para deuses fictícios. Somos arrogantes e um tanto confusos, muitas vezes confundindo o improvável com o inevitável, ainda que tenhamos neutralizado enormes ameaças. Ou seja, os trade-offs estão por toda parte.

As criaturas buscam oportunidades inéditas para explorar. Uma exploração bem-sucedida dessas novas oportunidades aumenta temporariamente o limite do número de indivíduos que podem viver em um determinado habitat, produzindo tempos de abundância, quando os nascimentos superam as mortes e as populações atingem sua nova capacidade de suporte. "Tempos de abundância" é *o mesmo que* crescimento econômico. Quando a ordem usual é restaurada, quando as taxas de nascimento e óbito voltam a se equilibrar, atingimos um equilíbrio e a vida se torna mais difícil novamente. O crescimento é positivo, e não é de surpreender que sejamos obcecados por isso — é adaptativo. Ou pelo menos tem sido até agora.

Nossa obsessão pelo crescimento cria dois problemas. O primeiro é que nos convencemos de que se trata do nosso estado normal, e que é razoável esperar que ele continue indefinidamente. Essa ideia ridícula — tão esperançosa e delirante quanto a busca por uma máquina de movimento perpétuo — nos faz interromper a procura por outras possibilidades. Embora essa expectativa reduza muito as chances de deixarmos passar uma oportunidade de crescimento, ela também nos impede de reconhecer e buscar opções mais sustentáveis. O segundo é que, por considerarmos o crescimento como algo normal e não excepcional, nos comportamos de forma destrutiva para alimentar nosso vício.

Às vezes, violamos nossos valores declarados inventando justificativas para roubar de uma população que tem recursos, mas não os meios para defendê-los. Outras vezes, degradamos o mundo e trazemos decadência — o oposto do crescimento — aos nossos descendentes para estimular a expansão em curso. O primeiro cenário é responsável por muitas das maiores atrocidades da história. O segundo explica a experiência moderna de observar a destruição da benevolência remanescente em nosso planeta. A crença no *crescimento acima de tudo* é desastrosa.

Os humanos prosperam em quase todos os habitats terrestres do planeta. Somos uma espécie amplamente generalista, com indivíduos altamente especializados, que mudaram de forma e de nicho em quase todos os ambientes da Terra. Isso significava interagir com suas próprias fronteiras, muitas e muitas vezes. Até aqui, descrevemos três tipos de fronteiras históricas: as geográficas, tecnológicas e de transferência de recursos. Agora, vamos propor uma quarta.

Quando pensamos em fronteiras, tendemos a vislumbrar fronteiras geográficas: as vastas paisagens intocadas, os recursos naturais ainda abundantes. Todo o Novo Mundo — América do Norte e do Sul, Caribe e todas as ilhas próximas às suas costas — era uma vasta fronteira geográfica para os beringianos. A fronteira do Novo Mundo era fractal, então os descendentes dos primeiros americanos descobriram ainda mais: para os índios Ahwahneechee, o Vale de Yosemite era uma fronteira geográfica; para os Taínos, o Caribe era uma fronteira geográfica; para o povo Selk'nam do extremo sul do Chile, a Terra do Fogo era uma fronteira geográfica.

As fronteiras tecnológicas são momentos em que a inovação permite que uma população humana produza, realize ou cresça mais do que antes. Toda cultura humana que possuiu terraceamentos, controlando a erosão hídrica e aumentando a produção agrícola, estava atravessando fronteiras tecnológicas — dos Incas nos Andes aos malgaxes no Planalto Central de Madagascar, indo até os primeiros agricultores na China, Mesopotâmia e Mesoamérica, e também os primeiros ceramistas, que cavavam a argila, moldavam-na em formas úteis e a aqueciam em brasas.

Finalmente, há as fronteiras de transferência de recursos. Ao contrário das outras duas, estas são essencialmente uma forma de roubo. Quando as pessoas do Velho Mundo cruzaram o Atlântico e desembarcaram no Novo Mundo, podem ter inicialmente imaginado que haviam se deparado com uma vasta fronteira geográfica, mas não era o caso. Estima-se que o Novo Mundo tivesse, em 1491, entre 50 a 100 milhões de habitantes, com inúmeras culturas e línguas distintas. Alguns viviam em cidades-estado, entre astrônomos, artesãos e escribas; outros viviam como caçadores-coletores.[1] Para Francisco Pizarro, o Império Inca era uma fronteira de transferência de recursos. Os promotores do ciclo da borracha na Amazônia ocidental no final do século XIX pensavam o mesmo a respeito do território Zaparo — e uma vez que os Zaparos foram enfraquecidos, seus antigos concorrentes, os Huaorani, também se mudaram.[2] Nos tempos modernos, este tipo de fronteira está por toda parte: na perfuração de petróleo, no fraturamento hidráulico e no desmatamento de terras ancestrais; em empréstimos predatórios, como hipotecas subprime e dívidas estudantis; no Holocausto. Um de seus sintomas mais evidentes é a tirania.

As fronteiras geográficas representam a descoberta de recursos até então desconhecidos pelos humanos, e são inerentemente de soma zero: há uma quantidade finita de espaço em nosso planeta, e em algum momento chegaremos ao seu fim. As fronteiras tecnológicas são caracterizadas pela criação de recursos por meio da engenhosidade humana, e são temporariamente de soma não zero — mais especificamente, de soma positiva — o que pode parecer um estado permanente. Mas há limites físicos: um único elétron é o mínimo teórico necessário para passar de um estado para outro em um transistor, por exemplo. As fronteiras de transferência de recursos implicam o roubo de recursos de outras populações humanas. Como todas as fronteiras, elas são, em última análise, de soma zero. O roubo tem seus limites, já que até os ladrões devem obedecer às leis físicas.

Que escolha temos a não ser continuar buscando novas fronteiras e novas formas de crescimento? Se nossos vícios forem apenas a versão humana de um padrão característico de todas as espécies que já viveram, não estaremos simplesmente condenados a seguir essa trajetória destrutiva até o fim?

Escrevemos este livro, em parte, por acreditarmos que a resposta a essa pergunta seja "não".

Os seres humanos estão obcecados com o crescimento porque isso gera populações maiores que, se nada mais, tardam sua queda antes de serem extintas. Mas grandes populações também representam um perigo para si mesmas se os recursos que as expandem forem finitos ou frágeis. Nesses casos, a moderação é fundamental, mas só será exitosa se nosso impulso para o crescimento, e também nossa percepção individual dele, forem satisfeitos de forma sustentável.

Atualmente, estamos sem fronteiras geográficas, ou quase. Já as fronteiras tecnológicas — que podem ser deslumbrantes ou decepcionantes — trazem muitos riscos (atenção à cerca de Chesterton!) e são, em última análise, limitadas pelos recursos disponíveis. Por fim, as fronteiras de transferência de recursos são imorais e desestabilizadoras. O que devemos fazer, então? Onde estará nossa salvação?

Em termos simples, na consciência. A consciência pode indicar o caminho para uma quarta fronteira.

Novamente: o nicho humano é a troca de nichos, e a consciência é a resposta a novidades. Viver de forma sustentável em um planeta finito não é fácil, mas nós podemos — e devemos — encontrar um caminho. No mais, não temos escolha. Os problemas do atual fluxo de novidades exigem a atenção da humanidade e não podem ser resolvidos pela boa vontade ou pelo trabalho árduo dos indivíduos.

Nós, modernos, nos tornamos uma ameaça à nossa própria persistência. Somos projetados para descobrir como nos movimentar entre modos de ser. É hora de prepararmos a consciência coletiva para elaborar uma saída para isso.

Temos alguns obstáculos significativos no caminho. Assim como outras criaturas, nós somos obcecados pelo crescimento, com a diferença de sermos capazes de nos extinguir nessa busca. Embora seja logicamente óbvio que devamos aceitar o equilíbrio, não fomos feitos para ficar satisfeitos com isso, já que a insatisfação tem sido uma excelente estratégia nos últimos bilhões de anos.

Há um traço característico dos indivíduos que pode ser fundamental para encontrar a quarta fronteira, ou melhor, seu alicerce adaptativo que pode vir a trazer uma solução para toda a sociedade: o orgulho pelo trabalho artesanal. Um artesão que se orgulha da qualidade e durabilidade de seu trabalho está adotando parte de uma mentalidade de quarta fronteira, na qual a vida útil de um produto é tão importante quanto sua função. Uma mesa ou bancada feitas por um artesão local não são apreciadas apenas por serem mais bonitas do que uma caixa montável comprada na Ikea, mas também porque a pessoa que possui uma peça bela e funcional tem chances de passá-la adiante para seus filhos, parentes ou amigos. Da mesma forma, também gostaríamos de poder entregar um mundo belo e funcional para as próximas gerações.

A quarta fronteira, portanto, é um modelo que pode ser entendido como um kit de ferramentas evolutivo. Não se trata de uma proposta política, mas sim da ideia de que podemos projetar um estado de equilíbrio indefinido, que traga às pessoas a sensação de estarem vivendo em um período de crescimento perpétuo, mas que também obedeça às leis da física e da teoria dos jogos que regem o nosso universo. Pense nisso como a tecnologia que permite que a temperatura no interior da sua casa se mantenha agradável e primaveril, enquanto o mundo exterior oscila entre extremos desagradáveis. Projetar tal estado para a humanidade não será fácil, mas é imprescindível.

## A Senescência da Civilização

Estamos caminhando para o colapso. A civilização está se tornando incoerente. Nos organismos, sabemos o que causa a senescência (a tendência de se debilitar com a idade): a pleiotropia antagonista, isto é, a propensão da seleção a favorecer características hereditárias que proporcionam benefícios no início da vida, mesmo acarretando custos inevitáveis depois.[3] Essa disposição de aceitar danos em idade avançada ocorre porque a seleção enxerga os benefícios do início da vida com mais clareza, já que os indivíduos geralmente se reproduzem e morrem antes que os danos tenham tempo de se manifestar completamente.

## A EVOLUÇÃO E OS DESAFIOS DA VIDA MODERNA

Há um argumento análogo a ser feito para a senescência da civilização. Nosso sistema econômico e político, junto a um constante desejo de crescimento, inflige políticas e comportamentos que à primeira vista não parecem nada irracionais, mas que muitas vezes acabam sendo não apenas prejudiciais para nós e para o planeta, mas também irreversíveis, no momento em que percebermos o que fizemos. Estamos vivendo a infeliz realidade da Loucura dos Tolos — novamente, a tendência de benefícios concentrados de curto prazo não apenas obscurecerem riscos e custos de longo prazo, mas também impulsionarem a aceitação mesmo quando a análise líquida é negativa.

Quando a madeira dimensionada começou a ser produzida, certamente parecia uma dádiva; quem poderia ter previsto que viver em um mundo de arestas talhadas literalmente alteraria a nossa visão? Quando alguém colocou um destilado de petróleo em um motor e o fez operar pela primeira vez, você teria parecido maluco em discordar do experimento. Mesmo as coisas que parecem ser invariavelmente boas costumam possuir riscos. Ser capaz de ouvir música sem incomodar os outros foi um grande avanço. No entanto, como sabemos hoje, é muito fácil ouvir música com headphones — ou pior, com fones de ouvido — em volumes prejudiciais para a nossa audição. O que nós "queremos", e que o mercado tem o maior prazer em nos entregar, são gratificações de curto prazo que raramente são benéficas no longo prazo. Um mercado não regulamentado tende a incorporar a velha falácia naturalista — a ideia equivocada de que "o que é" na natureza é "o que deveria" ser. Quando deixamos esses mercados liderarem à vontade, somos induzidos a crer em falácias naturalistas. Mas só porque você pode fazer isso, não significa que deva fazê-lo.

Para agravar a questão dos mercados não regulamentados, temos a realidade de que os seres humanos estão perfeitamente adaptados para manipular uns aos outros, e que tais adaptações adentraram o território hipernovo do anonimato generalizado. Historicamente, a manipulação foi mantida sob controle por meio da convivência em pequenos grupos de pessoas interdependentes. O destino compartilhado era a regra que possibilitava isso. Tentar passar para trás uma pessoa cujo destino está intimamente ligado ao seu costuma ser uma má ideia, e aqueles que o fazem rapidamente ganham uma reputação negativa. Mas nós não vivemos mais em pequenas comunidades interdependentes. Muitos dos sistemas mais básicos em que confiamos são globais, e seus membros são quase sempre anônimos. Forças mercadológicas maliciosas são, em grande parte, a expressão de uma manipulação que só é possível por causa deste anonimato e da perda do senso de um destino comum.

Com todos esses fatores contra nós, como prosseguir? A civilização tal como a conhecemos vai se tornar senescente porque aquilo que nos tornou bem-sucedidos acabará por nos destruir. A resposta, em termos simples, é construir conscientemente um sistema que resista à senescência. Realizar isso é muito mais complicado, mas aqui estão algumas ideias para começarmos.

A chave para construir um sistema resistente à senescência é:

→ Não aprimorar um único valor. Matematicamente falando, se você fizer isso, não importa quão honrosa seja a causa — liberdade ou justiça, diminuir a falta de moradia ou melhorar o acesso à educação — todos os outros valores e parâmetros entrarão em colapso. Maximize a justiça, e as pessoas morrerão de fome. Todos podem igualmente morrer de fome, mas isso é uma pequena recompensa.

→ Crie um protótipo para o seu sistema. Depois disso, continue a construir protótipos. Não imagine que você sabe desde o início como será o sistema final.

→ Reconheça que a quarta fronteira é essencialmente um estado em equilíbrio, cujas características cabem a nós definir. Devemos nos esforçar para criar um sistema que:

→ Libere as pessoas para realizar coisas gratificantes, interessantes e incríveis,

→ Seja antifrágil,

→ Seja resistente à captura, e

→ Seja incapaz de evoluir para algo que traia seus próprios valores fundamentais. Na linguagem técnica da evolução, precisamos de um sistema que seja uma Estratégia Evolutivamente Estável (EEE), ou seja, uma estratégia incapaz de expropriação por parte dos concorrentes.

## Os Maias

Em muitos aspectos, nós já encaramos os problemas que estamos enfrentando atualmente. Todas as culturas na história humana se envolveram tanto na cooperação quanto na competição, e se comportaram tanto de maneiras louváveis quanto de maneiras vergonhosas. Nossa história é repleta de ações gloriosas e terríveis. Ao olhar para trás, temos a responsabilidade de reconhecer essa verdade e também quando as conquistas de nossos ancestrais — legítimas ou não — nos proporcionaram vantagens pelas quais não somos responsáveis. Entretanto, também não é responsabilidade nossa nos submetermos a isso.

Os europeus roubaram as terras dos nativos americanos, muitas vezes de formas horríveis e condenáveis. Esses nativos tinham uma história própria de guerras e conquistas entre si no Novo Mundo — eles também trouxeram tudo isso para o Novo Mundo quando atravessaram a Beríngia muitos milhares de anos antes.

Não romantizemos nenhum povo ou período. Em vez disso, vamos tentar compreender a humanidade de forma holística e nos esforçar para oferecer oportunidades iguais a todos daqui para a frente.

Neste livro, compartilhamos um kit de ferramentas evolucionário para tentar compreender a condição humana, e não justificá-la. Não nos interessa ignorar que somos, por um lado, símios brutais; mas também não interessa fingir que somos apenas isso. Afinal, também somos seres generosos, cooperativos e repletos de amor. Chegamos ao século XXI com uma bagagem evolucionária significativa e um quinhão de confusões intelectuais. Procuremos entender essa bagagem, a fim de reduzir a confusão e aumentar nossas chances de avançar com o máximo de prosperidade possível.

Como auxílio para este fim, consideremos os maias.

Os maias prosperaram por mais de 2,5 milênios na Mesoamérica, sobrevivendo a secas, inimigos, entre outros extremos desagradáveis. Nas antigas cidades-estado dos maias — incluindo não apenas Tikal, mas também Ek' Balam, Chacchoben e muitas outras — pirâmides e templos de pedra ainda são visíveis por cima das copas das árvores. No nível do solo florestal, trilhas permeiam antigas construções, assim como cutias, lagartos e as ocasionais jaguatiricas. Estradas pavimentadas — *sacbés* — conectam as cidades-estado maias. A maioria destas cidades emergiu como forças políticas, econômicas e culturais muito antes da existência do Império Romano. Totalmente inconscientes da existência uma da outra, as civilizações maia e romana estavam em seu auge ao mesmo tempo, no início do primeiro milênio, e ambas ruíram no início do segundo.

Os maias tiveram um Iluminismo próprio, muito antes do europeu. Nunca saberemos sua extensão, no entanto, já que a grande maioria de seus livros foi destruída pelos europeus.

A civilização maia se espalhou amplamente pela península de Yucatán, estendendo-se para o sul através das atuais Belize e Guatemala, e mal adentrando o atual território de Honduras. Os maias dominaram essas paisagens por 2.500 anos, mas não eram monolíticos, e suas conquistas aumentaram e diminuíram no tempo e no espaço. As cidades-estado entraram em colapso, secas causaram o abandono de terras outrora férteis e, enquanto algumas áreas foram repovoadas, outras nunca o foram.[4]

Os maias eram agricultores intensivos que cultivavam em solos tropicais pobres, cuja fertilidade conseguiram manter por um tempo notavelmente longo por meio do manejo bem-sucedido. Eles lidaram com as encostas acidentadas que se estendiam por quase toda a sua extensão territorial com pelo menos seis tipos de sistemas de terraceamento. Além disso, utilizavam reservatórios complexos para conservar a água durante as estações de seca anuais e durante períodos de seca menos previsíveis e mais duradouros. Também é verdade que onde eles derrubaram florestas, a terra foi degradada e a qualidade do solo caiu.[5]

Quando os espanhóis chegaram, os maias já estavam em declínio. A jornada deles foi longa, e o quê, exatamente, precipitou o seu colapso segue em aberto. Enquanto a maior parte da cultura maia desapareceu, o povo maia persistiu. Eles não eram um povo ou uma cultura frágil; eram robustos e duradouros. Um indicativo dessa durabilidade é que eles possuíam uma unidade de tempo, o *baktun*, equivalente a 144 mil dias — quase 400 anos. Eles eram tão longevos enquanto povo, e tão acostumados a pensar em longos períodos de tempo, que usavam o baktun para ajudar a monitorar o seu decorrer.

A durabilidade dos maias sugere que existe o potencial para uma iluminação consciente e direcionada, na qual nos apropriamos de nosso próprio estado evolutivo. Como os maias, nós, modernos, precisamos encontrar maneiras de derrubar o ciclo de expansão e retração que tem atormentado todas as populações ao longo do tempo. Nossa hipótese é que os maias fizeram isso criando um mecanismo para não transformar recursos excedentes em mais pessoas, ou coisas efêmeras; em vez disso, eles investiram em gigantescos projetos de obras públicas, muitos dos quais são visíveis hoje como templos e pirâmides. Eles os cultivavam como cebolas, construindo novas camadas em tempos de abundância. Postulamos que, em seus anos de fartura, quando o excedente de alimentos poderia facilmente ter levado a um aumento nas taxas de natalidade, tornando a fome e o conflito inevitáveis em eventuais anos de escassez, os maias transformaram a comida extra em pirâmides, ou em pirâmides maiores. Eles criaram espaços públicos magníficos e úteis, agradáveis para todos; e quando os anos de bonança agrícola inevitavelmente cedessem espaço aos anos de escassez, os templos não exigiriam uma nutrição maior, e a população poderia suportar melhor os tempos difíceis.

A civilização ocidental tem sido dominante por quase tanto tempo quanto os maias foram à sua época. A cultura deles se desfez — processo que foi acelerado por um inimigo hostil vindo do outro lado do oceano. A nossa também está se desfazendo. Precisamos de um novo estado de equilíbrio, uma Estratégia Evolutivamente Estável. Precisamos encontrar a quarta fronteira.

## Obstáculos à Quarta Fronteira

Muitas forças constituem obstáculos à quarta fronteira. Os trade-offs persistem mesmo depois de reconhecidos; a obsessão pelo crescimento bloqueia qualquer progresso que não pareça ou soe como tal; e a regulação é difícil de acertar. Nenhum desses obstáculos é intransponível, mas são significativos. Nas próximas três seções, abordaremos um por um.

### TRADE-OFFS NA SOCIEDADE

Assim como nenhum pássaro pode ser o mais veloz e o mais ágil ao mesmo tempo, nenhuma sociedade pode ser a mais livre e a mais justa. Liberdade e justiça existem em uma relação mútua de trade-off. Não devemos tentar forçar nenhuma das duas até um extremo.

Claro que é verdade que muitas sociedades são menos livres e menos justas do que poderiam ser. Para a maioria das situações, ainda não estamos no limite do que é possível (o que os economistas chamam de fronteira eficiente), e podemos aumentar potencialmente tanto a liberdade quanto a justiça até que esse limite seja alcançado. No entanto, lidar com o fato de que liberdade e justiça não podem ser ambas maximizadas é uma etapa crítica da discussão. Imaginar um mundo totalmente livre e justo é imaginar uma utopia, uma perfeição estática, um mundo no qual os trade-offs tenham sido banidos. A utopia é uma impossibilidade, e sua persistência enquanto fantasia representa um risco.

Em uma democracia, uma maneira — mas dificilmente a única — de dividir as inclinações políticas da população é entre liberais e conservadores. Esquerda e direita. Ambos, liberais e conservadores, tendem a ter pontos cegos distintos, formas particulares de compreender mal ou de convenientemente esquecer os trade-offs. Apesar de escrevermos com a terminologia norte-americana, essas observações se estendem para além das fronteiras nacionais.

Para que possamos ter uma conversa eficiente a respeito do futuro da humanidade, pessoas com convicções políticas diversas precisam compreender rendimentos decrescentes, consequências não intencionais, externalidades negativas e a natureza finita dos recursos. Os liberais (entre os quais nos incluímos) são particularmente propensos a subestimar os *rendimentos decrescentes* e as *consequências não intencionais*, enquanto os conservadores o são para as *externalidades negativas* e a *natureza finita dos recursos*.

## Curva de Rendimento Decrescente

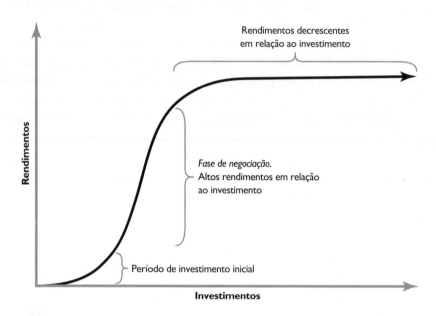

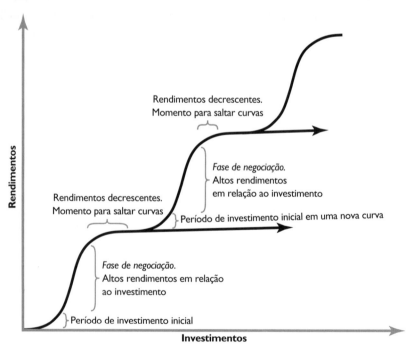

De acordo com a lei econômica dos *rendimentos decrescentes*, à medida que você aumenta seus insumos para uma determinada variável, mantendo todo o resto constante, os aumentos em seu rendimento ficam praticamente paralisados. Rendimentos decrescentes ocorrem em todo sistema adaptativo complexo. Compreender isso nos encoraja a criar estratégias ágeis e evolutivas, no lugar de estratégias complicadas e estáticas. Uma visão utópica, que busca maximizar qualquer parâmetro único, é vítima de rendimentos decrescentes. Como estamos constantemente buscando uma meta estática — que exige investimentos cada vez maiores para ser alcançada, e com ganhos cada vez menores — limitamos muito o que mais poderia ser realizado. O custo de oportunidade de não saltar para a próxima curva de rendimentos decrescentes é espetacular.

*Consequências não intencionais* são uma variante da cerca de Chesterton: mexer em um sistema antigo que você não compreende por inteiro pode gerar problemas que você não é capaz de prever. Os liberais, por exemplo, são mais propensos a tomar medidas que perturbam sistemas funcionais. Vincular o financiamento da educação às pontuações dos testes levou à consequência não intencional de criar um ciclo de retroalimentação no qual as notas ruins reduzem o financiamento, o que por sua vez diminui ainda mais as notas. Dito isso, os conservadores são mais propensos a tomar medidas que facilitem a criação de novos produtos, os quais podem perturbar os sistemas funcionais. Por exemplo, a desregulamentação da gestão de resíduos para reduzir custos operacionais gerou um aumento na poluição, que por sua vez está efetivamente externalizando os custos da gestão de resíduos. Isso desestabilizou incontáveis sistemas naturais dos quais os humanos dependiam historicamente: peixes e moluscos tóxicos demais para se ingerir, rios que não conseguem sustentar populações de peixes, má qualidade do ar que leva à asma e a atrasos de desenvolvimento etc. Em suma, tanto a criação de soluções liberais quanto o desejo conservador por inovações de mercado geram consequências indesejadas.

As *externalidades negativas* ocorrem quando os indivíduos que tomam decisões — ou criam produtos — não precisam arcar com o seu custo total. Considere Ankarana, uma magnífica reserva natural remota no extremo norte de Madagascar. Trata-se de um planalto de calcário de 150 milhões de anos cujos cumes afiados desmoronaram em alguns lugares, criando uma rede de cavernas por onde correm rios subterrâneos. Essas cavernas se abrem em trechos de floresta totalmente isolados, repletos de lêmures-coroados e geckos. Trata-se de uma paisagem e biota diferentes de qualquer outro lugar na Terra.

Infelizmente, para Ankarana e seus habitantes, a região também abriga grandes depósitos de safira; quando estávamos lá no início dos anos 1990, estes estavam sendo extraídos para a produção de joalheria e areia industrial, em detrimento óbvio do meio ambiente. Onde quer que essas safiras tenham ido parar, é certo que poucos ou nenhum dos que se beneficiaram delas sabiam do dano que sua extração havia causado. Isso caracteriza uma externalidade negativa, que pode se propagar porque o dinheiro é fungível, permitindo que os *malefícios* a partir dos quais é gerado sejam dissociados de seu *valor*. Ankarana é um exemplo de fácil compreensão, mas as externalidades negativas estão por toda parte. Da queima do carvão para obtenção de energia, quando a poluição do ar é compartilhada por todos, mas os lucros, por poucos, até a música alta durante a madrugada, provocando a irritação dos vizinhos, as externalidades negativas proliferam em nosso mundo.

Já a *natureza finita dos recursos* deveria ser óbvia. Embora existam alguns recursos efetivamente infinitos — estando o oxigênio e a luz solar no topo da lista — a grande maioria dos recursos da Terra é finita. Borracha, madeira, petróleo, cobre, lítio, safiras — todos são limitados.

A natureza sectária da democracia ocidental pode nos fazer sentir como se nunca pudéssemos alinhar-nos por um conjunto de valores compartilhados; contudo, perceber que temos muito em comum é a única maneira de alcançar uma consciência coletiva. Temos um planeta, apenas. E, no entanto, continuamos a nos comportar como se o mundo em que vivemos fosse um manancial de riquezas infinitas. A Loucura dos Tolos nos torna cegos, ao mesmo tempo que nossa natureza busca crescimento e nossa cultura defasada segue vinculada a um mundo que não habitamos mais. Embora o princípio Ômega revele que nossa cultura não é arbitrária, ele não garante que ela esteja à altura quando se trata de hipernovidade. Este é o domínio da consciência.

## OBSESSÃO COM O CRESCIMENTO

O sonho americano era uma ficção, mas não completamente. Ele tinha elementos da quarta fronteira, mas também se baseava em uma fantasia utópica de crescimento infinito. Uma grande batalha cultural na qual nos encontramos é que, enquanto alguns entendem que o crescimento infinito não pode durar, outros são cornucopianos.

A criatura evolucionária em nós precisa sentir o crescimento. Em termos evolutivos, ele é como a sensação de vencer. Cada um de nós, de cada linhagem que já existiu na Terra, atravessou um ciclo oscilante de crescimento, preenchimento de um nicho e esgotamento de recursos — de passar de um mundo de soma não zero para um de soma zero.[6] Deparar-se com esse limite é terrível, ao passo que a abundância permite que os humanos floresçam.

Perseguir o crescimento como se ele estivesse sempre disponível é uma tolice. Às vezes a oportunidade existe, às vezes não. A expectativa de um crescimento perpétuo é, em muitos aspectos, semelhante à busca pela felicidade perpétua — é o caminho para uma série de infelicidades.

Nossa obsessão com o crescimento e a mentalidade econômica decorrente disso deram origem a uma sociedade de rendimentos, na qual a saúde da civilização é avaliada com base na produção de bens e serviços, e na qual se presume que mais consumo é sempre melhor. Essa estrutura está tão profundamente enraizada em nossas mentes que parece quase lógica, até que suas implicações sejam devidamente consideradas.

Imagine a introdução de um novo tipo de refrigerador, que dura muito mais que outros modelos, tem custo semelhante e apresenta um desempenho equivalente. Uma sociedade saudável consideraria isso uma coisa boa, assim como a maioria dos cidadãos, reduzindo o desperdício e a poluição, conservando energia e materiais e possivelmente limitando as vulnerabilidades estratégicas decorrentes da forte dependência de fornecedores estrangeiros. Mas o efeito desse bem durável no produto interno bruto (PIB) será negativo, o que aponta para um problema. Agora, imagine que obtivemos uma durabilidade semelhante em todos os bens de consumo. Com uma circulação menor de mercadorias devido a essa durabilidade maior, enfrentaríamos uma enorme contração econômica. Empregos seriam perdidos, a renda cairia, a receita de impostos diminuiria. Em suma, isso destruiria a capacidade operacional do nosso sistema.

Absurdos semelhantes surgem em qualquer lugar em que uma mudança positiva interrompa a demanda. Seria bom se as pessoas investissem mais tempo e esforços com seus parceiros românticos do que com pornografia? Seria bom se estivessem mais satisfeitas com o que possuem e menos suscetíveis a propagandas? Se fossem menos propensas a comer demais? Se passassem mais tempo produzindo arte, música e poesia e menos tempo cobiçando, comprando e ostentando produtos? É claro que seria. Todas essas seriam mudanças substanciais e valiosas para o nosso estilo de vida atual. Mas nossa mentalidade econômica obcecada pelo crescimento acusaria exatamente o oposto.

Nossa sociedade de rendimentos é inteiramente dependente de inseguranças, gulas e obsolescências programadas. É assim que mantemos as luzes acesas.

Nossa obsessão com o crescimento tem sido, portanto, uma mistura de fatores. Ela nos trouxe até aqui, à custa de muito sofrimento e miséria. Seja como for, com mais de 7 bilhões de humanos no planeta, o consumo tal como o compreendemos não pode continuar sendo a nossa medida de bem-estar. Se quisermos persistir, a sustentabilidade deve substituir o crescimento como indicador de sucesso.

No verão de 2019, quando estávamos nos Alpes Trinity, no extremo norte da Califórnia, a ausência de animais era notável. Em uma caminhada de três horas, vimos apenas um punhado de aves. As viagens de verão já não mancham os para-brisas com carcaças de insetos; atropelamentos têm se tornado menos comuns. No início de 2020, quando estávamos em Yasuní — um parque nacional maravilhoso na Amazônia do Equador, considerado o lugar mais biodiverso do planeta — havia menos insetos e menos aves do que antes.[7] Suspeitamos que, entre outros culpados, a morte de pássaros e insetos se deve ao uso generalizado de inseticidas, muito a montante (ou ainda mais distante) da Amazônia. Os inseticidas são aerossolizados e caem na água, sendo levados rio abaixo, saindo dos Andes. E uma vez que os insetos desaparecem, o mesmo ocorre com os pássaros, morcegos e lagartos insetívoros; e se estes desaparecem, o mesmo ocorre com os carnívoros — iraras, cachorros-do-mato e onças. Rachel Carson estava certa — mas a primavera silenciosa das zonas temperadas do norte chegou aos trópicos, e é um prenúncio de maiores perigos por vir.

Alguns vão olhar para uma análise como esta e dizer: "Claro que existem problemas, mas as pessoas sempre estiveram prevendo o fim do mundo e até agora nunca acertaram." Mas essa não é a maneira correta de pensar sobre isso.

O "fim do mundo" normalmente não significa a destruição do planeta. Em vez disso, está mais para o fim do "nosso mundo" — da nossa capacidade de persistir no futuro. Quando colocado dessa maneira, alguns indivíduos que previram o fim do seu mundo certamente teriam estado corretos. Afinal, muitas populações enfrentaram ameaças à sua sobrevivência, e muitas não estavam à altura do desafio. Acreditamos, portanto, que a sensibilidade a ameaças existenciais é uma característica adaptativa antiga, e que o tamanho da população humana atual, nosso grau de interconexão e a tecnologia que possuímos criam uma ameaça à nossa espécie análoga àquelas enfrentadas por várias populações ancestrais. O problema é antigo, mas sua dimensão é extremamente atual.

## SOBRE REGULAÇÕES

Boas leis e regulações são difíceis de criar. Leis simples e estáticas estarão equivocadas desde o início, ou terão uma vida útil curta. Ter uma vida útil curta pode ser bom, na medida em que o sistema conseguir se aprimorar. Como observou Thomas Jefferson, até mesmo as democracias precisam de algum grau de revolta ocasionalmente.[8] Na medida em que um sistema é definitivo, ele será tanto manipulável quanto manipulado.

Sistemas evoluídos que persistiram ao longo do tempo são geralmente complexos e funcionais, e devemos empregar o princípio da Precaução ao experimentar com eles. Remover órgãos funcionais porque não conhecemos sua função não é muito inteligente. É tentador rir daqueles médicos que uma vez propuseram remover o intestino grosso perfeitamente saudável das pessoas, mas precisamos atentar aos erros semelhantes que estamos cometendo agora. Dada a nossa era de hipernovidades, seria o cúmulo da arrogância imaginar que não estamos fazendo coisas que serão entendidas como irrisórias, e até mesmo loucas, no futuro.

A sociedade está obcecada com a segurança em curto prazo porque os danos em curto prazo são fáceis de detectar e comparativamente simples de administrar. Já os danos em longo prazo são uma história diferente, sendo mais difíceis em todos os sentidos. Quais *são* os efeitos em longo prazo do tempo de tela ou dos testes educacionais? Do aspartame ou dos inseticidas neonicotinoides? Nós não sabemos. Mas, como ninguém parece querer viver em um mundo onde os testes de segurança mantêm todas as inovações fora do mercado por décadas, nós nos tornamos imprudentes. Presumimos de forma tola que os danos no longo prazo são irrelevantes até que não possam mais ser ignorados, e por fim ficamos chocados pelo fato de que nossas expectativas de segurança estavam erradas.

As regulações têm uma má reputação em muitos círculos. Muitas vezes são mal-elaboradas e, quando não é o caso, tendem a tornar os problemas abordados menores ou até invisíveis. Como tal, muitos as veem como um obstáculo desnecessário, desconhecendo seus benefícios. Um bom esquema regulatório é eficiente e pouco restritivo — praticamente invisível, portanto. E, embora haja um grau restritivo inerente, seu efeito final deve ser libertador, permitindo o acesso aos benefícios da inovação sem uma obsessão pelas consequências ocultas.

Uma boa regulação é um ingrediente-chave em qualquer sistema funcional complexo. Nossos corpos, por exemplo, são rigidamente regulados em muitos domínios, incluindo a temperatura. Para nos manter dentro da faixa ideal, inúmeros sistemas ajustam constantemente o equilíbrio entre o calor gerado e perdido, desviando o sangue em — e para fora das — nossas extremidades e leitos capilares. Nossa temperatura precisa ser bem regulada, e seus processos implícitos são tão eficazes que são quase imperceptíveis para nós, liberando--nos para fazer qualquer coisa, desde nadar em um rio gelado até jogar futebol sob a luz de um sol de meio-dia, praticamente sem pensar no risco de hipotermia ou insolação.

Nenhum sistema produzido possui uma regulação tão sofisticada quanto aquela encontrada no corpo humano, mas temos alguns bons exemplos. Um deles seria as viagens aéreas comerciais — talvez a maneira mais segura de se viajar hoje em dia. Essa segurança deve-se à regulação de todos os aspectos e à investigação sistemática dos raros acidentes que ocorrem. Pode-se reclamar do custo e da ineficiência das regras em torno da aviação, mas essas objeções devem ser entendidas em seu contexto: as regulações permitem que uma fração da população mundial possa acessar praticamente qualquer local da Terra em 24 horas, e de forma mais segura do que quando se dirige um automóvel para o aeroporto. O custo dessas regulações é pequeno quando comparado à liberdade que elas proporcionam, uma meta que devemos buscar para todos os processos industriais.

Grandes sistemas fora do escopo de uma possível contenção por parte dos indivíduos precisam ser regulados. Simplesmente não podemos abordar a segurança nuclear ou a extração de petróleo ou a perda de habitats sem uma regulação em larga escala.

## Aprimorando-se

Precisamos que o maior número possível de pessoas participe desse debate, amadureça e desapegue de seus utopismos. Precisamos que elas aceitem a ideia de que algum conjunto de valores deve ser amplamente adotado e perseguido, e reconheçam que não chegaremos a um futuro decente descrevendo-o antecipadamente. Só iremos alcançá-lo concordando com as características que um mundo tão desejável e plausível deve ter, e então prototipando, avaliando os resultados e prototipando novamente. Devemos encontrar o sopé dessa montanha e encontrar o caminho a partir daí, adentrando o nevoeiro sem uma rota definida. E devemos começar imediatamente, em vez de esperar até que o risco cresça a tal ponto que seja tarde demais.

Vivemos uma crise de sustentabilidade. Algum fator irá nos tirar da equação planetária. Pode ser a mudança climática, uma tempestade solar, uma guerra nuclear desencadeada pela desigualdade de riquezas, uma crise de refugiados ou uma revolução, para citar apenas algumas das possibilidades mais concretas. Estamos caminhando para a destruição. Devemos, portanto, e com plena consciência, embarcar em uma jornada perigosa rumo à próxima fronteira: o horizonte de eventos além do qual não podemos enxergar, do qual não podemos retornar, mas por intermédio do qual podemos encontrar uma salvação.

Os beringianos não tinham como saber que o Novo Mundo existia, mas tampouco podiam permanecer no Velho Mundo. Eles, então, marcharam rumo ao leste, rumo ao desconhecido, a uma paisagem aterrorizante de rocha e gelo, de mares agitados e terrenos perigosos… até que, por fim, chegaram a dois vastos continentes de abundância.

Os polinésios deixaram seus lares ancestrais, cruzaram o vasto oceano, e muitos devem ter morrido no caminho, mas alguns conseguiram descobrir e colonizar o Havaí. Outros, rumando para o oeste através do Oceano Índico em vez de para leste através do Pacífico, descobriram e colonizaram Madagascar.

As pessoas vêm descobrindo novos mundos desde que somos humanos; atualmente, no entanto, estamos sem fronteiras geográficas para desbravar. Devemos redescobrir, portanto, um novo mundo, e nos tornar emergentes. Devemos buscar o sopé de picos mais altos e promissores do que aqueles em que nos encontramos agora. Devemos nos tornar mais do que nós mesmos, e nos salvar no processo.

## A Lente Corretiva

→ **Aprenda a hackear e manipular sua própria arquitetura mental para uma vida melhor.** Mantenha a lógica do mercado o mais longe possível de sua estrutura motivacional — não deixe que o lucro de outra pessoa determine o que você deseja ou faz.

## A EVOLUÇÃO E OS DESAFIOS DA VIDA MODERNA

→ **Mantenha as crianças longe do comércio, pelo maior tempo possível.** Crianças educadas para dar alto valor à natureza transacional da existência tendem a se tornar consumidores assíduos. Pessoas consumistas são menos observadoras, meditativas e críticas do que aquelas que valorizam a criação, a descoberta, os processos de cura, a produção, a experiência e a comunicação.

→ **Os indivíduos precisam se acalmar; só assim poderão se aprimorar.** Confie menos em índices e mais em experiências, hipóteses, verdades derivadas e significados pautados nos primeiros princípios. Confie menos também em regras estáticas e procure entender o contexto no qual essas regras são apropriadas.

→ **Dispense qualquer coisa baseada em uma visão utópica que se concentre em um valor isolado.**

> ▸ Assim que uma pessoa revela que está tentando maximizar um valor isolado (por exemplo, liberdade ou justiça), você sabe que não se trata de um adulto maduro.

> ▸ A liberdade é emergente — não se trata de um valor isolado, mas de uma consequência emergente de se ter resolvido outros problemas (por exemplo, justiça, segurança, inovação, estabilidade, comunidade etc.).

**A nível social, devemos:**

→ Assim como os maias, investir nossos excedentes em obras públicas, ajudando a nos tornar antifrágeis.

→ Prototipar, prototipar, prototipar.

→ Adotar uma mentalidade preventiva, de modo que possamos aprender a regular nossas indústrias de maneira eficaz, minimizando quaisquer externalidades negativas que elas criem.

→ Considerar a cerca de Chesterton em todas as suas formas — da assistência médica à culinária, das brincadeiras à religião.

Desde que nossos ancestrais alcançaram o domínio ecológico, a competição entre populações tem sido nossa força seletiva dominante.[9] Milhões de anos de evolução refinaram nossos circuitos para tal competição, e ela se tornou o software humano padrão. Agora, porém, três coisas conspiram para transformar as inclinações que nos trouxeram até este momento em uma ameaça existencial ao nosso futuro: a escala da população humana; o poder sem precedentes das ferramentas à nossa disposição; e a interconectividade dos sistemas dos quais dependemos (economia global, ecologia e alcance tecnológico).

A importância de compreender o software humano é crucial. Afinal, o problema que enfrentamos atualmente é produto das dinâmicas evolutivas, e todas as soluções plausíveis envolvem a conscientização destas.

Nosso problema é evolutivo, assim como a nossa solução.

# EPÍLOGO

## Tradições, e Como Adaptá-las

Em nossa casa, um de nossos rituais anuais é celebrar o Hanukkah, o festival das luzes judaico que ocorre pouco antes ou em torno do solstício de inverno setentrional. Seguindo a tradição, acendemos a menorá, e a cada noite revisamos um princípio adicional.

As novas regras do Hanukkah da nossa família:

→ Dia 1: Todos os empreendimentos humanos devem ser sustentáveis e reversíveis.

→ Dia 2: A Regra de Ouro: Faça aos outros o que gostaria que fizessem a você.

→ Dia 3: Só apoie sistemas que tendem a enriquecer as pessoas que contribuíram positivamente para o mundo.

→ Dia 4: Não manipule sistemas honestos e honrosos.

→ Dia 5: Cultive um ceticismo saudável em relação à sabedoria antiga e encare novos problemas de forma consciente, explícita e com uma racionalidade vigorosa.

→ Dia 6: Não se deve permitir que as oportunidades fiquem concentradas dentro de linhagens.

→ Dia 7: Princípio da Precaução: Quando os custos forem desconhecidos, proceda com cautela antes de fazer mudanças.

→ Dia 8: A sociedade tem o direito de exigir coisas de todas as pessoas, mas também possui obrigações para com elas.

# POSFÁCIO

EM JANEIRO DE 2020, FOMOS À ESTAÇÃO DE BIODIVERSIDADE DE TIPUTIN, NA AMAZÔNIA EQUA-
toriana, para finalizar nosso primeiro rascunho deste livro. Quando saímos de nosso isolamento — quando nossos telefones voltaram à vida pela primeira vez em duas semanas — fomos confrontados com uma enxurrada de notícias, em sua maioria triviais, das quais não sabíamos nada. Mas no meio desse caos, havia um relatório preocupante — um caso do "novo coronavírus" no Equador. O patógeno surgiu nos morcegos-ferradura, contaminou as pessoas e depois se espalhou rapidamente, primeiramente em Wuhan, na China, e depois no resto do mundo.

Enquanto nós dois tentávamos entender esses primeiros indícios de uma pandemia, rapidamente ficou claro que o buraco poderia ser mais embaixo. Wuhan, fomos descobrir, abrigava um laboratório BSL-4 — um dos dois principais centros de pesquisa sobre coronavírus transmitidos por morcegos do planeta. Esses vírus estavam sendo estudados em Wuhan e na Carolina do Norte por causa do temor entre os cientistas de que *pudessem* vir *a* contaminar as pessoas e, sem muitas mudanças evolutivas, causar uma pandemia perigosa. No mínimo, o fato de a pandemia ter começado em uma das duas cidades onde esses vírus estavam sob estudo intensivo parecia uma coincidência espetacular.

Até a redação desta nota, no final de maio de 2021, o consenso na comunidade científica, incluindo entidades reguladoras nacionais e internacionais, e na grande imprensa que a acompanha, finalmente mudou para uma aceitação relutante do óbvio: o SARS-CoV-2 pode ter vazado do Instituto de Virologia de Wuhan, e a pandemia da Covid-19 pode ser, para a humanidade, uma ferida totalmente autoinfligida. A força dessa hipótese é algo que discutimos em nosso podcast, DarkHorse, desde abril de 2020. Essas discussões fizeram com que fôssemos alvo de muito escárnio e preconceito, e é um alívio desconcertante ver o mundo assumir a plausibilidade desta explicação que, embora infeliz, é bem fundamentada.

Mas não importa o que a humanidade conclua sobre a origem dessa pandemia, pois há uma verdade mais profunda pairando às margens de nossa consciência coletiva: a Covid-19 é um subproduto da tecnologia, não importa o caminho que os humanos tenham seguido.

Considere o seguinte fato: desde o início da pandemia, o vírus mostrou uma capacidade de transmissão essencialmente nula em espaços abertos. Dito de outra forma, a Covid-19 é uma doença de edifícios, carros, navios, trens e aviões. Ou seja, mais de 99% da superfície da Terra é uma zona segura para o vírus. Mesmo em seu próprio quintal, o vírus precisará lutar muito para infectar qualquer pessoa — ele não possui um impacto significativo, a menos que você o contraia antes de sair. Nós estamos imunes nos parques, nas varandas, nas praias etc. — pelo menos por enquanto.

A dependência do vírus de espaços fechados também significa que, se a humanidade tivesse concordado em evitar esses ambientes vetoriais por algumas semanas, a pandemia poderia ter sido interrompida rapidamente. Mas esse cenário, no qual nos *libertamos* e em troca bloqueamos o acesso a *ambientes perigosos*, é pouco mais do que um experimento mental ocioso. Ainda que, em termos evolutivos, esses ambientes perigosos sejam todos recentes para os humanos, a ideia de não os acessarmos, de ficarmos em espaços abertos, mesmo que por apenas algumas semanas, é impensável.

Muitos indivíduos poderiam fazê-lo, mas a maioria ficaria totalmente perdida, ainda que tenhamos evoluído em espaços abertos, e que a maioria dos nossos ancestrais tenha passado cada hora de suas vidas no que agora chamamos misteriosamente de "ao ar livre". Nós esquecemos as habilidades que conhecíamos tão bem; esse conhecimento e conforto com nosso ambiente natural foi substituído por um conjunto de habilidades diferente, ajustado para buscar valor e evitar danos em um ambiente sintético criado por nós mesmos. Nosso software cognitivo foi reescrito, e já esquecemos muitas coisas para voltar a ser o que éramos. Como resultado, estamos condenados a combater esse patógeno em ambientes controlados, dos quais tanto nós quanto ele nos tornamos dependentes.

Essa é a visão generalizada; mas a dimensão humana dessa pandemia é ainda mais clara se observada de longe — ou mais precisamente, *do* alto. Pois foi a nossa forma de viajar que realmente abriu caminho para tamanho desastre patogênico. O SARS-CoV-2 cruzou oceanos em questão de horas, e não foi pioneiro em nenhuma nova modalidade. Onde antes uma epidemia poderia ter sido contida por barreiras naturais que limitam as viagens humanas, atualmente os humanos transmitem, com regularidade, doenças contagiosas desde seus continentes de origem para todos os cantos do globo.

Por mais que as pessoas pensassem pouco em lavar as mãos antes da teoria microbiana das doenças, não paramos para pensar na escala do infortúnio que é causado por uma determinada pessoa que transporta um vírus novo e desconhecido para algum continente que estava livre dele até o dia anterior. O "Novo Coronavírus" aproveitou essa indiferença antes mesmo de o patógeno ter um nome apropriado.

A pandemia da Covid-19 é em si um sintoma de outra doença, que nas páginas deste livro chamamos de "hipernovidade". Esta é causada por um ritmo de mudanças tecnológicas tão acelerado que as transições em nosso ambiente superam nossa capacidade adaptativa.

Você não encontra uma análise a fundo da pandemia neste livro, mas tem acesso a uma exploração completa da crise de hipernovidade que nos tornou vulneráveis à Covid-19 — um vírus tão fraco que poderia ter sido extinto com um pouco de tempo ao ar livre de forma bem coordenada.

# GLOSSÁRIO

Algumas dessas definições foram tomadas em parte ou inteiramente de Lincoln, R. J., Boxshall, G., e Clark, P., 1998. *A Dictionary of Ecology, Evolution and Systematics*, 2ª ed. Cambridge: Cambridge University Press.

**ACMR (ancestral comum mais recente):** Aquele organismo ancestral através do qual dois clados estão mais intimamente relacionados.

**adaptação:** Processo pelo qual a seleção de características hereditárias (*lato sensu*) aumenta a capacidade de explorar uma oportunidade.

**aloparentalidade:** Prestação de cuidados fornecida por um adulto em relação a um indivíduo que não é seu filho direto.

**Ambiente de Adaptação Evolutiva (AAE):** Ambiente que favoreceu a evolução de um determinado traço adaptativo. Os humanos têm muitos AAEs, e não apenas as savanas e costas africanas habitadas por nossos ancestrais caçadores-coletores.

**anisogamia:** forma de reprodução sexual que envolve a união de dois gametas que diferem em tamanho e forma.

**antropomorfização:** Forma de pensamento que atribui características ou aspectos humanos a animais, deuses, elementos da natureza e constituintes da realidade em geral.

**antifrágil:** O aumento da capacidade quando se é exposto a fatores de stress ou ameaças, conforme cunhado por Nassim Taleb em 2012.[1]

**aproximado:** Um nível mecanicista de explicação, que aborda como uma determinada estrutura ou processo funciona. Comparar com *remoto*.

**axioma:** Evidência cuja comprovação é dispensável por ser óbvia; princípio evidente por si mesmo.

## A EVOLUÇÃO E OS DESAFIOS DA VIDA MODERNA

**Beríngia:** Território que emergiu do Estreito de Bering durante as eras glaciais, quando o nível do mar caiu. Provavelmente um habitat ancestral para todos os nativos subárticos do Novo Mundo.

**capacidade de suporte:** O número máximo de indivíduos que podem ser sustentados de maneira estável, em estado de equilíbrio, por uma determinada oportunidade espaço-temporal (por exemplo, X número de lobos em Yellowstone em 1900).

**cerca de Chesterton:** A ideia de que reformas não devem ser feitas em um sistema até que a fundamentação por trás de seu estado atual seja devidamente compreendida. Originalmente descrita por G. K. Chesterton em 1929.[2]

**clado:** Grupo de organismos originados de um único ancestral comum exclusivo.

**coespecífico:** Um membro da mesma espécie.

**consciência (contrastada com cultura, segundo os propósitos do modelo deste livro):** A fração de cognição que é empacotada para trocas entre indivíduos (por exemplo, pensamentos que podem ser comunicados).

**cultura (contrastada com a consciência, segundo os propósitos do modelo deste livro):** Um pacote de crenças adaptativas e padrões comportamentais transmitidos fora do genoma. A maior parte da cultura é transmitida verticalmente; no entanto, ela difere dos genes, na medida em que também pode ser transmitida horizontalmente.

**Darwiniano:** A tendência a se adaptar em resposta ao sucesso diferencial de traços hereditários. Referência a Charles Darwin, que foi o primeiro a identificar a seleção natural e sexual.

**dimorfismo sexual:** Refere-se às diferenças entre machos e fêmeas que não envolvem os órgãos sexuais.

**drive-thru:** É um tipo de serviço de entrega prestado por uma empresa que permite que os clientes comprem produtos, sem a necessidade de saírem de seus veículos.

**epigenética:**

*stricto sensu*: Reguladores da expressão gênica que não são codificados no próprio sequenciamento de DNA (por exemplo, metilação do DNA).

# Glossário 265

*lato sensu*: Qualquer traço hereditário que não se deve diretamente a mudanças no sequenciamento de DNA. Inclui fenômenos epigenéticos (*stricto sensu*) e, por exemplo, cultura.

**especialista:** Uma espécie ou um indivíduo com tolerâncias reduzidas, ou adotadas para um nicho muito estreito. Comparar com *generalista*.

**Estratégia Evolutivamente Estável (EEE):** Tática que, uma vez adotada pela maioria dos membros de uma população, é invulnerável ao deslocamento por estratégias concorrentes.

**eussocialidade:** Sistema social no qual alguns indivíduos renunciam à reprodução para facilitar a reprodução de outros. As populações eussociais funcionam como superorganismos, tendo interesses e destinos compartilhados.

**falácia naturalista:** Argumento que conclui que, se algo é natural, também é como as coisas deveriam ser, aplicando-se efetivamente um julgamento moral ou inferindo-o da natureza. Intimamente relacionado e, para a maioria dos não-filósofos, intercambiável com, tanto a falácia do "dever ser" quanto o apelo à natureza.

**fenótipo:** As propriedades estruturais e funcionais observáveis de um indivíduo. Comparar com *genótipo*.

**fronteira (para os propósitos do modelo deste livro):** Uma oportunidade de soma não zero para uma população. Há três tipos estabelecidos: transferência geográfica, tecnológica e interpopulacional.

**gameta:** Uma célula reprodutiva madura que se funde com outra para formar um zigoto.

**generalista:** Uma espécie ou um indivíduo com tolerâncias amplas, ou adaptado a um nicho amplo. Comparar com *especialista*.

**genótipo:** Constituição genética de um indivíduo. Comparar com *fenótipo*.

**hereditário (*lato sensu*, tal como empregado pelos primeiros biólogos e utilizado neste livro):** A capacidade da informação ser transmitida entre indivíduos ou linhagens. (Hereditário, *stricto sensu*, restringe o significado à transmissão vertical das informações genéticas.)

**hermafroditismo:** O estado de ter órgãos reprodutores masculinos e femininos no mesmo indivíduo. *Hermafroditas simultâneos* são masculinos e femininos ao mesmo tempo; *hermafroditas sequenciais* tornam-se um sexo depois de ser o outro.

**heterótrofos:** Diz-se dos seres vivos que se alimentam de substâncias orgânicas, como a maioria dos animais e das plantas desprovidas de pigmento assimilador.

**hipótese:** Explicação falseável para um padrão observado. Testes de uma hipótese geram dados, para determinar se suas previsões são evidentes. Uma ciência adequada é orientada por hipóteses, não por dados.

**húbris:** Excesso de orgulho; comportamento arrogante, insolente; arrogância, insolência.

**intuição:** Conclusão inconsciente que pode informar a mente consciente.

**inuítes:** são os membros da nação indígena esquimó que habitam as regiões árticas do Canadá, do Alasca e da Groenlândia.

**lato sensu:** Do latim, "em sentido amplo". Junto com *stricto sensu*, originalmente usado para distinguir entre nomes de grupos taxonômicos sobre os quais há discordância quanto à filiação. É usado neste livro para indicar, de forma mais geral, significados mais amplos e inclusivos dos termos.

**Loucura dos Tolos:** A tendência de benefícios concentrados de curto prazo não apenas obscurecerem riscos e custos de longo prazo, mas também impulsionarem a aceitação mesmo quando a análise líquida é negativa.

**monogamia:** Tipo de sistema de acasalamento em que um macho acasala com uma fêmea, seja por uma época reprodutiva ou por toda a vida. Comparar com *poliginia*.

**nicho:** Conjunto de circunstâncias às quais um organismo está adaptado.

**paisagem adaptativa:** Uma estrutura metafórica usada para conceituar como a seleção e a adaptação operam. Introduzido por Sewall Wright em 1932,[3] uma breve explicação pode ser encontrada na nota 19 do capítulo 3.

**paradoxo:** A incapacidade de conciliar duas observações. No universo, todos os fatos devem coexistir de alguma forma e, portanto, o surgimento de um paradoxo sugere uma suposição incorreta ou algum erro de compreensão. Todas as verdades devem se reconciliar.

**plasticidade:** A capacidade de um organismo de variar morfológica, fisiológica ou comportamentalmente como resultado de variação ou flutuação ambiental.

**pleiotropia antagonista:** Uma forma de pleiotropia (em que um gene tem efeitos em múltiplas características) na qual os efeitos de aptidão são contrários uns aos outros. Em relação à senescência, um efeito é benéfico na fase inicial da vida, enquanto outro é prejudicial na fase final.

**poliginia:** Um tipo de sistema de acasalamento em que um macho acasala com várias fêmeas. Muitas vezes é coloquialmente chamada de poligamia; tecnicamente, no entanto, a poligamia pode referir-se à assimetria no número de parceiros sexuais em qualquer lado, incluindo, portanto, a poliginia (um macho, muitas fêmeas — comum em vertebrados) e a poliandria (uma fêmea, muitos machos — muito raro). Comparar com *monogamia*.

**primeiros princípios:** As suposições mais fundamentais e seguras em relação a um determinado domínio (semelhante aos axiomas da matemática).

**Princípio Ômega (conforme apresentado neste livro):**

Fenômenos epigenéticos (*lato sensu*) são evolutivamente superiores aos genéticos, por serem mais rapidamente adaptáveis.

Fenômenos epigenéticos (*stricto sensu*) estão a jusante da genética; em última análise, portanto, a genética está no controle.

**remoto:** Um nível evolutivo de explicação, que aborda *por que* uma determinada estrutura ou processo é do jeito que é. Comparar com *aproximado*.

**seleção:** Processo não inerentemente biótico que faz com que um padrão se torne mais comum do que outro.

**sistema de acasalamento:** O padrão de acasalamentos entre indivíduos de uma população, incluindo o número típico de companheiros simultâneos que os membros de cada sexo têm.

**soma não zero:** Oportunidade na qual um benefício para um determinado indivíduo não necessariamente vem com um custo para indivíduos da mesma espécie. Comparar com *soma zero*.

**soma zero:** Oportunidade na qual um benefício para um determinado indivíduo resulta em um custo equivalente para indivíduos da mesma espécie. Comparar com *soma não zero*.

**stricto sensu:** "Em sentido estrito". Ver *lato sensu.*

**teoria da mente:** A capacidade de inferir estados mentais — como crenças, emoções ou conhecimentos — de outrem, especialmente quando são diferentes dos seus.

**teoria dos jogos:** O estudo e modelagem de interações estratégicas entre dois ou mais indivíduos. Particularmente proeminente quando a estratégia ideal depende dos movimentos mais prováveis de serem adotados por outros.

**trade-off:** Uma relação negativa obrigatória entre duas características desejáveis. Existem três tipos: de alocação, restrição de design e estatística.

**umami:** É um dos cinco gostos básicos do paladar humano, como o ácido, doce, amargo e salgado, e é uma palavra de origem japonesa, que significa "gosto saboroso e agradável".

**vombates:** Espécie de mamífero marsupial originário da Austrália.

**WEIRD:** Do inglês, sociedades *Western* (Ocidentais), *Educated* (com alta Escolaridade), *Industrialized* (Industrializadas), *Rich* (Ricas) e *Democratic* (Democráticas).

# RECOMENDAÇÕES PARA LEITURAS COMPLEMENTARES

### Capítulo 1: O Nicho Humano

Dawkins, R., 1976. *O Gene Egoísta*. Companhia das Letras; 1ª edição (16 novembro 2007).

Mann, C. C., 2005. *1491: Novas Revelações das Américas antes de Colombo*. Objetiva; 1ª edição (4 junho 2007).

Meltzer, D. J., 2009. *First Peoples in a New World: Colonizing Ice Age America*. Berkeley: University of California Press.

### Capítulo 2: Uma Breve História da Linhagem Humana

Dawkins, R., e Wong, Y., 2004. *The Ancestor's Tale: A Pilgrimage to the Dawn of Evolution*. Nova York: Houghton Mifflin.

Shostak, M., 2009. *Nisa: The Life and Words of a !Kung Woman*. Cambridge, MA: Harvard University Press.

Shubin, N., 2008. *A História de Quando Éramos Peixes*. Elsevier (1 janeiro 2008).

### Capítulos 3 e 4: Corpos Antigos, Mundo Moderno; Medicina

Burr, C., 2004. *O Imperador do Olfato*. Companhia das Letras; 1ª edição (8 maio 2006).

Lieberman, D., 2014. *A história do corpo humano: Evolução, saúde e doença*. Zahar; 1ª edição (18 junho 2015).

Muller, J. Z., 2018. *The Tyranny of Metrics*. Princeton, NJ: Princeton University Press.

Nesse, R. M., e Williams, G. C., 1996. *Why We Get Sick: The New Science of Darwinian Medicine*. Nova York: Vintage.

## A EVOLUÇÃO E OS DESAFIOS DA VIDA MODERNA

### Capítulo 5: Alimentos

Nabhan, G. P., 2013. *Food, Genes, and Culture: Eating Right for Your Origins*. Washington, D.C.: Island Press.

Pollan, M., 2006. *O Dilema do Onívoro*. Intrínseca (20 julho 2007).

Wrangham, R.; 2009. *Pegando fogo: Por que cozinhar nos tornou humanos*. Zahar; 1ª edição (5 março 2010).

### Capítulo 6: Sono

Walker, M., 2017. *Por Que Nós Dormimos: A Nova Ciência do Sono e do Sonho*. Intrínseca; 1ª edição (25 setembro 2018).

### Capítulo 7: Sexo e Gênero

Buss, D. M., 2016. *The Evolution of Desire: Strategies of Human Mating*. Nova York: Basic Books.

Low, B. S., 2015. *Why Sex Matters: A Darwinian Look at Human Behavior*. Princeton, NJ: Princeton University Press.

### Capítulo 8: Parentalidade e Relacionamentos

Hrdy, S. B., 1999. *Mãe Natureza*. Elsevier (1 janeiro 2001).

Junger, S., 2016. *Tribe: On Homecoming and Belonging*. Nova York: Twelve.

Shenk, J. W., 2014. *Powers of Two: How Relationships Drive Creativity*. Nova York: Houghton Mifflin Harcourt.

### Capítulo 9: Infância

Gray, P., 2013. *Free to Learn: Why Unleashing the Instinct to Play Will Make Our Children Happier, More Self-Reliant, and Better Students for Life*. Nova York: Basic Books.

Lancy, D. F., 2014. *The Anthropology of Childhood: Cherubs, Chattel, Changelings*. Cambridge: Cambridge University Press.

### Capítulo 10: Escolas

Crawford, M. B., 2009. *Shop Class as Soulcraft: An Inquiry into the Value of Work*. Nova York: Penguin Press.

Gatto, J. T., 2010. *Armas de Instrução em Massa*. Kírion; 1ª edição (8 janeiro 2021).

Jensen, D., 2005. *Walking on Water: Reading, Writing, and Revolution*. White River Junction, VT: Chelsea Green Publishing.

## Capítulo 11: Tornando-se Adultos

de Waal, F., 2019. *O último abraço da matriarca: As emoções dos animais e o que elas revelam sobre nós.* Zahar; 1ª edição (25 maio 2021).

Kotler, S., and Wheal, J., 2017. *Roubando o Fogo: A ciência por trás do super-humanos.* Alta Books; 1ª edição (21 maio 2018).

Lukianoff, G., e Haidt, J., 2019. *The Coddling of the American Mind: How Good Intentions and Bad Ideas Are Setting Up a Generation for Failure.* Nova York: Penguin Books.

## Capítulo 12: Cultura e Consciência

Cheney, D. L., e Seyfarth, R. M., 2008. *Baboon Metaphysics: The Evolution of a Social Mind.* Chicago: University of Chicago Press.

Ehrenreich, B., 2007. *Dançando nas Ruas: uma história do êxtase coletivo.* Record; 1ª edição (17 junho 2010).

## Capítulo 13: A Quarta Fronteira

Alexander, R. D., 1990. *How Did Humans Evolve? Reflections on the Uniquely Unique Species.* Ann Arbor, MI: Museum of Zoology, University of Michigan, Special Publication No. 1.

Diamond, J. M., 1998. *Armas, Germes e Aço.* Record; 28ª edição (26 outubro 2017).

Sapolsky, R. M., 2017. *Comporte-se: A biologia humana em nosso melhor e pior.* Companhia das Letras; 1ª edição (23 julho 2021).

## E alguns textos mais técnicos, porém excelentes:

Jablonka, E., e Lamb, M. J., 2014. *Evolution in Four Dimensions: Genetic, Epigenetic, Behavioral, and Symbolic Variation in the History of Life.* Edição revisada. Cambridge, MA: MIT Press.

West-Eberhard, M. J., 2003. *Developmental Plasticity and Evolution.* Nova York: Oxford University Press.

# NOTAS

### Introdução

1.  Ver Weinstein, E., 2021. "A Portal Special Presentation—Geometric Unity: A First Look". Vídeo do YouTube, 2 de Abril de 2021. Disponível em: https://youtu.be/Z7rd04KzLcg.

2.  Na verdade, existem três falácias lógicas que estão intimamente relacionadas, cujas distinções os filósofos gostam de nos repreender caso sejam utilizadas de forma imprecisa: a falácia naturalista, a falácia do apelo à natureza e a falácia do "dever ser".

### Capítulo 1: O Nicho Humano

1.  Tamm, E., et al., 2007. Beringian standstill and spread of Native American founders. *PloS One*, 2(9): e829.

2.  Esta ainda é uma afirmação um tanto controversa, mas o seguinte artigo não primário apresenta bem algumas de suas evidências: Wade, L., 2017. On the trail of ancient mariners. *Science*, 357(6351): 542–545.

3.  Carrara, P. E., Ager, T. A., e Baichtal, J. F., 2007. Possible refugia in the Alexander Archipelago of southeastern Alaska during the late Wisconsin glaciation. *Canadian Journal of Earth Sciences*, 44(2): 229–244.

4.  Quando as Américas foram povoadas pela primeira vez é algo que pertence ao campo das lendas. Aqui estão três artigos revisados por pares que utilizam evidências diferentes em defesa da chegada dos beringianos ao Novo Mundo há pelo menos 16 mil anos:

    Dillehay, T. D., et al., 2015. New archaeological evidence for an early human presence at Monte Verde, Chile. *PloS One*, 10(11): e0141923; Llamas, B., et al., 2016. Ancient mitochondrial DNA provides high-resolution time scale of the peopling of the Americas. *Science Advances*, 2(4): e1501385; Davis, L. G., et al., 2019.

Late Upper Paleolithic occupation at Cooper's Ferry, Idaho, USA, ~16,000 years ago. *Science*, 365(6456): 891–897.

5. Algumas das evidências de um povoamento ainda mais antigo das Américas vêm de artefatos culturais encontrados em cavernas de altas altitudes no México: Ardelean, C. F., et al., 2020. Evidence of human occupation in Mexico around the Last Glacial Maximum. *Nature*, 584(7819): 87–92; Becerra-Valdivia, L., e Higham, T., 2020. The timing and effect of the earliest human arrivals in North America: *Nature*, 584(7819): 93–97.

6. Esses primeiros americanos, sem dúvida, pescaram nas águas frias do oceano enquanto desciam a costa da Beríngia, mas a essa altura muitos deles sobreviviam na terra, desenvolvendo novas habilidades e tecnologias. Talvez fossem itinerantes, espalhando-se pela costa e depois pelas paisagens, antes de estabelecerem assentamentos permanentes. Talvez passassem algumas estações escondidos e se movimentassem quando as condições fossem favoráveis — a comida mais abundante, o clima menos perigoso. A água doce teria sido um fator limitante para eles devido à sua necessidade, assim como para todo ser vivo; por essa razão, é provável que tenham se agrupado perto de lagos e riachos.

    Eles teriam encontrado rios que se enchiam de salmões todos os anos. Os beringianos provavelmente pescavam salmões enquanto ainda estavam na Beríngia, e talvez a tecnologia que desenvolveram lá, nas planícies do norte, tenha mantido sua dieta com peixes a caminho da costa oeste da América do Norte. Talvez as populações de salmão retornassem aos rios que desaguavam no mar sob finas camadas de gelo, e tenham sido a razão para os beringianos se dirigirem ao sul, descaracterizando sua jornada como um salto de fé: enquanto houvesse peixes, haveria vida. Ou talvez a tecnologia precisasse ser alterada à medida que eles rumavam para o sul, com a geologia e os rios mudando de acordo com a latitude, e algumas populações acabaram esquecendo por um tempo suas práticas de pesca do salmão. Talvez sua memória cultural da pesca do salmão estivesse latente, logo abaixo da superfície.

7. Pelo menos não na Terra.

8. Informação disponível em *Greenes, Groats-worth of Witte, Bought with a Million of Repentance*, um panfleto publicado em nome do falecido dramaturgo Robert Greene. 1592.

9. Humanos são extraordinariamente extraordinários, e também excepcionalmente excepcionais: Alexander, R. D., 1990. *How Did Humans Evolve? Reflections on the Uniquely Unique Species.* Ann Arbor, MI: Museum of Zoology, University of Michigan, Special Publication No. 1.

10. O engraçado dos paradoxos é que, em um sentido importante, eles não podem ser reais. Não pode haver contradições de verdade dentro da estrutura do universo — todas as verdades devem, de alguma forma, reconciliar-se. Esta é a suposição que sustenta o próprio esforço científico. A ciência é a busca por insights que reconciliem paradoxos. Como Niels Bohr afirmou uma vez: "Que maravilha termos encontrado um paradoxo. Agora temos alguma esperança de progredir."

11. Veja, por exemplo, qualquer número de obras em fluxo de Mihály Csíkzentmihályi.

12. A Loucura dos Tolos está relacionada ao conceito econômico de desconto, bem como ao de "armadilha do progresso", que está bem exposto em O'Leary, D. B., 2007. *Escaping the Progress Trap*. Montreal: Geozone Communications.

13. Ancestral Comum Mais Recente (ACMR) é um termo técnico da sistemática filogenética, mas para reduzir o jargão, utilizamos letras minúsculas aqui, pois a frase significa o que parece.

14. Em parte, as pessoas se opõem quando a teoria evolucionária é invocada para tal porque logo após sua descoberta, essa teoria foi mal apropriada e utilizada para justificar conclusões e políticas sociais regressivas sob a égide do pseudocientífico "darwinismo social". A palavra *linhagem* tem sido usada, similarmente, para fins desagradáveis. Tais erros de pensamento produziram, entre outras coisas, a crença dos ricos norte-americanos da "Era Dourada" de que sua riqueza era um indicador de sua superioridade evolutiva; mais de um século de esterilizações forçadas em toda a América; e o nazismo. São erros que mostram a falácia naturalista em ação: para aqueles que estão no poder, com a compreensão correta de que somos produtos da evolução, é um passo fácil e seguro, embora equivocado, afirmar que seu poder atual é prova de sua superioridade (erro nº 1), e não apenas no momento, mas para todo o sempre (erro nº 2). Para saber mais a respeito, ver: N. K. Nittle, 2021. The government's role in sterilizing women of color. ThoughtCo. https://www.thoughtco.com/u-s-governments-rolesterilizing-women-of-color-2834600; *Radiolab*—"G: Unfit" episódio de podcast que foi ao ar em 17 de Julho de 2019. Download e transcrição disponíveis em: https://www.wnycstudios.org/podcasts/radiolab/articles/g-unfit.

15. A distinção entre indivíduo e população é crucial. Ser membro de alguma *população* — mulheres, europeus, destros — especifica muito poucas verdades precisas sobre o *indivíduo*, ao mesmo tempo em que torna muitas outras características mais ou menos prováveis para membros individuais desse grupo.

16. Dawkins, R. 1976. *The Selfish Gene* (30th anniversary ed. [2006]). Nova York: Oxford University Press, 192.

# A EVOLUÇÃO E OS DESAFIOS DA VIDA MODERNA

17. Introduzimos pela primeira vez o conceito do princípio Ômega fora da sala de aula, em um evento da Fundação Baumann sobre "Ser Humano" em São Francisco, julho de 2014, a convite de Peter Baumann. Nossa apresentação durou 9 horas divididas em 2 dias e incluiu muitas das ideias aqui contidas. Apresentamos um trabalho semelhante à The Leakey Foundation em abril de 2015. Somos gratos a ambos pelas oportunidades.

## Capítulo 2: Uma Breve História da Linhagem Humana

1. (Quase) todos esses exemplos foram extraídos de Brown, D., 1991. "The Universal People". Em *Human Universals*. Nova York: M Graw Hill.

2. Brunet, T., e King, N., 2017. The origin of animal multicellularity and cell differentiation. *Developmental Cell*, 43(2): 124–140.

3. Os paleognatos (literalmente: "mandíbulas antigas") incluem a maioria dos clados de aves não voadoras, mas evidências moleculares sugerem que houve diversas evoluções a partir da incapacidade de voar — não que todas elas tenham evoluído a partir de um ancestral não voador. Mitchell, K. J., et al., 2014. Ancient DNA reveals elephant birds and kiwi are sister taxa and clarifies ratite bird evolution. *Science*, 344(6186): 898–900.

4. Espinasa, L., Rivas-Manzano, P., e Pérez, H. E., 2001. A new blind cave fish population of genus *Astyanax*: Geography, morphology and behavior. *Environmental Biology of Fishes*, 62(1–3): 339–344.

5. Welch, D. B. M., and Meselson, M., 2000. Evidence for the evolution of bdelloid rotifers without sexual reproduction or genetic exchange. Science, 288(5469): 1211–1215.

6. Gladyshev, E., e Meselson, M., 2008. Extreme resistance of bdelloid rotifers to ionizing radiation. *Proceedings of the National Academy of Sciences*, 105(13): 5139– 5144.

7. Na verdade, nossa linhagem provavelmente se reproduz sexualmente há muito mais tempo do que isso — entre 1 e 2 bilhões de anos, segundo muitas estimativas. Quinhentos milhões de anos é uma estimativa conservadora que equivale aproximadamente a quando os vertebrados evoluíram.

8. Dunn, C. W., et al., 2014. Animal phylogeny and its evolutionary implications. *Annual Review of Ecology, Evolution, and Systematics*, 45: 371–395.

9. Dunn et al., 2014.

10. Zhu, M., et al., 2013. A Silurian placoderm with osteichthyan-like marginal jaw bones. *Nature*, 502(7470): 188–193.

## Notas 277

11. Para saber mais sobre esse tipo de pensamento, ver: Weinstein, B., 2016. On being a fish. *Inference: International Review of Science*, 2(3): Setembro de 2016. Disponível em: https://inference-review.com/article/on-being-a-fish.

12. Springer, M. S., et al., 2003. Placental mammal diversification and the Cretaceous–Tertiary boundary. *Proceedings of the National Academy of Sciences*, 100(3): 1056– 1061; Foley, N. M., Springer, M. S., e Teeling, E. C., 2016. Mammal madness: Is the mammal tree of life not yet resolved? *Philosophical Transactions of the Royal Society B: Biological Sciences*, 371(1699): 1056–1061.

13. *Caráter* (no plural, *caracteres*) é um termo técnico em sistemática, a ciência de descobrir a história profunda das relações entre os organismos. Na linguagem comum, um termo aproximado, apesar de imperfeito, seria *característica*.

14. Daí o mecanismo conhecido como pressão negativa.

15. Algumas dessas primeiras adaptações dos mamíferos incluem o coração de quatro câmaras (circulatório); o diafragma (respiratório); a marcha parassagital (locomotora); a anatomia única do nosso ouvido interno (auditivo), que está relacionada a ter um único osso na mandíbula inferior e que, em combinação com a fenestração temporal como pontos de fixação para os músculos da mandíbula, permite uma força de mordida mais forte; e a alça de Henle no rim, que refina nossa excreção de resíduos nitrogenados.

16. Renne, P. R., et al., 2015. State shift in Deccan volcanism at the Cretaceous-Paleogene boundary, possibly induced by impact. *Science*, 350(6256): 76–78.

17. Por exemplo, Silcox, M. T., e López-Torres, S., 2017. Major questions in the study of primate origins. *Annual Review of Earth and Planetary Sciences*, 45: 113–137.

18. Bret não está tão seguro quanto a essa afirmação.

19. Ver, por exemplo, Steiper, M. E., e Young, N. M., 2006. Primate molecular divergence dates. *Molecular Phylogenetics and Evolution*, 41(2): 384–394; Stevens, N. J., et al., 2013. Palaeontological evidence for an Oligocene divergence between Old World monkeys and apes. *Nature*, 497(7451): 611.

20. Ver, por exemplo, Wilkinson, R. D., et al., 2010. Dating primate divergences through an integrated analysis of palaeontological and molecular data. *Systematic Biology*, 60(1): 16–31.

21. Hobbes, T., 1651. *Leviathan*. Capítulo XIII: "Of the Natural Condition of Mankind as Concerning Their Felicity and Misery".

22. Niemitz, C., 2010. The evolution of the upright posture and gait — a review and a new synthesis. *Naturwissenschaften*, 97(3): 241–263.

# A EVOLUÇÃO E OS DESAFIOS DA VIDA MODERNA

23. Preuschoft, H., 2004. Mechanisms for the acquisition of habitual bipedality: Are there biomechanical reasons for the acquisition of upright bipedal posture? *Journal of Anatomy*, 204(5): 363–384.

24. Hewes, G. W., 1961. Food transport and the origin of hominid bipedalism. *American Anthropologist*, 63(4): 687–710.

25. Ver, por exemplo, Provine, R. R., 2017. Laughter as an approach to vocal evolution: The bipedal theory. *Psychonomic Bulletin & Review*, 24(1): 238–244.

26. Alexander, R. D., 1990. *How Did Humans Evolve? Reflections on the Uniquely Unique Species*. Ann Arbor, MI: Museum of Zoology, University of Michigan. Special Publication No. 1.

27. Ver, por exemplo, Conard, N. J., 2005. "An Overview of the Patterns of Behavioural Change in Africa and Eurasia during the Middle and Late Pleistocene". In *From Tools to Symbols: From Early Hominids to Modern Humans*, d'Errico, F., Backwell, L., e Malauzat, B., eds. Nova York: NYU Press, 294–332.

28. Aubert, M., et al., 2014. Pleistocene cave art from Sulawesi, Indonesia. *Nature*, 514 (7521): 223.

29. Hoffmann, D. L., et al., 2018. U-Th dating of carbonate crusts reveals Neandertal origin of Iberian cave art. *Science*, 359(6378): 912–915.

30. Lynch, T. F., 1989. Chobshi cave in retrospect. *Andean Past*, 2(1): 4.

31. Stephens, L., et al., 2019. Archaeological assessment reveals Earth's early transformation through land use. *Science*, 365(6456): 897–902.

32. Usando registros de nascimento e óbito de pessoas famosas o suficiente durante suas vidas para terem seus nascimentos e mortes registrados, os cientistas mapearam recentemente centros culturais que datam desde a época do Império Romano. Schich, M., et al., 2014. A network framework of cultural history. *Science*, 345(6196): 558–562.

### Capítulo 3: Corpos Antigos, Mundo Moderno

1. Segall, M., Campbell, D., e Herskovits, M. J., 1966. *The Influence of Culture on Visual Perception*. Nova York: Bobbs-Merrill.

2. Hubel, D. H., e Wiesel, T. N., 1964. Effects of monocular deprivation in kittens. *Naunyn-Schmiedebergs Archiv for Experimentelle Pathologie und Pharmakologie*, 248: 492–497.

3. Ver, por exemplo, Henrich, J., Heine, S. J., e Norenzayan, A., 2010. The weirdest people in the world? *Behavioral and Brain Sciences*, 33(2–3): 61–83; Gurven, M. D., e Lieberman, D. E., 2020. WEIRD bodies: Mismatch, medicine and missing diversity. *Evolution and Human Behavior*, 41(2020): 330–340.

Notas 279

4. Holden, C., e Mace, R., 1997. Phylogenetic analysis of the evolution of lactose digestion in adults. *Human Biology*, 81(5/6): 597–620.

5. Flatz, G., 1987. "Genetics of Lactose Digestion in Humans". Em *Advances in Human Genetics*. Boston: Springer, 1–77.

6. Segall, Campbell, e Herskovits, *Influence of Culture*, 32.

7. Owen, N., Bauman, A., e Brown, W., 2009. Too much sitting: A novel and important predictor of chronic disease risk? *British Journal of Sports Medicine*, 43(2): 81–83.

8. Metchnikoff, E., 1903. *The Nature of Man*, conforme citado em Keith, A., 1912. The functional nature of the caecum and appendix. *British Medical Journal*, 2: 1599–1602.

9. Keith, Functional nature of the caecum and appendix.

10. No caso dos ursos polares, a vantagem de ser branco certamente impulsionou a perda de pigmento em sua pelagem. Já no caso dos ratos-toupeira-pelados, a ausência de pelos pode fornecer uma vantagem, como resistência a parasitas, ou pode ter sido impulsionada apenas pela economia, já que eles vivem em ambientes isolados e subterrâneos.

11. Berry, R. J. A., 1900. The true caecal apex, or the vermiform appendix: Its minute and comparative anatomy. *Journal of Anatomy and Physiology*, 35(Part 1): 83–105.

12. Laurin, M., Everett, M. L., e Parker, W., 2011. The cecal appendix: One more immune component with a function disturbed by post-industrial culture. *Anatomical Record: Advances in Integrative Anatomy and Evolutionary Biology*, 294(4): 567–579.

13. Bollinger, R. R., et al., 2007. Biofilms in the large bowel suggest an apparent function of the human vermiform appendix. *Journal of Theoretical* Biology, 249(4): 826–831.

14. Boschi-Pinto, C., Velebit, L., e Shibuya, K., 2008. Estimating child mortality due to diarrhoea in developing countries. *Bulletin of the World Health Organization*, 86: 710–717.

15. Laurin, Everett, e Parker, The cecal appendix, 569.

16. Bickler, S. W., e DeMaio, A., 2008. Western diseases: Current concepts and implications for pediatric surgery research and practice. *Pediatric Surgery International*, 24(3): 251–255.

## A EVOLUÇÃO E OS DESAFIOS DA VIDA MODERNA

17. Rook, G. A., 2009. Review series on helminths, immune modulation and the hygiene hypothesis: The broader implications of the hygiene hypothesis. *Immunology*, 126(1): 3–11.

18. Chesterton, G. K., 1929. "The Drift from Domesticity." Em *The Thing*. Aeterna Press.

19. A metáfora das paisagens adaptativas é frequentemente apresentada com a imagem de cadeias de picos montanhosos e vales, mas é mais fácil entender suas implicações evolutivas se considerarmos uma camada transparente de gelo na superfície de um lago. Bolhas de ar flutuando na água ficam presas sob o gelo, impulsionadas pela gravidade, encontrando os pontos mais altos.

    Esses picos representam oportunidades ecológicas, e as bolhas representam criaturas evoluindo para explorar essas oportunidades por meio da adaptação evolutiva. A força da gravidade representa a força de seleção que refina os organismos, adequando-os ao seu nicho. Quanto mais alto o pico, maior a oportunidade ecológica que ele representa. Os "vales" de gelo espesso representam obstáculos que impedem as bolhas de se moverem entre os picos.

    Essa metáfora é útil na conceituação da dinâmica evolutiva, especialmente quando esse processo é contraintuitivo. Considere, por exemplo, o caso de uma pequena bolha presa em um pico baixo que se encontra bem próximo de um pico mais alto. Como os picos mais altos representam oportunidades melhores, é de se esperar que a seleção mova as coisas dos picos baixos para os mais altos. Essa expectativa, todavia, está errada. A seleção não dispõe de meios para "piorar" as criaturas e então melhorá-las posteriormente, assim como a gravidade não pode mover uma bolha mais fundo na água para conseguir fazê-la subir por outro lugar. Alguma outra força deve ser responsável por todo movimento descendente — alguém pulando no gelo, por exemplo. Além disso, a probabilidade de uma bolha passar de um pico baixo para um alto não está relacionada com a diferença das alturas, como você poderia esperar. Pelo contrário, está relacionada com a profundidade do vale que os separa. Quanto mais profundo o vale, maior a barreira para a descoberta de oportunidades.

    Essa metáfora foi introduzida pela primeira vez em Wright, S. 1932. The roles of mutation, inbreeding, crossbreeding, and selection in evolution. *Proceedings of the Sixth International Congress of Genetics*, 1: 356–366.

20. Existe um terceiro tipo, o trade-off estatístico, mas que não é de fato um trade-off. Em vez disso, é uma observação de que indivíduos com características múltiplas e incomuns são mais raros do que indivíduos com uma única característica incomum. Um cachorro cinza? Confere. Um cachorro gigante? Claro. Mas um cachor-

ro gigante *e* cinza é muito mais difícil de obter do que um cachorro gigante *ou* um cinza.

Para uma expansão maior da metáfora das paisagens adaptativas aplicada aos trade-offs, e incluindo uma reimaginação da paisagem como um volume que se enche à medida que os indivíduos encontram oportunidades, o que por sua vez permite explicar tanto a diversificação de formas quanto a exploração de novos espaços, literais e metafóricos, ver Weinstein, B. S., 2009. "Evolutionary Trade-offs: Emergent Constraints and Their Adaptive Consequences". Tese apresentada em cumprimento parcial dos requisitos para obtenção do grau de PhD em Biologia, na Universidade de Michigan.

21. Aqui, estamos nos referindo a peixes de verdade (salmões, acarás, gobies) de forma a distingui-los de todos os peixes, um clado ao qual pertencemos. Ver Capítulo 2 deste livro, e também Weinstein, B., On being a fish. *Inference: International Review of Science*, 2(3): Setembro de 2016.

22. Schrank, A. J., Webb, P. W., e Mayberry, S., 1999. How do body and paired-fin positions affect the ability of three teleost fishes to maneuver around bends? *Canadian Journal of Zoology*, 77(2): 203–210.

23. A questão aqui é que até mesmo duas qualidades que não parecem ter conexão entre si estão em uma relação de trade-off. Ver Weinstein, "Evolutionary Trade-offs".

24. Termo cunhado em Dawkins, R., 1982. *The Extended Phenotype*. Oxford: Oxford University Press.

25. Outro tipo de fotossíntese, a C4, separa no espaço o que a CAM separa no tempo e, assim como esta, é tanto uma adaptação a condições quentes, secas e metabolicamente mais custosa que a fotossíntese C3.

26. Nosso professor George Estabrook disse isso a Bret há muitos anos.

27. Para uma história científica fantástica, ver Burr, C., 2004. *The Emperor of Scent: A True Story of Perfume and Obsession*. Nova York: Random House.

28. Feinstein, J. S., et al., 2013. Fear and panic in humans with bilateral amygdala damage. *Nature Neuroscience,* 16(3): 270–272.

## Capítulo 4: Medicina

1. Para uma opinião relativamente antiga, mas que se tornou um clássico, ver Nesse, R., e Williams, G., 1996. *Why We Get Sick: The New Science of Darwinian Medicine*. Nova York: Vintage.

2. Tenger-Trolander, A., et al., 2019. Contemporary loss of migration in monarch butterflies. *Proceedings of the National Academy of Sciences*, 116(29): 14671– 14676.

## A EVOLUÇÃO E OS DESAFIOS DA VIDA MODERNA

3. Britt, A., et al., 2002. Diet and feeding behaviour of *Indri indri* in a low-altitude rain forest. *Folia Primatologica*, 73(5): 225–239.

4. O primeiro dos ensaios de Hayek sobre o tema é: Hayek, F. V., 1942. Scientism and the study of society. Part I. *Economica*, 9(35): 267–291. Ver também Hayek, F. A., 1945. The use of knowledge in society. *The American Economic Review*, 35(4): 519–530.

5. Aviv,R.,2019.Bitterpill.*NewYorker*,8deAbrilde2019.Disponívelem:https://www.ne-wyorker.com/magazine/2019/04/08/the-challenge-of-going-off-psychiatric-drugs.

6. Ver, por exemplo, Choi, K. W., et al., 2020. Physical activity offsets genetic risk for incident depression assessed via electronic health records in a biobank cohort study. *Depression and Anxiety*, 37(2): 106–114.

7. Tomasi, D., Gates, S., e Reyns, E., 2019. Positive patient response to a structured exercise program delivered in inpatient psychiatry. *Global Advances in Health and Medicine*, 8: 1–10.

8. Gritters, J., "Is CBG the new CBD?", *Elemental*, on Medium. 8 de Julho de 2019. Disponível em: https://elemental.medium.com/is-cbg-the-new-cbd-6de59e568008.

9. Mann, C., 2020. Is there still a good case for water fluoridation?, *Atlantic*, Abril de 2020. Disponível em: https://www.theatlantic.com/magazine/archive/2020/04/why-fluoride-water/606784.

10. Choi, A. L., et al., 2015. Association of lifetime exposure to fluoride and cognitive functions in Chinese children: A pilot study. *Neurotoxicology and Teratology*, 47: 96–101.

11. Malin, A. J., et al., 2018. Fluoride exposure and thyroid function among adults living in Canada: Effect modification by iodine status. *Environment International*, 121: 667–674.

12. Damkaer, D. M., e Dey, D. B., 1989. Evidence for fluoride effects on salmon passage at John Day Dam, Columbia River, 1982–1986. *North American Journal of Fisheries Management*, 9(2): 154–162.

13. Abdelli, L. S., Samsam, A., e Naser, S. A., 2019. Propionic acid induces gliosis and neuro-inflammation through modulation of PTEN/AKT pathway in autism spectrum disorder. *Scientific Reports*, 9(1): 1–12.

14. Autier, P., et al., 2014. Vitamin D status and ill health: A systematic review. *Lancet Diabetes & Endocrinology*, 2(1): 76–89.

15. Jacobsen, R., 2019. Is sunscreen the new margarine? *Outside Magazine*, 10 de Janeiro de 2019. Disponível em: https://www.outsideonline.com/2380751/sunscreen-sun-exposure-skin-cancer-science.

16. Lindqvist, P. G., et al., 2016. Avoidance of sun exposure as a risk factor for major causes of death: A competing risk analysis of the melanoma in southern Sweden cohort. *Journal of Internal Medicine*, 280(4): 375–387.
17. Marchant, J., 2018. When antibiotics turn toxic. *Nature*, 555(7697): 431–433.
18. Mayr, E., 1961. Cause and effect in biology. *Science*, 134(3489): 1501–1506.
19. Dobzhansky, D., 1973. Nothing in Biology Makes Sense except in the Light of Evolution. *The American Biology Teacher*, 35(3): 125–129.
20. Em resposta a essa retórica política confusa, começamos a realizar transmissões ao vivo no final de março de 2020; nos dois primeiros meses, abordamos principalmente o tema Covid-19. *The Evolutionary Lens* ["A Lente Evolutiva"], a filial co-hospedada (por nós) do podcast *DarkHorse*, de Bret, apresenta o pensamento evolutivo referente a este e outros tópicos contemporâneos todas as semanas.
21. Entre muitas outras causas, estão se acumulando evidências de que praticar exercícios físicos regularmente atenua alguns distúrbios de humor. Ver, por exemplo, Choi, K. W., et al., 2020. Physical activity offsets genetic risk for incident depression assessed via electronic health records in a biobank cohort study. *Depression and Anxiety*, 37(2): 106–114.
22. Holowka, N. B., et al., 2019. Foot callus thickness does not trade off protection for tactile sensitivity during walking. *Nature*, 571(7764): 261–264.
23. Jacka, F. N., et al., 2017. A randomised controlled trial of dietary improvement for adults with major depression (the "SMILES" trial). *BMC Medicine*, 15(1): 23.
24. Lieberman, D., 2014. *The Story of the Human Body: Evolution, Health, and Disease*. Nova York: Vintage.

**Capítulo 5: Alimentos**

1. Wrangham, R., 2009. *Catching Fire: How Cooking Made Us Human*. Nova York: Basic Books, 80.
2. Craig, W. J., 2009. Health effects of vegan diets. *American Journal of Clinical Nutrition*, 89(5): 1627S–1633S.
3. Wadley, L., et al., 2020. Cooked starchy rhizomes in Africa 170 thousand years ago. *Science*, 367(6473): 87–91.
4. Field, H., 1932. Ancient wheat and barley from Kish, Mesopotamia. *American Anthropologist*, 34(2): 303–309.
5. Kaniewski, D., et al., 2012. Primary domestication and early uses of the emblematic olive tree: Palaeobotanical, historical and molecular evidence from the Middle East. *Biological Reviews*, 87(4): 885–899.

# A EVOLUÇÃO E OS DESAFIOS DA VIDA MODERNA

6. Bellwood, P. S., 2005. *First Farmers: The Origins of Agricultural Societies*. Oxford: Blackwell Publishing, 97.

7. Struhsaker, T. T., e Hunkeler, P., 1971. Evidence of tool-using by chimpanzees in the Ivory Coast. *Folia Primatologica*, 15(3–4): 212–219.

8. Goodall, J., 1964. Tool-using and aimed throwing in a community of free-living chimpanzees. *Nature*, 201(4926): 1264–1266.

9. Marlowe, F. W., et al., 2014. Honey, Hadza, hunter-gatherers, and human evolution. *Journal of Human Evolution*, 71: 119–128.

10. Harmand, S., et al., 2015. 3.3-million-year-old stone tools from Lomekwi 3, west Turkana, Kenya. *Nature*, 521(7552): 310–326.

11. De Heinzelin, J., et al., 1999. Environment and behavior of 2.5-million-year-old Bouri hominids. *Science*, 284(5414): 625–629.

12. Bellomo, R. V., 1994. Methods of determining early hominid behavioral activities associated with the controlled use of fire at FxJj 20 Main, Koobi Fora, Kenya. *Journal of Human Evolution*, 27(1–3): 173–195. Ver também Wrangham, R. W., et al., 1999. The raw and the stolen: Cooking and the ecology of human origins. *Current Anthropology*, 40(5): 567–594.

13. Tylor, E. B., 1870. *Researches into the Early History of Mankind and the Development of Civilization*. Londres: John Murray, 231–239.

14. Darwin, C., 1871. *The Descent of Man, and Selection in Relation to Sex*. Londres: Murray, 415.

15. Wrangham, *Catching Fire*.

16. Em 1860, exploradores europeus na Austrália estavam quase morrendo de fome quando pediram ajuda aos aborígenes Yandruwandha locais. A população local indicou aos exploradores as raízes da abundante planta nardo, que os locais trituravam, lavavam e cozinhavam. Dois desses europeus não lavaram e cozinharam a raiz, e morreram. Um de seus companheiros, que comeu com e como os Yandruwandha, estava em ótimas condições quando foi resgatado dez semanas depois (conforme relatado em Wrangham, *Catching Fire*, 35).

17. Wrangham, *Catching Fire*, 138–142.

18. Tylor, Researches into the Early History of Mankind, 233.

19. Tylor, Researches into the Early History of Mankind, 263.

20. Essa abreviação evolucionária ("as sementes não querem ser comidas") parecerá estranha para alguns, como se estivéssemos atribuindo consciência ou vontade às sementes. Esta não é nossa intenção. Uma versão mais elaborada do mesmo

argumento seria: "As sementes não são produzidas por plantas com a intenção de serem comidas".

21. Toniello, G., et al., 2019. 11,500 y of human–clam relationships provide long-term context for intertidal management in the Salish Sea, British Columbia. *Proceedings of the National Academy of Sciences*, 116(44): 22106–22114.

22. Bellwood, *First Farmers*.

23. Arranz-Otaegui, A., et al., 2018. Archaeobotanical evidence reveals the origins of bread 14,400 years ago in northeastern Jordan. *Proceedings of the National Academy of Sciences*, 115(31): 7295–7930.

24. Brown, D., 1991. *Human Universals*. Nova York: McGraw Hill.

25. Wu, X., et al., 2012. Early pottery at 20,000 years ago in Xianrendong Cave, China. *Science* 336(6089): 1696–1700.

26. Braun, D. R., et al., 2010. Early hominin diet included diverse terrestrial and aquatic animals 1.95 Ma in East Turkana, Kenya. *Proceedings of the National Academy of Sciences*, 107(22): 10002–10007.

27. Archer, W., et al., 2014. Early Pleistocene aquatic resource use in the Turkana Basin. *Journal of Human Evolution*, 77(2014): 74–87.

28. Marean, C. W., et al., 2007. Early human use of marine resources and pigment in South Africa during the Middle Pleistocene. *Nature*, 449(7164): 905–908.

29. Koops, K., et al., 2019. Crab-fishing by chimpanzees in the Nimba Mountains, Guinea. *Journal of Human Evolution,* 133: 230–241.

30. Pollan, M., 2006. *The Omnivore's Dilemma: A Natural History of Four Meals*. Nova York: Penguin Press.

31. Kosher: A culinária judaica é formada por um conjunto de regras que seguem as leis do judaísmo e para designar as preparações de alimentos seguindo estas regras utiliza-se a palavra Kosher, que significa apropriado.

32. Como Michael Pollan afirma em seu *The Omnivore's Dilemma* [*O Dilema do Onívoro*], se sua avó não reconhecer algo como comida, é porque não é comida. Para mulheres grávidas, no entanto, não se trata apenas de comer comida de verdade, pois os fetos também são suscetíveis aos patógenos presentes nesses alimentos, que adultos saudáveis normalmente podem comer. Assim, infelizmente, a gravidez não é o momento ideal para comer queijo de cabra, de ovelha ou qualquer queijo curado ou cru, e nem salames ou a maioria das carnes frias.

33. A coleta de mel silvestre é uma atividade altamente masculina em diversas culturas, conforme relatado em Murdock, G. P., e Provost, C., 1973. Factors in the

# A EVOLUÇÃO E OS DESAFIOS DA VIDA MODERNA

division of labor by sex: A cross-cultural analysis. *Ethnology*, 12(2): 203–225, e também em Marlowe et al., Honey, Hadza, hunter-gatherers.

### Capítulo 6: Sono

1. Walker, M., 2017. *Why We Sleep: Unlocking the Power of Sleep and Dreams*. Nova York: Scribner, 56–57.
2. Planetas com acoplamento de maré, que têm metade de sua superfície permanentemente virada para o sol e a outra metade permanentemente escura, provavelmente não suportam vida. As diferenças entre as duas metades são tão extremas que é improvável que exista uma zona habitável neles.
3. Walker, *Why We Sleep*, 46–49. Diferentes pesquisadores categorizam o sono de formas diferentes. Em seu livro, Walker utiliza os termos "REM" e "NREM" (não-REM), mas também esclarece que os quatro estágios do NREM são divididos: os estágios 3 e 4 do NREM caracterizam o "sono de ondas lentas", enquanto os estágios 1 e 2 são comparativamente superficiais e leves.
4. Shein-Idelson, M., et al., 2016. Slow waves, sharp waves, ripples, and REM in sleeping dragons. *Science*, 352(6285): 590–595.
5. Martin-Ordas, G., e Call, J., 2011. Memory processing in great apes: The effect of time and sleep. *Biology Letters*, 7(6): 829–832.
6. Walker, *Why We Sleep*, 133.
7. Wright, G. A., et al., 2013. Caffeine in floral nectar enhances a pollinator's memory of reward. *Science*, 339(6124): 1202–1204.
8. Phillips, A. J. K., et al., 2019. High sensitivity and interindividual variability in the response of the human circadian system to evening light. *Proceedings of the National Academy of Sciences*, 116(24): 12019–12024.
9. Ver, por exemplo, Stevens, R. G., et al., 2013. Adverse health effects of nighttime lighting: Comments on American Medical Association policy statement. *American Journal of Preventive Medicine*, 45(3): 343–346.
10. Hsiao, H. S., 1973. Flight paths of night-flying moths to light. *Journal of Insect Physiology*, 19(10): 1971–1976.
11. Le Tallec, T., Perret, M., e Théry, M., 2013. Light pollution modifies the expression of daily rhythms and behavior patterns in a nocturnal primate. *PloS One*, 8(11): e79250.
12. Gaston, K. J., et al., 2013. The ecological impacts of nighttime light pollution: A mechanistic appraisal. *Biological Reviews*, 88(4): 912–927.

13. Navara, K. J., e Nelson, R. J., 2007. The dark side of light at night: Physiological, epidemiological, and ecological consequences. *Journal of Pineal Research*, 43(3): 215–224.

14. Olini, N., Kurth, S., e Huber, R., 2013. The effects of caffeine on sleep and maturational markers in the rat. *PloS One*, 8(9): e72539.

15. Ver a seguinte síntese impressionante do que já se sabia em 1975 a respeito das limitações da luz artificial para manter as pessoas saudáveis: Wurtman, R. J., 1975. The effects of light on the human body. *Scientific American*, 233(1): 68–79.

16. Park, Y. M. M., et al., 2019. Association of exposure to artificial light at night while sleeping with risk of obesity in women. *JAMA Internal Medicine*, 179(8): 1061–1071.

17. Kernbach, M. E., et al., 2018. Dim light at night: Physiological effects and ecological consequences for infectious disease. *Integrative and Comparative Biology*, 58(5): 995–1007.

**Capítulo 7: Sexo e Gênero**

1. Association of American Medical Colleges, 2019. *2019 Physician Specialty Data Report: Active Physicians by Sex and Specialty*. Washington, D.C.: AAMC. Disponível em: https://www.aamc.org/data-reports/workforce/interactive-data/active-physicians-sex-and-specialty-2019.

2. Departamento de Estatísticas do Trabalho, Departamento do Trabalho dos EUA. Estatísticas de Força Laboral do Current Population Survey. "18. Employed persons by detailed industry, sex, race, and Hispanic or Latino ethnicity." Acesso em Outubro de 2020. Disponível em: https://www.bls.gov/cps/cpsaat18.htm.

3. Departamento de Estatísticas do Trabalho. Estatísticas de Força Laboral.

4. Eme, L., et al., 2014. On the age of eukaryotes: Evaluating evidence from fossils and molecular clocks. *Cold Spring Harbor Perspectives in Biology*, 6(8): a016139.

5. Isto é, obviamente, uma simplificação. Organismos que se reproduzem assexuadamente podem se sair bem mesmo na ausência de um ambiente estático. Eles lidam com a estocasticidade por meio de mutações e taxas reprodutivas mais altas. Os organismos sexuais dependem da recombinação de genes testados e comprovados para manter uma taxa adaptativa de mudança em relação ao seu ambiente. A mutação ainda é (em última análise) a fonte das inovações, mas o seu custo é distribuído por uma população inteira, com as boas se espalhando em vez de serem limitadas a cada linhagem individual. Trata-se de manter uma taxa de mudança adaptativa em relação ao ambiente: se você for simples, a clonagem e a mutação funcionam. Se for complexo, o sexo é uma aposta melhor. Ambos realizam a mes-

ma coisa, ou seja, permitir mudanças suficientes para coincidir com a estabilidade histórica do ambiente.

6. Exceções notáveis são os monotremados, as cinco espécies na base da árvore dos mamíferos que incluem equidnas e o ornitorrinco, que possuem nove ou dez cromossomos sexuais (!). Ver, por exemplo, Zhou, Y., et al., 2021. Platypus and echidna genomes reveal mammalian biology and evolution. *Nature*, 2021: 1–7.

7. As aves também possuem DGS (determinação genética do sexo), mas seu sistema evoluiu de forma independente e é invertido em relação ao paradigma dos mamíferos: os machos são ZZ (homogaméticos) e as fêmeas, ZW (heterogaméticos).

8. Conforme revisto em Arnold, A. P., 2017. "Sex Differences in the Age of Genetics". *In Hormones, Brain and Behavior*, 3rd ed., Pfaff, D. W., e Joels, M., eds. Cambridge, UK: Academic Press, 33–48.

9. Ferretti, M. T., et al., 2018. Sex differences in Alzheimer disease — the gateway to precision medicine. *Nature Reviews Neurology*, 14: 457–469.

10. Vetvik, K. G., e MacGregor, E. A., 2017. Sex differences in the epidemiology, clinical features, and pathophysiology of migraine. *Lancet Neurology*, 16(1): 76–87.

11. Lynch, W. J., Roth, M. E., e Carroll, M. E., 2002. Biological basis of sex differences in drug abuse: Preclinical and clinical studies. *Psychopharmacology*, 164(2): 121–137.

12. Szewczyk-Krolikowski, K., et al., 2014. The influence of age and gender on motor and non-motor features of early Parkinson's disease: Initial findings from the Oxford Parkinson Disease Center (OPDC) discovery cohort. *Parkinsonism & Related Disorders*, 20(1): 99–105.

13. Ver, por exemplo: Allen, J. S., et al., 2003. Sexual dimorphism and asymmetries in the gray–white composition of the human cerebrum. *Neuroimage*, 18(4): 880–894; Ingalhalikar, M., et al., 2014. Sex differences in the structural connectome of the human brain. *Proceedings of the National Academy of Sciences*, 111(2): 823–828.

14. Kaiser, T., 2019. Nature and e oked culture: Sex differences in personality are uniquely correlated with ecological stress. *Personality and Individual Differences*, 148: 67–72.

15. Chapman, B. P., et al., 2007. Gender differences in Five Factor Model personality traits in an elderly cohort. *Personality and Individual Differences*, 43(6): 1594–1603.

16. Arnett, A. B., et al., 2015. Sex differences in ADHD symptom severity. *Journal of Child Psychology and Psychiatry*, 56(6): 632–639.

17. Ver, por exemplo, Altemus, M., Sarvaiya, N., e Epperson, C. N., 2014. Sex differences in anxiety and depression clinical perspectives. *Frontiers in*

*Neuroendocrinology*, 35(3): 320–330; McLean, C. P., et al., 2011. Gender differences in anxiety disorders: Prevalence, course of illness, comorbidity and burden of illness. *Journal of Psychiatric Research*, 45(8): 1027–1035.

18. Su, R., Rounds, J., e Armstrong, P. I., 2009. Men and things, women and people: A meta-analysis of sex differences in interests. *Psychological Bulletin*, 135(6): 859–884.

19. Brown, D., 1991. *Human Universals*. Nova York: McGraw Hill, 133.

20. Revisados em Neaves, W. B., e Baumann, P., 2011. Unisexual reproduction among vertebrates. *Trends in Genetics*, 27(3): 81–88.

21. Watts, P. C., et al., 2006. Parthenogenesis in Komodo dragons. *Nature*, 444(7122): 1021–1022.

22. Os bodiões-de-fogo são peixes de recife endêmicos do Havaí, e não, como um de nossos leitores imaginou e talvez esperasse, bípedes da Terra Média que vestem mantos e cospem fogo. É uma pena.

23. Sullivan, B. K., et al., 1996. Natural hermaphroditic toad (*Bufo microscaphus* × *Bufo woodhousii*). *Copeia*, 1996(2): 470–472.

24. Grafe, T. U., e Linsenmair, K. E., 1989. Protogynous sex change in the reed frog *Hyperolius viridiflavus*. *Copeia*, 1989(4): 1024–1029.

25. Endler, J. A., Endler, L. C., e Doerr, N. R., 2010. Great bowerbirds create theaters with forced perspective when seen by their audience. *Current Biology*, 20(18): 1679–1684.

26. Alexander, R. D., e Borgia, G., 1979. "On the Origin and Basis of the Male-Female Phenomenon". Em *Sexual Selection and Reproductive Competition in Insects*, Blum, M. S., e Blum, N. A., eds. Nova York: Academic Press. 417–440.

27. Jenni, D. A., e Betts, B. J., 1978. Sex differences in nest construction, incubation, and parental behaviour in the polyandrous American jacana (*Jacana spinosa*). *Animal Behaviour*, 1978(26): 207–218.

28. Claus, R., Hoppen, H. O., e Karg, H., 1981. The secret of truffles: A steroidal pheromone? *Experientia*, 37(11): 1178–1179.

29. Low, B. S., 1979. "Sexual Selection and Human Ornamentation". Em *Evolutionary Biology and Human Social Behavior*, Chagnon, N., e Irons, W., eds. Belmont, CA: Duxbury Press, 462–487.

30. Lancaster, J. B., e Lancaster, C. S., 1983. "Parental investment: The hominid adaptation". Em *How Humans Adapt: A Biocultural Odyssey*, Ortner, D. J., ed. Washington, D.C.: Smithsonian Institution Press, 33–56.

# A EVOLUÇÃO E OS DESAFIOS DA VIDA MODERNA

31. Ver, por exemplo, Buikstra, J. E., Konigsberg, L. W., e Bullington, J., 1986. Fertility and the development of agriculture in the prehistoric Midwest. *American Antiquity*, 51(3): 528–546.

32. Su, Rounds, e Armstrong, Men and things.

33. Su, Rounds, e Armstrong, Men and things.

34. Reilly, D., 2012. Gender, culture, and sex-typed cognitive abilities. *PloS One*, 7(7): e39904.

35. Deary, I. J., et al., 2003. Population sex differences in IQ at age 11: The Scottish mental survey 1932. *Intelligence*, 31: 533–542.

36. Herrera, A. Y., Wang, J., e Mather, M., 2019. The gist and details of sex differences in cognition and the brain: How parallels in sex differences across domains are shaped by the locus coeruleus and catecholamine systems. *Progress in Neurobiology*, 176: 120–133.

37. Connellan, J., et al., 2000. Sex differences in human neonatal social perception. *Infant Behavior and Development*, 23(1): 113–118.

38. Lancy, D. F., 2014. *The Anthropology of Childhood: Cherubs, Chattel, Changelings*. Cambridge: Cambridge University Press, 258–259.

39. Murdock, G. P., e Provost, C., 1973. Factors in the division of labor by sex: A cross-cultural analysis. *Ethnology*, 12(2): 203–225.

40. Kantner, J., et al., 2019. Reconstructing sexual divisions of labor from fingerprints on Ancestral Puebloan pottery. *Proceedings of the National Academy of Sciences*, 116(25): 12220–12225.

41. Buss, D. M., 1989. Sex differences in human mate preferences: Evolutionary hypotheses tested in 37 cultures. *Behavioral and Brain Sciences*, 12(1): 1–14.

42. Schneider, D. M., e Gough, K., eds., 1961. *Matrilineal Kinship*. Oakland: University of California Press. Em particular: Gough, K., "Nayar: Central Kerala", 298–384; Schneider, D. M., "Introduction: The Distinctive Features of Matrilineal Descent Groups", 1–29.

43. Ver, por exemplo, Trivers, R., 1972. "Parental Investment and Sexual Selection". Em *Sexual Selection and the Descent of Man*, Campbell, B., ed. Nova York: Aldine DeGruyter, 136–179.

44. Buss, D. M., Sex differences in human mate preferences.

45. Buss, D. M., et al., 1992. Sex differences in jealousy: Evolution, physiology, and psychology. *Psychological Science*, 3(4): 251–256.

46. Brickman, J. R., 1978. "Erotica: Sex Differences in Stimulus Pre erences and Fantasy Content". Tese apresentada em cumprimento parcial dos requisitos para o grau de PhD do Departamento de Psicologia da Universidade de Manitoba.

47. Três artigos que ligam a ascensão da pornografia à violência sexual contra mulheres em interações consensuais incluem Julian, K., 2018. The sex recession. *Atlantic*, Dezembro de 2018. Disponível em: https://www.theatlantic.com/magazine/archive/2018/12/the-sex-recession/573949; Bonnar, M. "I thought he was going to tear chunks out of my skin". BBC News, 23 de Março de 2020. Disponível em: https://www.bbc.com/news/uk-scotland-51967295; Harte, A. "A man tried to choke me during sex without warning". BBC News, 28 de Novembro de 2019. Disponível em: https://www.bbc.com/news/uk-50546184.

48. Há muitos textos para apoiar esta afirmação. Dois deles são: Littman, L., 2018. Rapid-onset gender dysphoria in adolescents and young adults: A study of parental reports. *PloS One*, 13(8): e0202330; Shrier, A., 2020. *Irreversible Damage: The Transgender Craze Seducing our Daughters*. Washington, D.C.: Regnery Publishing.

49. Ver, por exemplo, Hayes, T. B., et al., 2002. Hermaphroditic, demasculinized frogs after exposure to the herbicide atrazine at low ecologically relevant doses. *Proceedings of the National Academy of Sciences*, 99(8): 5476–5480; Reeder, A. L., et al., 1998. Forms and prevalence of intersexuality and effects of environmental contaminants on sexuality in cricket frogs (*Acris crepitans*). *Environmental Health Perspectives*, 106(5): 261–266.

### Capítulo 8: Parentalidade e Relacionamentos

1. Em contraste com a precocialidade, que é a autossuficiência precoce de filhotes e recém-nascidos, e linguisticamente relacionada, mas não equivalente, ao nosso conceito de criança "precoce".

2. Cornwallis, C. K., et al., 2010. Promiscuity and the evolutionary transition to complex societies. *Nature*, 466(7309): 969–972.

3. Para o clássico artigo sobre como a distribuição de recursos no espaço e no tempo afeta os sistemas de acasalamento, ver Emlen, S. T., e Oring, L. W., 1977. Ecology, sexual selection, and the evolution of mating systems. *Science*, 197(4300): 215–223.

4. Madge, S., e Burn, H. 1988. *Waterfowl: An Identification Guide to the Ducks, Geese, and Swans of the World*. Boston: Houghton Mifflin.

## A EVOLUÇÃO E OS DESAFIOS DA VIDA MODERNA

5. Larsen, C. S., 2003. Equality for the sexes in human evolution? Early hominid sexual dimorphism and implications for mating systems and social behavior. *Proceedings of the National Academy of Sciences*, 100(16): 9103–9104.

6. Schillaci, M. A., 2006. Sexual selection and the evolution of brain size in primates. *PLoS One*, 1(1): e62.

7. von Bayern, A. M., et al., 2007. The role of foodand object-sharing in the development of social bonds in juvenile jackdaws (*Corvus monedula*). *Behaviour*, 144(6): 711–733.

8. Holmes, R. T., 1973. Social behaviour of breeding western sandpipers *Calidris mauri*. *Ibis*, 115(1): 107–123.

9. Rogers, W., 1988. Parental investment and division of labor in the Midas cichlid (*Cichlasoma citrinellum*). *Ethology*, 79(2): 126–142.

10. Eisenberg, J. F., e Redford, K. H., 1989. *Mammals of the Neotropics, Volume 2: The Southern Cone: Chile, Argentina, Uruguay, Paraguay*. Chicago: University of Chicago Press.

11. Haig, D., 1993. Genetic conflicts in human pregnancy. *Quarterly Review of Biology*, 68(4): 495–532.

12. Emlen e Oring, Ecology, sexual selection, and the evolution of mating systems.

13. Tertilt, M., 2005. Polygyny, fertility, and savings. *Journal of Political Economy*, 113(6): 1341–1371.

14. Insel, T. R., et al., 1998. "Oxytocin, Vasopressin, and the Neuroendocrine Basis of Pair Bond Formation". Em *Vasopressin and Oxytocin*, Zingg, H. H., et al., eds. Nova York: Plenum Press, 215–224.

15. Ricklefs, R. E., e Finch, C. E., 1995. *Aging: A Natural History*. Nova York: Scientific American Library.

16. Comunicação pessoal de George Estabrook, 1997. Ver também seu artigo: Estabrook, G. F., 1998. Maintenance of fertility of shale soils in a traditional agricultural system in central interior Portugal. *Journal of Ethnobiology*, 18(1): 15–33.

17. Maiani, G. *Tsunami: Interview with a Moken of Andaman Sea*. Janeiro de 2006. Disponível em: http://www.maiani.eu/video/moken/moken.asp?lingua=en.

18. Algumas das evidências crescentes da domesticação precoce de cães podem ser encontradas nestes dois artigos: Freedman, A. H., et al., 2014. Genome sequencing highlights the dynamic early history of dogs. *PLoS Genetics*, 10(1): e1004016; Bergström, A., et al., 2020. Origins and genetic legacy of prehistoric dogs. *Science*, 370(6516): 557–564.

Notes 293

19. de Waal, F., 2019. *Mama's Last Hug: Animal Emotions and What They Tell Us about Ourselves*. Nova York: W. W. Norton.

20. Palmer, B., 1998. The influence of breastfeeding on the development of the oral cavity: A commentary. *Journal of Human Lactation*, 14(2): 93–98.

21. Damos o devido crédito à nossa aluna Josie Jarvis por ter desenvolvido esta hipótese.

## Capítulo 9: Infância

1. de Waal, F., 2019. *Mama's Last Hug: Animal Emotions and What They Tell Us about Ourselves*. Nova York: W. W. Norton, 97.

2. Fraser, O. N., e Bugnyar, T., 2011. Ravens reconcile after aggressive conflicts with valuable partners. *PLoS One*, 6(3): e18118.

3. Kawai, M., 1965. Newly-acquired pre-cultural behavior of the natural troop of Japanese monkeys on Koshima Islet. *Primates*, 6(1): 1–30.

4. "Quadros em branco" é uma definição que surgiu pela primeira vez em uma aula de Bret, proferida por um de seus alunos.

5. Tanto os elefantes asiáticos quanto os africanos têm uma idade de primeira reprodução semelhante à dos humanos, mas sua idade de independência — segundo algumas medidas, o fim da infância — chega muito antes: 5 e 8 anos, respectivamente. Nenhum outro animal — como os grandes símios, golfinhos ou papagaios — chega perto.

6. Também é verdade que atualmente está na moda educar os filhos para serem poliglotas, mas podemos perguntar quais são os custos disso. Os benefícios sociais são evidentes, mas forçar o cérebro a manter uma competência e complexidade linguísticas maiores do que teria historicamente deve trazer algum trade-off consigo.

7. Benoit-Bird, K. J., e Au, W. W., 2009. Cooperative prey herding by the pelagic dolphin, *Stenella longirostris*. *Journal of the Acoustical Society of America*, 125(1): 125–137.

8. Rutz, C., et al., 2012. Automated mapping of social networks in wild birds. *Current Biology*, 22(17): R6 9–R6 1.

9. Goldenberg, S. Z., e Wittemyer, G., 2020. Elephant behavior toward the dead: A review and insights from field observations. *Primates*, 61(1): 119–128.

10. Sutherland, W. J., 1998. Evidence for flexibility and constraint in migration systems. *Journal of Avian Biology*, 29(4): 441–446.

11. Nesse sentido, a infância é como a reprodução sexual. Ambas são respostas adaptativas a um mundo em constante mudança.

12. Lancy, D. F., 2014. *The Anthropology of Childhood: Cherubs, Chattel, Changelings*. Cambridge: Cambridge University Press, 209–212.

13. Gray, P., e Feldman, J., 2004. Playing in the zone of proximal development: Qualities of self-directed age mixing between adolescents and young children at a democratic school. *American Journal of Education*, 110(2): 108–146. E também nossa comunicação pessoal com Peter Gray. Setembro de 2020.

14. Ver, por exemplo, o relato das crianças pequenas no Pacífico Sul pela pesquisadora Mary Martini, conforme relatado em Gray, P., 2013. *Free to Learn: Why Unleashing the Instinct to Play Will Make Our Children Happier, More Self-reliant, and Better Students for Life*. Nova York: Basic Books, 208–209.

15. Este livro foi publicado após mais de um ano de lockdowns causados pela Covid-19, o que para muitas crianças significou não ir à escola e não ter férias por muito tempo. Comparado a isso, qualquer forma de brincadeira e interação entre crianças seria uma melhoria.

16. Diferente da maioria dos livros autoritários sobre criação de filhos, este vale a pena ler: Skenazy, L., 2009. *Free-Range Kids: How to Raise Safe, Self-Reliant Children (Without Going Nuts with Worry)*. Nova York: John Wiley & Sons.

17. A gama de fenótipos possíveis que podem ser produzidos por um único genótipo é chamada de norma de reação.

18. West-Eberhard, M. J., 2003. *Developmental Plasticity and Evolution*. Nova York: Oxford University Press, 41.

19. Lieberman, D., 2014. *The Story of the Human Body: Evolution, Health, and Disease*. Nova York: Vintage, 163.

20. Ver, por exemplo, Pfennig, D. W., 1992. Polyphenism in spadefoot toad tadpoles as a locally adjusted Evolutionarily Stable Strategy. *Evolution*, 46(5): 1408–1420, e de fato tudo que vem do laboratório de Pfennig: https://www.davidfenniglab.com/spadefoots.

21. Mariette, M. M., e Buchanan, K. L., 2016. Prenatal acoustic communication programs offspring for high posthatching temperatures in a songbird. *Science*, 353(6301): 812–814.

22. West-Eberhard, *Developmental Plasticity and Evolution* 50–55.

23. A plasticidade pode assumir muitas formas. Uma é o desacoplamento do desenvolvimento morfológico do desenvolvimento reprodutivo — muitas salamandras mantêm características larvais como adultos reprodutivos, a exemplo das guelras e membranas interdigitais, caso as condições ecológicas sejam melhores para elas na água do que na terra. Mudanças temporais refletem outro tipo de plasticidade — os ovos de algumas rãs tropicais eclodem antes do tempo, em girinos, caso

eles recebam um sinal de seus irmãos de que uma serpente os está devorando. Crocodilos embrionários que experimentam temperaturas baixas ou altas em seus ovos tornam-se fêmeas; em temperaturas intermediárias, tornam-se machos. O hermafroditismo sequencial de muitos peixes de recife, de tal forma que muitos indivíduos são tanto fêmeas quanto machos adultos antes de morrerem, é outra forma de plasticidade. As plantas têm tropismos — crescem em direção à luz, contra a gravidade ou em resposta ao toque — e florescem quando a duração do dia, a temperatura ou a chuva as estimulam. Os tecidos vegetais também tendem a reter mais plasticidade do que os dos animais, crescendo folhas em frestas ou raízes em um pedaço de magnésio. Restrições forçam a criação de oportunidades.

24. Karasik, L. B., et al., 2018. The ties that bind: Cradling in Tajikistan. *PloS One*, 13(10): e0204428.

25. WHO Multicentre Growth Reference Study Group e de Onis, M., 2006. WHO Motor Development Study: Windows of achievement for six gross motor development milestones. *Acta paediatrica*, 95, supplement 450: 86–95.

26. Para um relato popular excelente, ver Gupta, S., 14 de Setembro de 2019. Culture helps shape when babies learn to walk. *Science News, 196(5).*

27. As mães quenianas ensinam ativamente seus bebês a sentar e depois andar: Super, C. M., 1976. Environmental effects on motor development: The case of "African infant precocity". *Developmental Medicine & Child Neurology*, 18(5): 561–567.

28. Taleb, N. N., 2012. *Antifragile: How to Live in a World We Don't Understand*, vol. 3. Londres: Allen Lane.

29. Wilcox, A. J., et al., 1988. Incidence of early loss of pregnancy. *New England Journal of Medicine*, 319(4): 189–194; Rice, W. R., 2018. The high abortion cost of human reproduction. *bioRxiv* (preprint). Disponível em: https://doi. org/10.1101/372193.

30. Um relato fascinante da história da teoria do apego: Bretherton, I., 1992. The origins of attachment theory: John Bowlby and Mary Ainsworth. *Developmental Psychology*, 28(5): 759–775.

31. Como mencionado no capítulo anterior, no que diz respeito à impressão genômica. Ver Haig, D., 1993. Genetic conflicts in human pregnancy, *Quarterly Review of Biology*, 68(4): 495–532.

32. Trivers, R. L., 1974. Parent-offspring conflict. *Integrative and Comparative Biology*, 14(1): 249–264.

33. Spinka, M., Newberry, R. C., e Bekoff, M., 2001. Mammalian play: Training for the unexpected. *Quarterly Review of Biology*, 76(2): 141 168.

34. De Oliveira, C. R., et al., 2003. Play behavior in juvenile golden lion tamarins (Callitrichidae: Primates): Organization in relation to costs. *Ethology*, 109(7): 593–612.

35. Gray, P., 2011. The special value of children's age-mixed play. *American Journal of Play*, 3(4): 500–522.

36. Ver o site da rede de monitoramento do Autismo e Deficiências do Desenvolvimento (ADDM) do CDC: https://www.cdc.gov/ncbddd/autism/addm.html.

37. Cheney, D. L., e Seyfarth, R. M., 2007. *Baboon Metaphysics: The Evolution of a Social Mind*. Chicago: University of Chicago Press, 155, 176–177, 197.

38. Whitaker, R., 2015. *Anatomy of an Epidemic: Magic Bullets, Psychiatric Drugs, and the Astonishing Rise of Mental Illness in America*. 2nd ed. Nova York: Broadway Books. Ver, em particular, o capítulo 11: "The Epidemic Spreads to Children".

39. Ver, por exemplo, essa análise fantástica: Sommers, C. H., 2001. *The War against Boys: How Misguided Feminism Is Harming Our Young Men*. Nova York: Simon & Schuster.

40. Por exemplo, canhotos vencem mais lutas do que destros: Richardson, T., e Gilman, T., 2019. Left-handedness is associated with greater fighting success in humans. *Scientific Reports*, 9(1): 1–6.

41. O psicólogo do desenvolvimento Jean Piaget foi o primeiro a demonstrar que as crianças compreendem melhor as regras quando brincam entre si do que quando são ativamente acompanhadas por adultos. Piaget, J., 1932. *The Moral Judgment of the Child*. Reprint ed. 2013. Abingdon-onThames, UK: Routledge.

42. Frank, M. G., Issa, N. P., e Stryker, M. P., 2001. Sleep enhances plasticity in the developing visual cortex. *Neuron*, 30(1): 275–287.

**Capítulo 10: Escolas**

1. Lancy, D. F., 2015. *The Anthropology of Childhood: Cherubs, Chattel, Changelings*, 2nd ed. Cambridge: Cambridge University Press, 327–328.

2. Gatto, J. T., 2001. *A Different Kind of Teacher: Solving the Crisis of American Schooling*. Berkeley: Berkeley Hills Books.

3. Como pode ser visto no mapa da página 4 de Finer, M., et al., 2009. Ecuador's Yasuni Biosphere Reserve: A brief modern history and conservation challenges. *Environmental Research Letters*, 4(3): 034005.

4. Heying, H., 2019. "The Boat Accident." Autopublicação disponível em Medium: https://medium.com/@heyingh.

5. Definição de ensino: Quando o indivíduo A modifica seu comportamento apenas na presença do indivíduo ingênuo B, a um custo ou com nenhum benefício imediato para A, de tal forma que B adquire conhecimento antes, ou mais eficientemente, ou mais rápido do que poderia de outra forma. Extraído de Caro, T. M., e Hauser, M. D., 1992. Is there teaching in nonhuman animals? *Quarterly Review of Biology*, 67(2): 151–174.

6. Leadbeater, E., e Chittka, L., 2007. Social learning in insects — from miniature brains to consensus building. *Current Biology*, 17(16): R703–R713.

7. Franks, N. R., e Richardson, T., 2006. Teaching in tandem-running ants. *Nature*, 439(7073): 153.

8. Thornton, A., e McAuliffe, K., 2006. Teaching in wild meerkats. *Science*, 313(5784): 227–229.

9. Bender, C. E., Herzing, D. L., e Bjorklund, D. F., 2009. Evidence of teaching in Atlantic spotted dolphins (*Stenella frontalis*) by mother dolphins foraging in the presence of their calves. *Animal Cognition*, 12(1): 43–53.

10. Muitos desses exemplos (por exemplo, de gatos e primatas) são analisados em Hoppitt, W. J., et al., 2008. Lessons from animal teaching. *Trends in Ecology & Evolution*, 23(9): 486–493.

11. Hill, J. F., e Plath, D. W., 1998. "Moneyed Knowledge: How Women Become Commercial Shellfish Divers". Em *Learning in Likely Places: Varieties of Apprenticeship in Japan*, Singleton, J., ed. Cambridge: Cambridge University Press, 211–225.

12. Lancy, *Anthropology of Childhood*, 209–212.

13. Ver, por exemplo, Lake, E., 2014. Beyond true and false: Buddhist philosophy is full of contradictions. Now modern logic is learning why that might be a good thing. *Aeon*, 5 de Maio de 2014. Disponível em: https://aeon.co/essays/the-logic-of-buddhist-philosophy-goes-beyond-simple-truth.

14. Borges, J. L., 1944. *Funes the Memorious*. Reimpresso em diversas coletâneas, incluindo Borges, J. L., 1964. *Labyrinths: Selected Stories and Other Writings*. Nova York: New Directions.

15. Gatto, J. T., 2010. *Weapons of Mass Instruction: A Schoolteacher's Journey through the Dark World of Compulsory Schooling*. Gabriola Island: New Society Publishers.

16. Como sugerido por Derrick Jensen em seu livro de 2004, *Walking on Water: Reading, Writing, and Revolution*. White River Junction, VT: Chelsea Green Publishing, 41.

## 298 ⟵ A EVOLUÇÃO E OS DESAFIOS DA VIDA MODERNA

17. Um breve resumo da metáfora das paisagens adaptativas pode ser encontrado na nota 19 do capítulo 3.

18. Para uma análise clássica das mudanças de paradigma, ver Kuhn, T. S., 1962. *The Structure of Scientific Revolutions*. Chicago: University of Chicago Press.

19. Müller, J. Z., 2018. *The Tyranny of Metrics*. Princeton, NJ: Princeton University Press. Especialmente o capítulo 7, "Colleges and Universities", 67–88, e o capítulo 8, "School", 89–102.

20. Ver nosso ensaio coescrito: Heying, H. E., e Weinstein, B., 2015. "Don't Look It Up", *Proceedings of the 2015 Symposium on Field Studies at Colorado College*, 47–49. Disponível em: https://www.academia.edu/35652813/Dont_Look_It_Up.

21. Citação do perfil de Teller em Lahey, J., 2016. Teaching: Just like performing magic. *Atlantic*, 21 de Janeiro de 2016. Disponível em: https://www.theatlantic.com/education/archive/2016/01/what-classrooms-can-learn-from-magic/425100.

22. A metáfora da paisagem adaptativa também se aplica ao aprendizado: uma vez em algum pico adaptativo, é quase impossível, no espaço analítico ou social, descer desse pico — para uma forma menos adaptada — mesmo que você possa ver um pico mais alto nas proximidades. Aqueles que estão entrando de novo na paisagem subirão até algum pico que esteja próximo, sem as restrições de já estarem em algum pico local. Aqueles que se encontram no mapa já estão estáveis.

23. Heying, H., 2019. On college presidents. *Academic Questions*, 32(1): 19–28.

24. Haidt, J. "How two incompatible sacred values are driving conflict and confusion in American universities". Palestra, Universidade Duke, Durham, NC, 6 de Outubro de 2016.

25. Heying, H. "Orthodoxy and heterodoxy: A conflict at the core of education". Palestra convidada, Academic Freedom Under Threat: What's to Be Done?, Pembroke College, Universidade de Oxford, 9 e 10 de Maio de 2019.

### Capítulo 11: Tornando-se Adultos

1. Conforme relatado em McWhorter, L. V., 2008. *Yellow Wolf, His Own Story*. Caldwell, ID: Caxton Press, 297–300. Originalmente publicado em 1940.

2. Markstrom, C. A., e Iborra, A., 2003. Adolescent identity formation and rites of passage: The Navajo Kinaalda ceremony for girls. *Journal of Research on Adolescence*, 13(4): 399–425.

3. Becker, A. E., 2004. Television, disordered eating, and young women in Fiji: Negotiating body image and identity during rapid social change. *Culture, Medicine and Psychiatry*, 28(4): 533–559.

4. Para duas excelentes descrições de como o pós-modernismo e seus descendentes intelectuais, como o pós-estruturalismo e a Teoria Crítica Racial, invadiram o

meio acadêmico, ver Pluckrose, H., Lindsay, J. e Boghossian, P., 2018. Academic grievance studies and the corruption of scholarship. *Areo*, 10 de Fevereiro de 2018; e também Pluckrose, H., e Lindsay, J., 2020. *Cynical Theories: How Activist Scholarship Made Everything about Race, Gender, and Identity — and Why This Harms Everybody*. Durham, NC: Pitchstone Publishing.

5.  Há muitos relatos de como o ativismo de inspiração pós-moderna devastou bons sistemas. Eis apenas alguns: Murray, D., 2019. *The Madness of Crowds: Gender, Race and Identity*. London: Bloomsbury Publishing; Daum, M., 2019. *The Problem with Everything: My Journey through the New Culture Wars*. Nova York: Gallery Books; Asher, L., 2018. How Ed schools became a menace. *The Chronicle of Higher Education*, Abril de 2018.

6.  Dawkins, R., 1998. Postmodernism disrobed. *Nature, 394*(6689): 141–143.

7.  Incursões estão sendo feitas nos esportes, no entanto, por meio de bullying e expectativas de conformidade social, na forma de ativistas dos direitos trans (não confundir com pessoas trans reais), que efetuaram mudanças em diversos esportes para permitir que homens biológicos compitam em competições femininas, o que é obviamente injusto e antidesportivo. Ver Hilton, E. N., e Lundberg, T. R., 2021. Transgender women in the female category of sport: Perspectives on testosterone suppression and performance advantage. *Sports Medicine,* 51(2021): 199–214.

8.  Crawford, M. B., 2015. *The World Beyond Your Head: On Becoming an Individual in an Age of Distraction*. Nova York: Farrar, Straus and Giroux, 48–49.

9.  Heying, H., 2018. "Nature Is Risky. That's Why Students Need It". *New York Times*, 30 de Abril de 2018. Disponível em: https://www.nytimes.com/2018/04/30/opinion/nature-students-risk.html.

10. Lukianoff, G., e Haidt, J., 2019. *The Coddling of the American Mind: How Good Intentions and Bad Ideas Are Setting Up a Generation for Failure*. Nova York: Penguin Books.

11. Estabrook, G. F., 1994. Choice of fuel for bagaco stills helps maintain biological diversity in a traditional Portuguese agricultural system. *Journal of Ethnobiology*, 14(1): 43–57.

12. Novamente: Heying, H., 2019. "The Boat Accident". Autopublicação disponível em Medium: https:// medium.com/@heyingh.

13. Para uma visão um pouco mais completa, recomendamos nosso artigo de 12 de Dezembro de 2017 no *Washington Examiner* ("Bonfire of the Academies: Two Professors on How Leftist Intolerance Is Killing Higher Education"); e no YouTube, o documentário em três partes de Mike Nayna e a exaustiva série de várias partes de Benjamin Boyce sobre o fiasco na Evergreen.

## A EVOLUÇÃO E OS DESAFIOS DA VIDA MODERNA

14. Conforme descrito pela primeira vez por Richard D. Alexander em seu livro *The Biology of Moral Systems*. Hawthorne, NY: Aldine de Gruyter, 1987.

15. Lahti, D. C., e Weinstein, B. S., 2005. The better angels of our nature: Group stability and the evolution of moral tension. *Evolution and Human Behavior*, 26(1): 47–63.

16. Cheney, D. L., e Seyfarth, R. M., 2007. *Baboon Metaphysics: The Evolution of a Social Mind*. Chicago: University of Chicago Press.

17. Brosnan, S. F., e de Waal, F. B., 2003. Monkeys reject unequal pay. *Nature*, 425(6955): 297–299.

18. Adams, J., et al., 1999. National household survey on drug abuse data collection. Relatório final, conforme citado em Green, T., Gehrke, B., e Bardo, M., 2002. Environmental enrichment decreases intravenous amphetamine self-administration in rats: Doseresponse functions for fixedand progressive-ratio schedules. *Psychopharmacology*, 162(4): 373–378.

19. Bardo, M., et al., 2001. Environmental enrichment decreases intravenous selfadministration of amphetamine in female and male rats. *Psychopharmacology*, 155(3): 278–284.

20. Tristan Harris vem chamando atenção para isso há anos. Eis um relato de 2016: Bosker, B., 2016. The binge breaker: Tristan Harris believes Silicon Valley is addicting us to our phones: He's determined to make it stop. *Atlantic*, Novembro de 2016. Disponível em: https://www.theatlantic.com/magazine/archive/2016/11/the-binge-breaker/501122. Ouça também a conversa de Tristan com Bret no podcast *DarkHorse*, que foi ao ar em 25 de Fevereiro de 2021.

### Capítulo 12: Cultura e Consciência

1. Em seu artigo de 1974, What is it like to be a bat? *Philosophical Review*, 83(4): 435–450, Thomas Nagel sugere que uma mente consciente é aquela que pode examinar a si mesma. Nossa formulação amplia isso, mas sem estabelecer uma contradição. Nós acrescentamos o seguinte: a mente consciente, tendo examinado a si mesma, pode comunicar isso a outros membros de sua própria espécie.

2. Cheney, D. L., e Seyfarth, R. M., 2007. *Baboon Metaphysics: The Evolution of a Social Mind*. Chicago: University of Chicago Press.

3. Na verdade, há evidências de pelo menos duas, e talvez mais, origens independentes da agricultura na China — arroz no sul mais úmido, e milho no norte, mais frio e árido. Ver Barton, L., et al., 2009. Agricultural origins and the isotopic identity of domestication in northern China. *Proceedings of the National Academy of Sciences*, 106(14): 5523–5528.

4. Uma síntese acessível dos experimentos de conformidade originais de Asch, e alguns trabalhos relacionados, encontram-se em: Asch, S. E., 1955. Opinions and social pressure. *Scientific American*, 193(5): 31–35.

5. Mori, K., e Arai, M., 2010. No need to fake it: Reproduction of the Asch experiment without confederates. *International Journal of Psychology*, 45(5): 390–397.

6. Morales, H., e Perfecto, I., 2000. Traditional knowledge and pest management in the Guatemalan highlands. *Agriculture and Human Values*, 17(1): 49–63.

7. Estabrook, G. F., 1994. Choice of fuel for bagaco stills helps maintain biological diversity in a traditional Portuguese agricultural system. *Journal of Ethnobiology*, 14(1): 43–57.

8. Boland, M. R., et al., 2015. Birth month affects lifetime disease risk: A phenomewide method. *Journal of the American Medical Informatics Association*, 22(5): 1042–1053. Há também muitas outras pesquisas que analisam os efeitos do mês de nascimento na saúde e na fisiologia, incluindo uma que encontra uma ligação clara entre o mês de nascimento e a miopia: Mandel, Y., et al., 2008. Season of birth, natural light, and myopia. *Ophthalmology*, 115(4): 686–692.

9. Smith, N. J. H., 1981. *Man, Fishes, and the Amazon*. Nova York: Columbia University Press, 87.

10. Ruud, J., 1960. *Taboo: A Study of Malagasy Customs and Beliefs*. Oslo: Oslo University Press, 109. Ruud o chama de "cabeça-de-martelo inchado", mas essa espécie é mais comumente chamada de cabeça-de-martelo, simplesmente.

11. Ruud, *Taboo*. Mutton, 85; ouriços, 239; abóbora, 242; construir uma casa, 120.

12. Como citado indiretamente em Ruud, *Taboo*, 1.

13. Ruud, *Taboo*. Deslizamento de terra, 115; raiva, 87; divórcio, 246.

14. Campbell, J. *The Hero's Journey: Joseph Campbell on His Life and Work*. Novato, CA: New World Library, 90.

15. Ehrenreich, B., 2007. *Dancing in the Streets: A History of Collective Joy*. Nova York: Metropolitan Books.

16. Chen, Y., e VanderWeele, T. J., 2018. Associations of religious upbringing with subsequent health and well-being from adolescence to young adulthood: An outcomewide analysis. *American Journal of Epidemiology*, 187(11): 2355–2364.

17. Whitehouse, H., et al., 2019. Complex societies precede moralizing gods throughout world history. *Nature*, 568(7751): 226–299.

18. Hammerschlag, C. A., 2009. The Huichol offering: A shamanic healing journey. *Journal of Religion and Health*, 48(2): 246–258.

## A EVOLUÇÃO E OS DESAFIOS DA VIDA MODERNA

19. Bye, R. A., Jr., 1979. Hallucinogenic plants of the Tarahumara. *Journal of Ethnopharmacology*, 1(1979): 23–48.

### Capítulo 13: A Quarta Fronteira

1. Mann, C. C., 2005. *1491: New Revelations of the Americas before Columbus.* Nova York: Alfred A. Knopf.

2. Cabodevilla, M. Á., 1994. Los Huaorani en la historia de los pueblos del Oriente. Cicame; conforme citado por Finer, M., et al., 2009. Ecuador's Yasuní Biosphere Reserve: A brief modern history and conservation challenges. *Environmental Research Letters*, 4(2009): 1–15.

3. Williams, G. C., 1957. Pleiotropy, natural selection, and the evolution of senescence. *Evolution*, 11(4): 398–411; Weinstein, B. S., e Ciszek, D., 2002. The reserve-capacity hypothesis: Evolutionary origins and modern implications of the trade-off between tumor-suppression and tissue-repair. *Experimental Gerontology*, 37(5): 615–627.

4. Dunning, N. P., Beach, T. P., e Luzzadder-Beach, S., 2012. Kax and kol: Collapse and resilience in lowland Maya civilization. *Proceedings of the National Academy of Sciences*, 109(10): 3652–3657.

5. Beach, T., et al., 2006. Impacts of the ancient Maya on soils and soil erosion in the central Maya Lowlands. *Catena*, 65(2): 166–178.

6. Wright, R., 2001. *Nonzero: The Logic of Human Destiny.* Nova York: Vintage.

7. Blake, J. G., e Loiselle, B. A., 2016. Long-term changes in composition of bird communities at an "undisturbed" site in eastern Ecuador. *Wilson Journal of Ornithology*, 128(2): 255–267.

8. Boyd, J. P., et al., 1950. *The Papers of Thomas Jefferson*, 33 vols. Princeton, NJ: Princeton University Press.

9. Alexander, R. D., 1990. *How Did Humans Evolve? Reflections on the Uniquely Unique Species.* Ann Arbor, MI: Museum of Zoology, University of Michigan. Special Publication No. 1.

### Glossário

1. Taleb, N. N., 2012. *Antifragile: How to Live in a World We Don't Understand* (vol. 3). Londres: Allen Lane.

2. Chesterton, G. K., 1929. "The Drift from Domesticity". Em *The Thing*. Aeterna Press. .

3. Wright, S. 1932. The roles of mutation, inbreeding, crossbreeding and selection in evolution. *Proceedings of the Sixth International Congress of Genetics*, 1: 356–366.

# ÍNDICE

## A

adaptabilidade, 14, 137, 216
  genética, 55, 116
adaptação/adaptativo, 19–24, 52–56, 236
  alicerce, 180, 239
  cultural, 200
  elementos adaptativos de uma cultura, 86
  sistemas adaptativos complexos, 78
adultos, 50–51, 135, 157, 179, 199–212
Agassiz, Louis, 194
agricultura, 92–96
água potável fluoretada, 75.
  *Consulte* crianças, neurotoxicidade em
alimentos, 85–100
alucinógenos, 106, 221, 232
Ambientes de Adaptação Evolutiva (AAE), 7, 83, 88
amenorreia, 124
amniotas, 34
amor, 114, 135–138, 143, 152
antibióticos, 77, 79, 82
antifrágeis, 79, 164, 185, 207
antropomorfização, 153
apêndice, 54–58

Aristóteles, 115
Asch, Solomon, 226
astrologia, 228–229
autossuficiência intelectual, 195
aves, 24, 34, 116, 138
Aviv, Rachel, 72

## B

beringianos, 10, 44, 95
biodiversidade, 221, 228, 250
biologia, 58, 162
  evolutiva, 19, 78, 114
  funcional, 78
bipedismo, 43, 160, 235
Borges, Jorge Luis, 181
brincadeiras, 159–160, 167–170

## C

caçadores-coletores, 43, 90, 100, 124, 152, 214, 221, 237
Campbell, Joseph, 230
Carson, Rachel, 250
CBD (Canabidiol), 74
CBG (Cannabigerol), 74
cérebro(s), 24, 31–36, 103, 149
Chesterton

brincadeira de, 169

cerca de, 57, 75, 247

cozinha de, 87

deuses de, 231

fadys de, 230

leite materno de, 156

tradições de, 200

Chesterton, G. K., 57

cientificismo, 71–76

cognição, 17, 150, 222

  dissonância cognitiva, 4

consciência, 15–18, 106, 222–227, 238

  amplificador da exploração da, 91

  expansão da, 232

cooperação, 44, 141–144, 213

cornucopianismo, 60, 248

Covid-19, 81, 259–261

criança(s), 124–128, 152, 159–176, 186

  escolarização, 182–185

  neurotoxicidade em, 75

culinária, 51, 62–64, 74, 86–92, 99

cultura, 15–24, 51, 113, 237

  definição, 222

  elementos adaptativos da, 150

  popular, 52

  rituais, 231

  tradição cultural, 89

  transmissão de, 138

custo-benefício, análise de, 216–217

custo de oportunidade, 216–217, 231, 247

## D

Darwin, Charles, 52, 58, 90

  darwinismo social, 71

Dawkins, Richard, 24

Delano, Laura, 72

de Waal, Frans, 153

divisão do trabalho, 27, 68, 123–126

Dobzhansky, Theodosius, 78

dor, 70, 82, 118, 187, 207

drogas, 119, 159, 170–172, 215

## E

educação, 178–198

Einstein, 206

epigenética, 22–25. *Consulte* princípio Ômega

especialista(s), 18, 59, 102

  em resolução de problemas, 224

esportes, 168–169

Estabrook, George, 207

Estratégia Evolutivamente Estável (EEE), 241

estratégias reprodutivas, 128–130, 146–147

evolução, 19–25, 29, 51, 78, 93–97

  comportamental, 138

  cultural, 34, 200, 222

  teoria evolucionária, 128

  traços evolucionários, 52

## F

falácia

  da divisão, 115

  naturalista, 240

ferramenta(s), 19, 43, 90, 188, 225, 239

flexibilidade, 128, 159

  cinemática e emocional, 168

  comportamental, 138

## Índice · 305

fogo, 14, 90–95, 107–109

fotossíntese, 28, 38

  C3, 60

  CAM, 61

Foucault, Michel, 205

Freud, Sigmund, 41

fronteira, quarta, 98, 238–256

fronteiras, três tipos de, 236

### G

gametas, 118–124

generalista(s), 18, 59, 227

gênero, 120–125

  normas tradicionais de, 114

genes, 21–25, 116–117, 158–159

  características são baseadas em, 55

  fenômenos epigenéticos, 52

Goodall, Jane, 89

### H

habilidades, 12, 103, 260

  aprendidas, 180

  conjuntos de, 59

Haidt, Jonathan, 196

hardware, 43, 158

Hayek, Friedrich, 71

hermafroditismo sequencial, 120

Heródoto, 149

heterossexualidade, 148

heterótrofos, 29, 86

hipernovidade(s), 50, 67, 87, 149, 201, 248, 261

Hobbes, Thomas, 41

Homo sapiens, 6, 14, 43–44, 140

homossexualidade, 148

### I

idosos, 149–151

infância, 158–160, 172–173, 201

inovação(ões), 12, 37, 62, 183, 237

  três contextos da, 226

interações, 22, 153, 170, 225

### J

Jefferson, Thomas, 251

### L

lactase, persistência da, 51–52, 86

linguagem, 27, 137, 153, 225

  diversidade linguística, 235

linhagem, 20–24, 34, 98, 102, 137, 248

Loucura dos Tolos, 18, 60, 129, 216, 240, 248

luto, 154–155

luz, 102–109

### M

mamíferos, 7, 24, 34–39, 136

  cromossomos sexuais, 117

  sono REM em, 103

Mayr, Ernst, 78

medicina, 70–84

Mendel, Gregor, 52

menopausa, 151, 235

mente, 149, 158

meteoro Chicxulub, 38

microbiomas, 77

modelos

  comportamentais e psicológicos, 50

  lineares de obtenção de conhecimento, 193

monogamia, 40, 122, 143–144

mudança(s), 4, 46, 95, 117

  de gênero em humanos, 121

  de paradigma, 183

  risco(s), 18

## N

natureza e criação, 53

neandertais, 44

neurodiversidade, 171–172

Newton, 206

nicho(s), 13, 43, 150, 201, 226, 238

## O

obsessão, 215, 244, 250

OGMs (Organismos Geneticamente Modificados), 74–76, 98

olfato, 61–67

ossos, 32, 45

Ovídio, 153

oxitocina, 146

## P

padrão, 115, 145, 164

  comportamental complexo, 55

paladar, 87

Pangeia, 33

paradoxo(s), 14, 97, 181

parentalidade, 149–156, 161–165, 182–184

  cuidado biparental, 40

  helicóptero, 170

  monoparentalidade, 147

pensamento

  ágil, 195

  crítico, 181–186, 199

persistência da lactase.

  *Consulte* mamíferos

Pinker, Steven, 41

Pizarro, Francisco, 237

plasticidade, 138, 151, 158, 162–164

pleiotropia antagonista, 239

poliginia, 122, 144–145

Ponce de León, 149

pornografia, 130–132

pós-modernismo, 205

preconceito ou sexismo, 115

primatas, 38–42, 107, 141

princípio da Precaução, 53, 57, 77, 251

princípio Ômega, 25, 52, 55, 86, 121, 150, 248

## Q

quantificação do ensino, 171

quebra de paradigma, 189

## R

recursos, 20, 39, 56, 139, 145

redes sociais, 173–176, 217

  algoritmos das, 201

reducionismo, 70, 74–82, 88

  erro do, 130

  riscos do, 182

relacionamentos, 131, 144, 148, 178

religiosidade, 231

relógio biológico, 108

reprodução, 116–118, 139

répteis, 34–35, 71, 136

Revolução Industrial, 216

ritos de passagem, 183, 199–201, 231

rituais, 27, 46, 199, 235

Rubin, Harry, 67

## S

Schneidler, Drew, 188

sedentário, estilo de vida, 95, 124, 202

seleção natural, 37, 52, 66–68

senescência, 149, 215, 239

senso de justiça, 167, 214

sexo, 114–134, 146–148

Shakespeare, William, 13

sistemas de acasalamento, 140–148

software, 43, 151, 158, 255, 260

sonho(s), 103–106, 232

sono, 36, 83, 101–112, 203

sustentabilidade, 228, 250

## T

tabus, 229–230

taxa de natalidade, 98, 124, 145

TDAH (Transtorno do Déficit de Atenção com Hiperatividade), 119, 170

tédio, 216–217

Teller, 189

teoria da mente, 16, 169, 181
    definição, 213

teoria dos jogos, 148, 239

teste de
    adaptação, 199
    caráter conservador, 54

tetrápodes, 32, 120

THC (Tetrahidrocanabinol), 74, 88

Tolstoi, 203

trade-off(s), 58–59, 101, 118, 181, 196, 235, 244

tradições, 12–17, 25

Trivers, Bob, 196

## U

Ueno, Hidesaburo, 154

## V

vacinas, 77, 79

vanilina, 74, 88

vasopressina, 146–147

vício, 215–217, 236

vigília, 103–110

## W

WEIRD, 50, 180
    culturas, 164
    estilo de vida, 53
    mundo, 85, 109, 121
    mundo não, 56, 82
    países, 145
    pessoas, 65
    populações, 199

Wrangham, Richard, 90

Wright, irmãos, 226

## X

xamanístico, 232

## Z

zona de conforto, 190

Este livro foi impresso nas oficinas gráficas da Editora Vozes Ltda.,
Rua Frei Luís, 100 – Petrópolis, RJ.